分布式电源
配电网运行控制技术

FENBUSHI DIANYUAN

PEIDIANWANG YUNXING KONGZHI JISHU

曾四鸣　杨少波　胡雪凯
周文　时珉　孟良　　著

中国电力出版社

CHINA ELECTRIC POWER PRESS

内 容 提 要

立足于我国分布式电源发展形势及技术现状，本书首先介绍了分布式电源大规模并网对配电网运行特性的影响，梳理了含分布式光伏配电网运行控制的理论基础；其次介绍了分布式光伏功率预测及传统集中式功率控制技术，通过分析分布式光伏的分布及容量特性，提出了分布式光伏集群控制技术，并从分布式光伏集群划分及协同控制方面进行了详细阐述；然后介绍了含分布式光伏配电网的多时间尺度、多电压等级分层协同控制技术，梳理了配电网运行控制所依托的通信协议，并提出了分布式电源配电网运行控制的仿真验证技术；最后介绍了基于电力电子的电能质量综合控制技术，在保证配电网运行可靠性的同时，提高电网的供电品质。

本书对分布式电源及配电网领域的工程技术人员具有一定的参考价值，同时也可供电气工程领域的研究人员、电力公司技术人员及院校相关专业的师生查阅学习。

图书在版编目（CIP）数据

分布式电源配电网运行控制技术/曾四鸣等著. —北京：中国电力出版社，2023.3（2024.3 重印）
ISBN 978-7-5198-7576-3

Ⅰ．①分… Ⅱ．①曾… Ⅲ．①电源－配电系统－电力系统运行 Ⅳ．①TM727

中国国家版本馆 CIP 数据核字（2023）第 022301 号

出版发行：中国电力出版社
地　　址：北京市东城区北京站西街 19 号（邮政编码 100005）
网　　址：http://www.cepp.sgcc.com.cn
责任编辑：孙　芳（010-63412381）
责任校对：黄　蓓　王海南
装帧设计：赵姗姗
责任印制：吴　迪

印　　刷：北京九州迅驰传媒文化有限公司
版　　次：2023 年 3 月第一版
印　　次：2024 年 3 月北京第二次印刷
开　　本：787 毫米×1092 毫米　16 开本
印　　张：13.5
字　　数：278 千字
印　　数：1001—1500 册
定　　价：65.00 元

前　言

近年来，随着"30·60"双碳目标的提出及新型电力系统的构建，我国新能源发展步入快车道。据统计，截至 2021 年年底，光伏发电并网装机容量达到 3.06 亿 kW，突破 3 亿 kW 大关，连续 7 年稳居全球首位，其中新增光伏发电并网装机容量约 5300 万 kW，连续 9 年稳居世界首位。

在整县分布式光伏开发等政策的推动下，截至 2021 年年底，我国分布式光伏达到 1.075 亿 kW，突破 1 亿 kW，约占全部光伏发电并网装机容量的 1/3。在新增光伏发电并网装机中，分布式光伏新增约 2900 万 kW，约占全部新增光伏发电装机的 55%，历史上首次突破 50%，光伏发电集中式与分布式并举的发展趋势明显，成为"十四五"期间拉动新能源增长重要驱动力之一。

分布式光伏短时期、大规模、高比例接入网架薄弱的配电网，配电系统由传统的放射状交流无源系统向末端"源网荷储"互动、交直流混合的多端闭合系统演变，进而呈现出多元融合与多态混合的新形态，电网特性发生显著改变。首先，分布式光伏点多面广，设备繁杂，加剧了统一运行调控的难度；其次，传统的配电网属单端电源辐射状网络，潮流从电源端到用户端单向流动，但高比例分布式光伏的接入则会引起潮流大小和方向实时发生变化，导致配电网电压越限等问题日益突出；最后，分布式电源的高渗透接入致使配电网呈现高度电力电子化特征，交直流之间的交织耦合影响导致谐波等电能质量问题突出。

本书围绕高比例分布式光伏接入后配电网调度控制难度大、仿真计算精度低、电能质量问题突出三大难题，从分布式电源的调度控制、仿真分析及电能质量分析治理三个方面进行重点介绍，提升分布式光伏智能化控制水平，提高发电效率和收益，有效支撑清洁能源的高效利用，对促进分布式光伏的发展、治理环境污染具有重要意义。

编　者

2023 年 1 月

目 录

1

概　　　　述

近年来，中国的光伏产业发展迅速，并将在未来的电力供应中扮演重要的角色。据国家能源局统计数据（见图 1-1）显示，2013 年以来，我国分布式光伏发电市场份额稳步提升。2013 年，分布式光伏发电累计装机容量仅为 3.1GW，占总体的 16.0%；到 2019 年，我国分布式光伏发电累计装机容量已达到 62.63GW，较 2013 年增长近 20 倍，占总体比重上升至 30.7%；截至 2021 年年底，全国分布式光伏装机容量达到 107.51GW，同比增长近 60%，占光伏总装机容量超 35%，且此项占比将继续上升，"十四五"期间分布式光伏新增装机容量合计有望超 250GW，年均新增 50GW 以上。

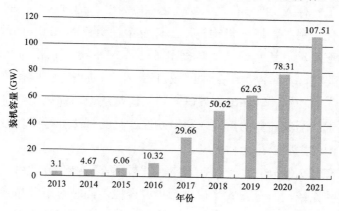

图 1-1　中国分布式光伏发展历程

分布式光伏发电对优化能源结构、推动节能减排、实现经济可持续发展具有重要意义。分布式光伏发电系统所具有的规模小、点多面广、强不确定性等特性，致使其大规模接入将对电网的安全、稳定运行产生显著影响。分布式光伏发电大量接入配电网（10kV 及以下中、低压配电网）后，将改变电力系统在中、低压层面的结构与运行方式，使得配电网从一单端辐射式网络转变为多端交直流混联闪络，潮流流向也由单向流动变为双向实时变化，加大了电网电力电量平衡的难度，潮流倒送导致的中、低压电网电压越限问题逐渐凸显，影响居民的用电品质。

分布式电源配电网运行控制技术

　　国外研究团队主要从以下方面开展研究：美国 Los Alamos 国家研究所利用线性潮流方程搭建配电网的无功优化模型，并分别采用交换方向乘子法和对偶上升法进行中压配电网的无功优化模型的分布式优化计算；美国明尼苏达大学的 E. Dall Anese 教授同样采用交换方向乘子法实现全局优化问题的分布式优化计算，将一个传统的集中优化问题转换为上层配网运营商 DNO 和光伏变流器间的分布式迭代优化过程，并利用半定规划松弛对最优潮流优化问题进行凸化；新加坡国立大学研究团队提出一种基于一致性算法的分布式多代理方法实现大规模配电网实时优化问题的分布式计算。

　　总之，现阶段分布式光伏群调/群控问题尚未得到妥善解决，现有研究多针对单一目标进行优化计算，研究成果实用性相对不足。如今电力物联网概念方兴未艾，将分布式光伏进行群调/群控，从配电系统的角度对分布式光伏进行控制，使得整个系统节点电压在合理范围内波动、线路损耗降低、提升电能质量，成为当下科研机构和学者研究热点。

　　国内研究人员在分析分布式光伏电压调节能力的基础上，提出了配电网分布式电压控制策略，通过光伏系统的无功协调补偿和有功优化缩减实现了电压的低成本快速控制。现阶段针对高比例分布式光伏与配电网交互影响研究主要集中在光伏电源准入容量评估、光伏并网对电压影响、电网故障对光伏电站影响等方面。国内有团队基于分布式交替乘子法提出了一种 ADS❶分布式无功优化控制方法，通过多分区的分布式协调实现全局网损的最小化。另外，研究机构提出了计及柔性负荷的 ADS 双层协调优化控制框架，降低区域功率波动。还有研究团队提出了一种 ADS 分布自治与全局优化结合的分层分布协调控制架构，具体提供了三种区域自治与区域协调方法以有效降低可再生能源出力间歇性所引起的功率波动。国内外研究团队均是从无功优化角度对配电网电压进行控制：国外侧重于从潮流计算的角度，利用线性计算的算法进行无功控制；国内主要是从分区、分层自治的角度进行无功控制。

　　综上所述，在高比例分布式光伏接入电网背景下，需要充分利用现代通信技术，构建分布式光伏监控系统，对分布式光伏进行集群调控，同时对于分布式电源配电网，进行多时间尺度、多电压等级下的分层协同调控，并加强配电网的规模化和精细化仿真能力建设，指导分布式光伏的合理规划和友好并网，通过电能质量问题的分析及治理，提高分布式电源配电网的供电品质，提升分布式光伏的消纳能力和对电网的主动支撑能力，推动新型电力系统构建，助力双碳目标的实现，成为当下电力系统的研究重点与突破方向。

---

❶　主动配电系统（active distribution system，ADS）。

2

分布式光伏大规模接入对配电网的影响

分布式光伏接入配电网后，向配电网注入的有功功率可能引起潮流倒送，从而导致电压越限等问题，此外，光伏在发出有功功率的同时，仍有较大范围的可调无功功率，这部分无功功率可以被用来进行配电网调压，从而使光伏产生的功率得到更充分利用。本章将从整体上分析分布式光伏电源并入对配电网电压的影响，为后续提出协调控制策略提供定量的指导性方案。

2.1 光伏有功功率对配电网的影响

本节首先定量分析分布式光伏并入配电网注入有功功率对配电网电压分布的影响，具体探究光伏注入有功功率对接入点以及配电网其他节点的影响效果。

（1）对并网点电压的影响。将分布式电源并入配电网结构简化为两个节点的形式。简化的光伏并入配电网拓扑图如图 2-1 所示，R 和 X 表示节点 1 和节点 2 之间的线路阻抗，P_{load}、Q_{load}、P_{pv}、Q_{pv} 分别表示节点 2 处的负载吸收有功功率和无功功率，以及光伏向系统注入的有功功率和无功功率。

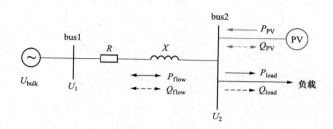

图 2-1　简化的光伏并入配电网拓扑图

当注入少量有功功率时，线路上的有功潮流 P_{flow} 和无功潮流 Q_{flow} 减少，从而使并入节点电压升高。根据电路原理，计算出光伏并入对节点电压 U_2 的偏差，即

$$\mathrm{d}\dot{U}_2 = \Delta U_2 + \mathrm{j}\delta U_2 = \sqrt{3}\dot{I}Z = \sqrt{3}\left(\frac{\tilde{S}}{\sqrt{3}\dot{U}_2}\right)^*(R + \mathrm{j}X) \tag{2-1}$$

$$= \frac{P - \mathrm{j}Q}{U_2} \times (R + \mathrm{j}X) = \frac{PR + QX}{U_2} + \mathrm{j}\frac{PX - QR}{U_2}$$

$$\mathrm{d}\dot{U}_2 = (R + X)(\Delta I_p + \mathrm{j}\Delta I_q) \tag{2-2}$$
$$= |Z|(\cos\varphi + \mathrm{j}\sin\varphi)|\Delta I|(\cos\theta + \mathrm{j}\sin\theta)$$
$$= \frac{\Delta S U_1}{S_n}[\cos(\varphi + \theta) + \mathrm{j}\sin(\varphi + \theta)]$$

式中：Z 为短路阻抗；φ 为配电网馈线短路阻抗角，即线路阻抗 R/X 比值的大小；$\Delta S = \Delta P_{\mathrm{pv}} + \mathrm{j}\Delta Q_{\mathrm{pv}}$ 为注入有功和无功的变化量；S_n 为配网系统的短路容量；θ 为光伏功率因数角。

从式（2-1）可以看出，ΔP_{pv} 和 ΔQ_{pv} 增加，导致 U_2 升高；当 ΔQ_{pv} 为负值且超过有功的增加量时，导致 U_2 降低。也就是说，光伏有功功率 P 的变化、线路 R/X 比值、逆变器无功功率 Q 都会影响并入点电压 U_2。

（2）对台区配电网电压分布的影响。从整个台区配电网的角度看，光伏电源并入配网后，改变了原电网的电压分布趋势，即电压从进电端到线路末端逐渐下降。以台区配电网的一条馈线为例进行分析，图 2-2 所示的为一条远距离配电网馈线，其中光伏分别并入网络线路的不同节点。假定线路上有 n 个节点，进线端电压作为平衡节点，其节点电压为 U_0，线路上不同节点的电压均由 U 来表示，每个节点的负荷功率和分布式光伏的功率分别由 P 和 Q 来表示，每个节点注入的净功率则由光伏注入的功率和负荷功率之差表示。一般将负荷吸收的功率定义为正，光伏注入的有功定义为正，光伏注入的无功是双向的，注入的是容性则为正，注入的是感性则为负。

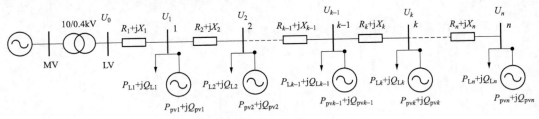

图 2-2 辐射型的配电网拓扑结构图

根据图 2-2，分布式光伏接入配电网前，馈线电压分布可以表示为

$$U_k = U_0 - \sum_{i=1}^{k}\Delta U_i = U_0 - \sum_{i=1}^{k}\frac{\sum_{j=i}^{n}P_{\mathrm{L}j}R_i + \sum_{j=i}^{n}Q_{\mathrm{L}j}X_i}{U_{i-1}} \tag{2-3}$$

$$U_{mk} = U_m - U_k = \sum_{i=1}^{k}\Delta U_i - \sum_{i=1}^{m}\Delta U_i = \sum_{i=m+1}^{k}\frac{\sum_{j=i}^{n}P_{\mathrm{L}j}R_i + \sum_{j=i}^{n}Q_{\mathrm{L}j}X_i}{U_{i-1}} \tag{2-4}$$

从式（2-3）可以看出，在分布式光伏电源并网之前，P_L 和 Q_L 均为正值，因此电压降均为正值，台区配电网馈线中电压 U_k 均小于进线端电压 U_0，并且随着距离进线端越远，线路阻抗越大，电压降落越大，节点电压越低。从式（2-4）可以得出，任意两个节点之间距离越远，线路阻抗越大，电压差值就越大。

分布式光伏单点接入配电网后，可以忽略线路阻抗和负载中的无功功率，电压分布可以表示为

$$\Delta U'_k = U'_{k-1} - U'_k = \frac{\left(\sum_{j=k}^{n} P_{Lj} - P_{Gk}\right) R_k}{U_{k-1}} \tag{2-5}$$

$$\Delta U'_{k+1} = U'_k - U'_{k+1} = \frac{\sum_{j=k+1}^{n} P_{Lj} R_{k+1} + \sum_{j=k+1}^{n} Q_{Lj} X_{k+1}}{U_k} \tag{2-6}$$

由式（2-5）和式（2-6）可知，当配电网中并入光伏时，根据光伏注入功率的不同，配电网电压分布呈现不同的变化趋势。

结合上述推导，分布式光伏向配电网注入有功功率时，可以得出如下结论：

1）在配电网馈线中，无论所带负载是阻感负载还是纯电阻负载，无论是重载还是轻载，不考虑馈线电容效应的情况下，在光伏接入前，馈线上各节点电压沿着到馈线首端的距离依次下降。

2）无论是单点光伏还是多点光伏并入配电网，对馈线节点电压跌落的现象都有缓解效果。当分布式光伏注入的有功功率超过本地负荷消耗的功率，配电网会出现逆潮流，造成电压抬升，容易出现电压越限的风险。

3）馈线中最高电压节点一定出现在光伏接入的节点，因此只要保证光伏接入点电压不越限，馈线上各节点电压均不越限。

2.2　光伏无功功率对配电网的影响

在仅考虑负荷和光伏的无功，不考虑其有功的情况下，通过计算得到的电压为

$$U''_k = U_0 - \sum_{i=1}^{k} \frac{\left(\sum_{j=i}^{n} Q_{Lj} - Q_{Gk}\right) X_i}{U_{i-1}} \tag{2-7}$$

根据前述规定的正方向，分析式（2-7）：分布式光伏注入感性无功时，$\sum_{j=i}^{n} Q_{Lj} - Q_{Gk}$ 较于单独无功负荷更大，电压下降；分布式光伏注入容性无功时，$\sum_{j=i}^{n} Q_{Lj} - Q_{Gk}$ 较于单独无功负荷更小，电压上升。分析 X_i 对电压的影响，当 X_i 越大时，同样的无功变化，

就能使电压有更强的波动。

因此，调节分布式光伏输出的无功功率可以降低或增大线路上的压降，从而调节节点电压。

以上推导为调节无功功率来消除分布式光伏接入引起的电压越限提供了理论基础。

本章通过公式推导分析了分布式光伏接入对配电网馈线电压的影响机理。通过电路原理分析分布式光伏对并网点电压的影响因素。当光伏大量接入配电网时，馈线各节点电压越限风险加剧，利用光伏逆变器的有功和无功容量可以抑制电压越限，起到调节配网电压的作用。本节的研究内容为后续研究调节光伏功率调整馈线节点电压提供理论依据。

3

控 制 理 论

光伏配电网的运行控制问题是一个多层、多级、高维的复杂数学问题，需要综合采用多种算法和理论进行简化求解，保证控制的速度和精度。因此本章对多代理系统、凸优化理论、分布式优化算法和分支定界法等的数学基础进行重点介绍。

3.1 多 代 理 系 统

1988 年，美国教授 Minsky 在《Society of Mind》中提出了代理（Agent）的概念，并试图建立一个人类意识独立工作的抽象模型。此书的写作目的是在人脑之外构建独立意识。随着人工智能理论的发展，Agent 被用来描述一个具有自适应、自治能力的硬件、软件或其他实体，其目标是研究和模拟人类智能和智能行为。

1995 年，Michael 给出了 Agent 的强弱两种定义。Agent 的弱定义是：具有自治性、社会性、反应性和主动性的实体均可成为一个 Agent。在 Agent 的强定义中，Agent 还应该具有精神气质（如知识、信念、目的、义务等），以及与人类相似的情绪，还要具有移动性、诚实、善意、理性等特质。

结合人类智能模型，定义 Agent 如下：Agent 是一个独立的智能实体，它将对信息的获取行为、认知行为，以及利用知识和产生智能的一系列过程封装其中，可以在不需要外界指令的情况下独立地完成任务，或者感知环境变化并通过自我规划和调整从而实现其目标。

Agent 的实质是原子化的人工智能体。因此，Agent 实现结构仍然可以参考和借鉴前面提出的人类智能。在对人类智能模型进一步抽象和简化的基础上，提出了 Agent 的八元素实现结构，如图 3-1 所示。因为更加看重 Agent 的功能性，所以把 Agent 看作"知""智""能"三种功能的集成体。

在图 3-1 中，"知"组件代表了"感知"和"认知"的能力，感知环境变化和解读通信信息，并对数据进行分析，产生对外部环节和自身的认知。通信是一种特殊功能，是实现"知"的主要手段。"智"组件代表了"智"的能力，存储数据和知识，具有推理和判断功能，能够做出决策。"能"组件代表了实现各种"功能"的能力，Agent 能够完成某种计算，实现人们所希望的某种具体的功能。Agent 八元素结构不仅在结构上保证了Agent 的自治性、社会性、反应性和主动性，并且通过对知识库、状态库、动作库的个性化设计，可以使得 Agent 具有很强的灵活性和适应性。

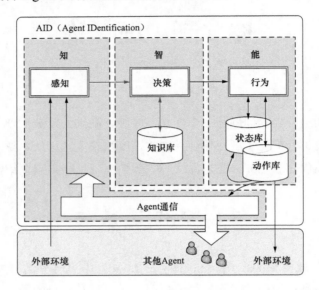

图 3-1　Agent 八元素实现结构

Agent 八元素实现结构中的八个元素含义如下：

AID（Agent IDentification）：Agent 的标识。包含很多信息，例如 Agent 标识号、Agent 名称、Agent 通信地址、本体类型等。

知识库：包含各类数据和规则，体现 Agent 的智力水平。

动作库：算法和功能的集合，体现 Agent 的能力水平。

状态库：Agent 自身状态的集合。

感知：感知外部环境变化，接受通信信息，并解码为可以理解的数据。

决策：根据所获信息或自身状态做出决策。本质上是一个专家系统。

行为：响应决策部件做出的决定，并保证相应的动作（或算法）被正确地执行，成为某种行为，并产生相应的结果。

通信：Agent 的特殊动作和功能，是 Agent 间交互与协调的基础。

八元素实现结构的内涵丰富，结构清晰，不仅规范了 Agent 的设计，而且为人们利用软件或硬件实现 Agent 提供了指引。基于 MAS 的配电网三相状态估计 masDSE 中的Agent 即按照八元素实现结构进行设计和编程实现。

多代理系统（multi-Agent system，MAS）是指多个 Agent 成员之间相互协调，相互服务，共同完成一个任务的高度开放的智能系统，其关键问题是如何组织由多个 Agent 组成的群体，以及多个代理的协调合作。将 Multi-Agent 技术引入到配电领域，可以增强电力负荷管理的自适应性、实时性与可扩展性，可以在未来任意添加新的负荷管理模块，不断完善自身功能。多代理系统中的"代理（Agent）"主要指软件代理（software Agent），而不包括其他如智能机器人等物理或硬件形式的"代理"。主动配电网的规划涉及许多相关问题，如多种资源（上级网络和分布式能源）的综合利用、多种负荷类型（电、热和冷）的相互协调、多种网络（电力网络、通信网络）的协调运行，以及不同利益相关者（配电企业，发电商，消费者、生产性消费者）的协同共赢问题。当主动配电网规划涉及多个目标，具有不确定性、非线性、动态等复杂特征，对其进行相应的网络计算和处理是一个非常复杂的问题。多代理技术由多个代理通过共同合作来完成某一目标，其具有"并行处理"和"批处理"的能力，其为主动配电网规划的复杂性提供一种有效的解决途径。就本书的研究内容而言，采用多代理模型实现了含分布式电源的配网按"空间"特性进行划分，有利于降低分布式电源并网后网络的计算复杂度，提高规划的效率，这也是其价值所在。

MAS 本质上是一种基于涌现的分布式问题求解模式，通过 Agent 的交互与协作形成的 MAS 整体，其问题求解能力可以远大于各个 Agent 个体所具有的问题求解能力的简单相加。与单个 Agent 相比，MAS 具有以下特点：①每个 Agent 仅拥有不完全的信息和问题求解能力；②Agent 之间通过互相通信实现灵活多样的协调；③计算过程是分布的、并行的。

将 Agent 和 MAS 用于 CAS 的研究、分析和模拟可以具有三个优势：①MAS 有利于复杂系统的分解。MAS 与 CAS（例如电力系统）一样，存在着内在的分布性，因此便于将 CAS 分解为相互关联的各个子系统或单元；Agent 作为自治主体，具有一定的独立性和问题处理能力，可有效减小系统各部分之间的耦合，这也保证了 Agent 通过对内的调整和对外的协调，适应不断变化的动态环境。②MAS 有利于 CAS 的抽象。MAS 与 CAS 在本质上是一致的。MAS 与 CAS 具有天然的对应关系。个体与个体之间，个体与环境之间的相互影响和作用是 CAS 演变和进化的动因，而这也正是 MAS 的本质特性。③MAS 有利于 CAS 的模拟。CAS 从整体上表现出个体（或部分）不具有的涌现性和非线性。MAS 中的 Agent 可以根据需要对应各种粒度的组成单元或子系统，并形成各种类型的组织形态，在反映组织内部各种关系基础上体现系统整体的功能和特性，从而表现出其他方法无法模拟出的涌现特性。

基于 MAS 的建模方法实际上是一种与 CAS 在内在机制上相同的建模分析方法。因此，从 CAS 映射到 MAS 是直观的、可行的、实用的。毋庸置疑，电力系统是一个 CAS。Agent 作为自治主体，能够实现对电力系统进行任意粒度的抽象和分解（即建模），并最终实现对电力系统的综合（即仿真）。基于 MAS 为 DFSM 建立相应的分布式智能系统（DIS）的过程，即是对电力系统进行分析和综合的过程，包含两大步骤：①对电力系统进行分解，设计并实现与之相对应的能够实现某种仿真分析功能的 Agent；②建立 Agent 间的通信和协调机制，实现对电力系统的综合和模拟。

3.2 凸优化理论

（1）二次约束二次规划。二次规划是研究科学技术和经济管理等问题的重要连续优化模型，其中应用最为广泛的就是约束条件和目标函数都是二次约束二次规划（quadratic constrained quadratic program，QCQP）。配电网最优潮流问题通常可转化为 QCQP，这是一类非线性规划问题，具有重要的理论和应用价值，其模型为

$$\min x^H C_0 x$$
$$\text{s.t. } x^H C_l x \leqslant b_l, \quad l=1,\cdots,L \tag{3-1}$$

式中：$x \in C^n$，$C_l \in S^n$，$b_l \in R$。

这类问题的求解难度受模型中矩阵的影响极大。如果 C_l，$l=0,\cdots,L$ 是半正定的，那么式（3-1）是凸的 QCQP，否则通常是非凸的。对于凸的 QCQP 问题，可以用松弛的思想对其进行处理，即去掉非凸约束，将原问题的可行域扩大为包含它自身的凸集，如半正定松弛和拉格朗日对偶。

下面介绍常用的半正定松弛方法。

（2）半正定规划。现用矩阵理论研究 QCQP 问题。由秩一矩阵的性质可知，任何半正定秩一矩阵 X 有唯一的谱分解 $X=xx^H$。根据矩阵内积定义，有 $x^H C_l x=\text{tr}C_l xx^H=\text{tr}C_l X$，因此上述 QCQP 问题可以改写为下述基于 Hermitian 矩阵的等效问题，即

$$min\text{tr}C_0 X$$
$$\text{s.t.} \quad \text{tr}C_l X \leqslant b_l, \quad l=1,\cdots,L \tag{3-2}$$
$$X \geqslant 0, \quad \text{rank}X=1$$

式（3-1）中的目标函数和约束条件都是二次的，而式（3-2）中的目标函数和约束条件则都是线性的。因为半正定矩阵集 S_+^n 是一个凸锥，所以在式（3-2）中 $X \geqslant 0$ 是一个凸约束，而秩一约束 $\text{rank}X=1$ 则是唯一的非凸约束。去掉秩一约束可以得到半正定规划（semidefinite program，SDP），即

$$min\text{tr}C_0 X$$
$$\text{tr}C_l X \leqslant b_l, \quad l=1,\cdots,L \tag{3-3}$$
$$X \geqslant 0$$

SDP 是能够高效求解的凸规划。由于 QCQP 问题式（3-2）的可行解集是 SDP 问题式（3-3）的可行解集的子集，称 SDP 问题式（3-3）是 QCQP 问题式（3-1）的松弛问题。

求解 QCQP 问题式（3-1）的一个有效方法是求解其经松弛处理的 SDP 问题式（3-3）

10

问题，然后检验最优解 X^{opt} 的秩。如果 $X^{opt}=1$，即 SDP 问题的解满足秩一约束，那么 X^{opt} 也是原问题式（3-2）的最优解，QCQP 问题式（3-1）的最优解 x^{opt} 可以通过谱分解 $X^{opt}=x^{opt}(x^{opt})^H$ 由 X^{opt} 得到。如果 $X^{opt}>1$，即 SDP 问题的解不满足秩一约束，那么通常原 QCQP 问题没有可行解可以直接由 X^{opt} 得到，但是 SDP 问题的最优解为 QCQP 问题的最优解提供了一个下界。

（3）二阶锥规划。n 维矩阵含有 n^2 个变量，在网络较大时求解速度较慢。实际上，矩阵对应于节点两两互联的完全图，而配电网多为辐射状网络，相应的图并不是每两个节点都相连，实际矩阵较稀疏。因此，现引入与中低压网络结构特性相适应的二阶锥规划（second-order cone program，SOCP）。半定规划 SDP 的一个特例就是如式（3-4）所示的 SOCP，即

$$\min c_0^H x$$
$$\text{s.t.} \|C_l x + b_l\| \leq c_l^H x + d_l, \quad l=1,\cdots,L \tag{3-4}$$

式中：$c_l \in C^n$，$C_l \in C^{(n_l-1)\times n}$，$b_l \in C^{n_l-1}$，$d_l \in R$。符号 $\|\cdot\|$ 表示欧几里得范数，即 2 范数，$\|u\|:=\sqrt{u^H u}$。由式（3-4）定义的可行解集被称为二阶锥，是一个凸集。

SOCP 问题包括线性规划和凸的 QCQP 问题。即使一个 SOCP 问题能改写成一个标准的 SDP 问题，通过 SDP 求解 SOCP 通常也是更低效的。减小对偶间隙至相同限度，SOCP 问题的迭代次数受制于 $O(\sqrt{L})$，而 SDP 问题的迭代次数受制于 $O(\sqrt{\sum_l n_l})$，而且 SOCP 问题每次迭代的速度也比 SDP 问题快。

对于配电网最优潮流问题，采用 SOCP 的旋转形式得到

$$\min c_0^H x$$
$$\text{s.t.} \|C_l x + b_l\|^2 \leq (c_l^H x + d_l)(\hat{c}_l^H x + \hat{d}_l), \quad l=1,\cdots,L \tag{3-5}$$

式（3-5）可以通过下述方法转化为如式（3-6）所示的标准形式：对于任意复向量 $u \in C^l$ 和任意实数 $a,b \in R$，有

$$\|u\|^2 \leq ab, a \geq 0, b \geq 0 \Leftrightarrow \left\| \begin{array}{c} 2u \\ a-b \end{array} \right\| \leq a+b \tag{3-6}$$

通过上述讨论可得到配电网最优潮流的凸优化形式，这样一方面优化问题可以用如内点法等的成熟数学算法求解，另一方面保证了基于交替方向乘子法的分布式优化算法的收敛性。

3.3 分布式优化算法

分布式优化算法需要在等式一致性约束 $x_1=x_2=\cdots=x_n$ 的限制下寻优，根据对其处理方法的不同有原始域算法、对偶域算法和原始-对偶算法等。基于交替方向乘子法

（alternating direction method of multipliers，ADMM）的对偶分布式优化算法，将原始全局优化大问题分解为相对独立的规模较小的对等问题，能够通过对几组不同变量进行对偶迭代使得等式一致性约束得到满足，得到全局最优解，在电力系统分布式优化中有较好的应用，适用于求解配电网分区协调控制问题。广义 benders 分解算法为原始域算法，可将一个集中优化模型分解为一个主问题和多个子问题交替求解，降低计算规模，适用于求解多电压等级配电网的分层协调优化问题。

（1）增广拉格朗日乘子法。设 $u \subset R^n$ 是闭凸集， $\theta(\cdot): R^n \to R$ 是凸函数， $A \in R^{m \times n}$， $b \in R^m$，则有带线性约束的凸优化问题为

$$\min\{\theta(u)|Au=b, u\in U\} \tag{3-7}$$

引入拉格朗日乘子 λ，则其拉格朗日函数为

$$L(u,\lambda)=\theta(u)-\lambda^T(Au-b) \tag{3-8}$$

求解问题式（3-7）的一类经典方法是增广拉格朗日乘子法（augmented lagrangian method，ALM）。其中，第 k 步迭代从给定的 λ^k 开始，通过

$$u^{k+1}=\arg\min\left\{L(u,\lambda^k)+\frac{\beta}{2}\|Au-b\|^2\Big|u\in U\right\} \tag{3-9}$$

$$\lambda^{k+1}=\lambda^k-\beta(Au^{k+1}-b)$$

求得新的迭代点 $\omega^{k+1}=(u^{k+1},\lambda^{k+1})$，其中 β 是给定的常数。通常，把自变量 u 和对偶变量 λ 看作对弈的双方，ALM 同时顾及了自变量和对偶方的感受。

（2）交替方向乘子法原理。工程中有些优化问题可以归结为如式（3-10）所示的一个有两个可分离算子的凸优化问题，即

$$\min\{\theta_1(x)+\theta_2(y)|Ax+By=b, x\in X, y\in Y\} \tag{3-10}$$

式（3-10）相当于在式（3-7）中，置 $n=n_1+n_2$， $x\subset R^{n_1}$， $y\subset R^{n_2}$， $u=x\times y$。目标函数分解为两个凸函数 $\theta(u)=\theta_1(x)+\theta_2(y)$， $\theta_1(x): R^{n_1}\to R$， $\theta_2(y): R^{n_2}\to R$。矩阵 $A=(A,B)$，其中 $A\in R^{m\times n_1}$， $B\in R^{m\times n_2}$。

式（3-10）的增广拉格朗日函数为

$$L_\beta(x,y,\lambda)=\theta_1(x)+\theta_2(y)-\lambda^T(Ax+By-b)+\frac{\beta}{2}\|Ax+By-b\|^2 \tag{3-11}$$

根据式（3-9），求解式（3-10）的 ALM 的第 k 步迭代从给定的 λ^k 开始，求得

$$(x^{k+1},y^{k+1})=\arg\min\{L_\beta(x,y,\lambda^k)|x\in X, y\in Y\} \tag{3-12}$$

$$\lambda^{k+1}=\lambda^k-\beta(Ax^{k+1}+By^{k+1}-b)$$

式（3-12）没有利用问题的可分离结构，子问题难以求解。因此，考虑将子问题 (x,y) 通过松弛分开求解，得到交替方向乘子法。其中，第 k 步迭代是从给定的 (y^k,λ^k) 开始，通过式（3-13）得到，完成一次迭代，即

$$\begin{cases} x^{k+1} = \arg\min\left[\theta_1(x) - (\lambda^k)^T Ax + \dfrac{\beta}{2}\left\|Ax + By^k - b\right\|^2 \Big| x \in X\right] \\ y^{k+1} = \arg\min\left[\theta_2(y) - (\lambda^k)^T By + \dfrac{\beta}{2}\left\|Ax^{k+1} + By - b\right\|^2 \Big| y \in Y\right] \\ \lambda^{k+1} = \lambda^k - \beta(Ax^{k+1} + By^{k+1} - b) \end{cases} \tag{3-13}$$

由此可以看出，交替方向乘子法实际上是处理可分离结构型优化问题式（3-10）的松弛了的 ALM。相似地，交替方向乘子法可以推广到多个目标函数之和的最值问题，应用于分布式优化算法领域。

交替方向乘子法收敛的条件可以通过判断原始残差和对偶残差大小来实现。原始变量定义为

$$r^{k+1} = Ax^{k+1} + By^{k+1} - b \tag{3-14}$$

相应地，原始残差定义为原始变量的无穷范数。对偶变量定义为

$$s^{k+1} = \beta A^T B(y^{k+1} - y^k) \tag{3-15}$$

相应地，对偶残差定义为对偶变量的无穷范数。收敛条件为

$$\left\| \begin{matrix} r^{k+1} \\ s^{k+1} \end{matrix} \right\|_\infty \leqslant \varepsilon \tag{3-16}$$

式中：ε 为设定的残差阈值。

（3）广义 Benders 分解算法。基于线性对偶理论和割平面方法，Benders 分解算法仅能用于求解线性规划问题。在此基础上，广义 benders 分解算法利用非线性凸对偶理论和割平面方法可用于求解非线性规划问题，收敛的前提条件是当 y 值固定时，目标函数和约束条件必须是 x 的凸函数。

$$\min f(x, y)$$
$$\text{s.t. } g(x, y) \leqslant 0 \tag{3-17}$$
$$x \in X, y \in Y$$

以上述模型［见式（3-17）］为例，广义 benders 分解算法的基本求解过程如下：

1）初始化，$k=1$，$p=0$，$q=0$，$LB_0 = -\infty$，$UB_0 = \infty$，在 Y 可行域中任选一值 $\hat{y}$ 作为 y 的初值。

2）求解子问题，即

$$\min f(x, \hat{y})$$
$$\text{s.t. } g(x, \hat{y}) \leqslant 0 \tag{3-18}$$
$$x \in X$$

若子问题存在可行解，则 p 增加 1，求解出相应的最优值 x_k 和相应的拉格朗日乘子

$\mu^p = \hat{\mu}$，利用目标函数值 $f(x_k, \hat{y})$ 更新上界 UB，并构建优化割平面 L^* 回补主问题，即

$$L(x, y, \mu) = f(x, y) + \mu^T g(x, y) \tag{3-19}$$

$$L^*(y, \hat{\mu}) = \inf_{x \in X}\{f(x, y) + \hat{\mu}^T g(x, y)\} \tag{3-20}$$

若子问题不存在可行解，则 q 增加 1，引入松弛变量 s，形成新的松弛问题。求解相应的最优值 x_k 和拉格朗日乘子 $\lambda^q = \hat{\lambda}$，上界 UB 不变，并构建可行割平面 L_* 回补主问题，即

$$\min s$$
$$\text{s.t. } g(x, \hat{y}) - s \leqslant 0 \tag{3-21}$$
$$x \in X, s \geqslant 0$$

$$L_*(y, \hat{\lambda}) = \inf_{x \in X}\{\hat{\lambda}^T g(x, y)\} \tag{3-22}$$

3）求解主问题，将最优解赋值给 $\hat{y}$，并利用求得的 LBD 更新下界 LB。然后返回步骤 2）进行新一轮的迭代，直至上界和下界的偏差小于预设值 δ，即

$$\min_{y \in Y} \text{LBD}$$
$$\text{s.t. LBD} \geqslant L^*(y, \mu^i), i = 1, \cdots, p \tag{3-23}$$
$$L_*(y, \lambda^j) \leqslant 0, j = 1, \cdots, q$$

3.4 分支定界法

处理含有整数离散变量的优化问题是 NP 难问题，穷举方法计算效率低下，启发式算法无法保证解的最优性，割平面法确定每次迭代有效的割平面较困难。分支定界是优化问题处理整数离散变量的一种常用有效思想，该方法是确定性方法，既适用于整数规划，也适用于混合整数规划，能够沿树形结构搜索遍历得到最优整数解。对于含有整数条件约束的非线性规划问题，先不考虑整数条件，将其视为连续的实数，即将原问题松弛为相应的线性规划问题，用其他成熟的连续规划求解方法求解一系列仅含连续实数变量的规划问题。

分支定界法的详细搜索求解过程如下所述：

（1）如果松弛问题无解，则原整数规划或混合整数规划问题无可行解。

（2）如果得到松弛问题的最优解 $\tilde{x}$ 满足原始整数条件约束，则这个解是原整数规划或混合整数规划的最优解。

（3）如果得到松弛问题的最优解 $\tilde{x}$ 不满足原始整数条件约束，则这个解不是原整数规划或混合整数规划的最优解，但为最优解提供了新的边界，对于最小化问题是下界，可据此继续进一步计算：

1）分支：从还不满足整数条件约束的解分量中选择一个 $\tilde{x}_i$ 将松弛问题按照变元二分法分支，分支条件基于取整函数，分别为 $x_i \leqslant [\tilde{x}_i]$ 和 $x_i \geqslant [\tilde{x}_i] + 1$，将分支条件作为约束加入松弛问题，减小可行域，得到新的对立的子问题，对子问题进行分别求解。

2）定界：对子问题的解进行判断，如果满足原始整数条件约束，则为最优解提供了新的边界，对于最小化问题从满足原始整数条件的解中选择最小的一个作为原始问题的上界，上界越来越小；如果子问题的解不满足原始整数条件约束，则对于最小化问题从不满足原始整数条件约束的解中选择最小的一个作为原始问题的新的下界，下界越来越大，返回 1）继续分支，进行下一步求解。

3）剪支：对子问题的解进行比较和判断，对于最小化问题如果解大于上界则对其进行剪支，对于无可行解的子问题也对其进行剪支，即不再考虑这一支，不再对其进行下一步分支求解，从而简化加快运算。

重复上述 1）～3）的分支定界过程，直至搜索完所有分支并使原始问题的上界等于下界为止，得到最优整数解。

分支定界法通过不断分支将解空间逐渐减小，形成了树形结构，因此选择遍历树的不同搜索路径对求解效率影响很大。

确定分支解分量时，一般选择对原始问题优化结果影响最大的解分量优先进行分支，既可以按照解分量在目标函数中对应的系数绝对值大小进行选择，也可以按照解分量与整数值相差大小的绝对值进行选择，还可以按照解分量的重要程度进行选择，或者任意选择等。

确定分支节点时，应该尽量减少搜索次数以提高搜索条件。根据具体问题不同，遍历树形结构时，既可以深度优先，即纵向沿着某一分支搜索到叶节点再搜索下一个分支，也可以广度优先，即横向搜索每一层节点。两种搜索方法各有优缺点，要根据不同的具体问题（如解分量的个数等）进行选择。

对于含较多整数离散变量的大规模优化问题，用于搜索的树形结构会很庞大，分支求解子问题的次数会相应增多，求解时间明显增加，计算效率大大下降。

4

分布式光伏功率控制技术

4.1 功率预测方法

深度学习属于机器学习方法的一种，是人工神经网络的进一步发展，在给定输入的情况下，它将通过训练神经网络来对输出结果进行预测。与传统的神经网络的区别主要在于这个"深"字，即所包含的网络层数更多，总的网络更"深"。它突破了传统神经网络的一些局限，在精度和处理问题的复杂度上都有了提升。建立深度学习模型所需做的工作顺序大概如下：首先要选取合适的输入数据，进行一定的数据预处理，提取有效的特征，选择合适的算法和网络，搭建模型，定义学习率和损失函数的初始值，选取一定的偏置值和相应的激活函数，先随机初始化各层网络训练的权重，训练网络不断修正权重，使训练样本能够与预期样本相符合，最终结果达到预期的准确值，其中的关键工作为神经网络的搭建。几种常用的深度学习神经网络包括深度置信网络（DBN）、堆叠自编码网络（SAE）、长短期记忆网络（LSTM）和卷积神经网络（CNN）等，此外，可以对常用的深度学习模型进行优化，包括数据预处理优化和特征提取优化等。

4.1.1 数据预处理优化

当出现数据出错或者缺失的问题，可以通过对数据进行预先处理，对异常的数据进行修改，对缺失的数据进行补齐。在数据预处理部分要对整个模型进行优化，提高最终的预测精度，使数据之间相关性高是一个可行的方向，可以选择一定的聚类算法，将历史数据分类，再分别按照不同的类型搭建预测模型网络进行训练，自适应 Kmeans 算法就是其中一种。

自适应 Kmeans 算法是传统 Kmeans 算法的改进优化。Kmeans 算法是一种分类用算法，它根据各样本之间的距离将其分为不同的类别，使同一类别中的样本尽可能接近，而不同类别之间的距离差尽可能大。算法先随机地选取两个类中心，然后计算样本与类中心之间的距离并分类，然后进行多次迭代，使样本与类中心的距离尽可能小，当小于设定的阈值时，分类结束，导出类别系数。但传统 Kmeans 算法需要人为指定聚类数、聚类中心，其聚类效果很大程度取决于聚类个数以及聚类中心的选取，为了减少人工选择聚类数 k 所带来的误差，可以选择改进的自适应 Kmeans 算法，引入定量指标来搜索样本的最佳聚类，实现自动确定最佳聚类数 k。提出的自适应过程的关键是聚类评估，与此相关指标众多，而 Davies-Bouldin 指数使用数据集固有的数量和特征，适用于 Kmeans 聚类的评估。定义如下

$$DBI = \frac{1}{K}\sum_{i=1}^{k}\max_{j\neq i}\left(\frac{C_j + C_i}{D_{i,j}}\right) \tag{4-1}$$

式中：C_i 和 C_j 分别表示 i 和 j 样本到相应簇中心的距离的平均值；$D_{i,j}$ 表示集群 i 的中心到集群 j 之间的欧氏距离；DBI 越小，则集群性能越好，可以得到最佳聚类数 k_{best}。

为了避免生成过多的簇，利用阈值限制簇的数量，记为 k_{max}，自适应 Kmeans 聚类过程如图 4-1 所示。

光伏发电功率之所以随机性强、波动幅度大，很大程度上与气象以及环境因素有关。而温度、湿度、风速、总辐射、气压等因素对光伏发电有着不同程度的影响。因此，选择准确、与光伏发电相关性强的影响因素，对于聚类有效性的提高有重要意义。

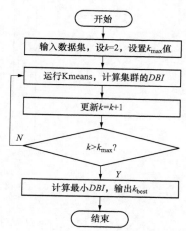

图 4-1 自适应 Kmeans 聚类流程图

4.1.2 特征提取优化

特征提取对机器的学习训练过程是非常有必要的，只有提取有效的特征，使其足够可靠，拥有足够的识别能力和独立性，才能达到足够的训练效果。特征数量不宜过多，否则容易造成过拟合问题。对于特征的选择，可以采用子集搜索或者子集评价两种方法。子集搜索顾名思义，就是使用搜索的方式寻找特征；子集评价则是利用一系列的评断标准，如余弦相似度、交叉熵等，来对特征进行判定。常见的特征选择有包装式、过滤式和嵌入式三种方法。其中，过滤式是指先将数据中的特征选取出来，按照它们的发散特性等进行评定，再进行选择，然后再进行训练，分开进行。其代表算法有 Relief 算法。它是一种二分类的算法，先从训练的样本集以随机的方式选取一些样本，然后找出它们在同种集合和不同种集合中的最近的样本点，再计算特征的权值，进行筛选。

在之前的介绍中可以看到，诸如卷积神经网络、堆叠自编码网络这类神经网络，是具有相当优越的特征提取能力的，对预测模型进行优化，可以选择组合模型的方式，在 LSTM 网络层前加入 CNN 网络层或者 SAE 网络层，将特征提取网络层的输出作为 LSTM 的输入。

4.1.3 光伏发电功率预测

CNN-LSTM 网络组合模型结构见图 4-2，主要由 CNN 部分和 LSTM 网络部分构成。其中，CNN 部分主要用于提取数据特征；LSTM 网络部分主要用于预测时间序列数据。CNN 是由 Lecun 等人在深度学习研究中首次提出的一种成功的深度学习架构，同时也是

一种有效用于特征提取和模式识别的前馈神经网络，最常应用在图像领域中的监督学习问题上，例如计算机视觉、图像识别等。CNN 可通过卷积层的滤波器提取输入数据之间的相互关系。CNN 使用少量参数捕捉输入数据的空间特征，并将其组合起来形成高级数据特征。最终将这些高级数据特征输入全连接进行进一步的回归预测或分类预测。典型的 CNN 结构由输入层、卷积层、池化层、全连接层和输出层组成。经过多个滤波器操作之后，CNN 可以通过逐层的卷积和池化操作提取数据特征。过滤器可根据输入数据的大小、提取特征的需要设置适当的窗口大小和窗口滑动的步幅大小。

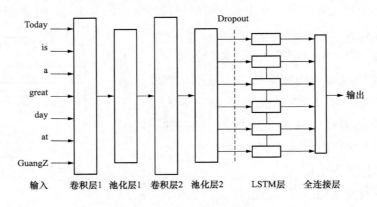

图 4-2　CNN-LSTM 组合模型结构示意图

CNN-LSTM 在处理自然语言时，CNN 将接收的时间序列数据（每个不同的单词对应一个向量）作为输入，然后将这些数据输出汇集到一个维度较少的向量，作为 LSTM 部分的输入。参考处理自然语言时，词向量的表示方法，将某时刻的输出功率值和影响输出功率值的各种因素合并在一起作为一个向量（类似一个词向量），从而把原始数据集拆分成一个全新的时间序列数据。可以通过设置 CNN 的内核结构，如层数和每层的神经元数，调整从输入的时间序列数据中提取特征的时间宽度。为了防止模型出现过拟合情况，对 LSTM 网络的每一层神经元采用随机失活（Dropout）的策略，最后叠加一个全连接层（Dense）使输出为指定格式的向量。

4.1.3.1　长短期记忆（LSTM）网络

长短期记忆（LSTM）网络实质上是循环神经网络（RNN）的进阶版。循环神经网络的神经单元图如图 4-3 所示。

在每个时刻，循环神经网络的状态不是只由当前时刻的输入决定的，而是由前一时刻的状态和这一时刻的输入，两者共同决定，上一个时刻的数据将影响下一时刻的输出，这种时序性的特征，使得它在处理时间序列问题时有非常突出的表现，可以认为是处理时间模型最自然的网络结构。将其根据图 4-3 所示按时间展开，一个 t 时刻的神经元可以看作是 t 个前馈神经网络神经元的组合。其表达式为

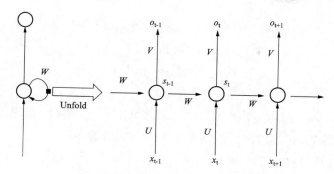

图 4-3 循环神经网络结构图

$$s_t = \tanh(Ux_t + Ws_{t-1}) \tag{4-2}$$

$$o_t = \text{softmax}(Vs_t) \tag{4-3}$$

式中：x_t 为 t 时刻的输入；s_t 为 t 时刻隐藏层的状态；o_t 为输出。

RNN 不同于传统神经网络（见图 4-4）的地方在于隐藏层的输入有两个来源，一个是当前的输入 x_t；另一个是上一个状态隐藏层的输出 s_{t-1}，W、U、V 为参数。RNN 随着 t 不断增大，梯度会接近于 0，丧失学习过去较久远信息的能力，即梯度消失。

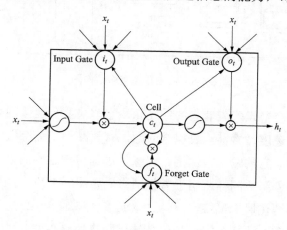

图 4-4 LSTM 神经元结构图

LSTM 不再是单纯的循环体，上一时刻状态值不再作为当前时刻输入值，而是加入了三个门，便可以解决 RNN 的梯度消失问题。遗忘门控制着神经元如何保存历史状态信息，激活函数使遗忘门保证输出值在 ［0，1］之间。如果为 0，便不保留上一时刻的所有状态信息；如果为 1，则将其全部保留。输出门控制信息输出，输入门控制信息输入。计算过程如下：此时的输入和上一时刻的输出将通过输入门计算，最终构成当前时刻的候选状态值，遗忘门和输出门则将决定此候选状态值和上一时刻的状态值在新的状态值中各自所占的比例，以构成当前状态，再进行计算输出。其计算式为

$$i_t = \sigma(W_{xi}x_t + W_{hi}h_{t-1} + W_{ci}c_{t-1} + b_i) \tag{4-4}$$

$$f_t = \sigma(W_{xf}x_t + W_{hf}h_{t-1} + W_{cf}c_{t-1} + b_f) \qquad (4-5)$$

$$c_t = f_t c_{t-1} + i_t \tanh(W_{xc}x_t + W_{hc}h_{t-1} + b_c) \qquad (4-6)$$

$$o_t = \sigma(W_{xo}x_t + W_{ho}h_{t-1} + W_{co}c_{t-1} + 0) \qquad (4-7)$$

$$h_t = o_t \qquad (4-8)$$

式中：x_t 为输入；h_t 为输出；i_t 为输入门的输出；f_t 为遗忘门的输出；c_t 为当前时刻 t 的细胞单元状态；o_t 为输出门的输出；W 和 b 为参数矩阵。

4.1.3.2 卷积神经网络（CNN）

两层神经网络的节点之间是需要连接的，有的神经网络相邻两层所有节点之间都有连接的线，这种称为全连接网络，而卷积神经网络与全连接不同，它采用的是稀疏链接，即部分节点相连，结构图如图 4-5 所示。

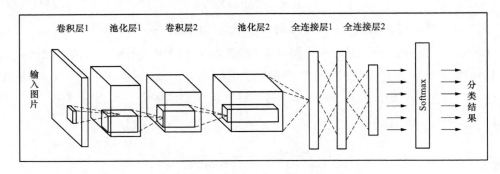

图 4-5　卷积神经网络结构图

卷积网络的每一个节点代表着它的神经元，它解决了全连接网络参数过多的问题，有效防止训练时收敛速度过慢甚至过拟合问题，有效减小了训练中的参数个数，并自动提取了数据中的特征。它的输入、输出、训练、过程与全连接网络基本无差别，全连接网络的训练算法和误差函数同样适用于卷积网络。如图 4-5 所示，卷积网络的架构中包括输入层、卷积层、池化层，最终也要经过全连接层和 Softmax 层进行分类等。其中，特有的结构是卷积层和池化层：①卷积层是神经网络的核心部分，它采用稀疏连接。将小块数据深入挖掘分析，进行特征提取，经过卷积层处理后的数据深度会增加，而这个深度的设置可由卷积层的过滤器设置完成。②池化层对节点深度无影响，但能有效地将节点矩阵缩小，进一步减小参数的个数，使计算过程更简化，加速收敛。它的缩小过程也是通过一个过滤器完成的，设置池化层过滤器的参数也可以改变输出的矩阵大小。

图 4-6 表示的是一个简单的二维卷积层结构，它的输入为一个 5×5 的矩阵，特征探测器为一个 3×3 的矩阵，输入矩阵通过特征探测器滑动平移并卷积后生成一个 3×3 的特征图谱。假设输入矩阵元素为 a_{ij}，特征图谱为 M，则有

$$M = \sigma\left(\sum_{k=0}^{2}\sum_{l=0}^{2}\omega_{kl}a_{i+k,j+l} + b\right) \qquad (4-9)$$

式中：σ 为卷积层的激活函数；ω_{kl} 为 3×3 的系数矩阵的元素；$a_{i+k,j+l}$ 为输入中与 ω_{kl} 对应的相乘的元素；i，j 分别为行和列；b 为阈值。

因为每个系数矩阵仅能代表一种特征，所以一个卷积层中需有多个特征探测器才能满足特征学习，若要提取数据中更深层次的特征，则应该堆叠更多的卷积层。

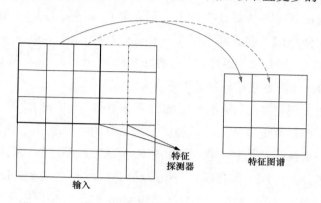

图 4-6　二维卷积层结构示意图

4.1.3.3　CNN-LSTM 光伏预测模型

CNN 的特殊结构使其非常适用于图像识别领域，其输入数据结构要求为二维特征图，而本书获取的光伏发电数据实际上是一维的时间序列，发电功率与其他各气象因素之间相互独立。为了将 CNN 模型引入到光伏发电功率预测中，需要对样本数据作相应的变形，将某一时刻的历史发电功率和气象因素进行耦合形成一个向量，各向量串联就构成一个全新的时间序列数据。如图 4-7 所示，T 时刻的历史功率和对应的气象因素耦合形成 T 时刻的特征图，然后采用滑动窗口的方法，每滑动一个时间间隔就形成下一个时刻的特征图，这里的一个时间间隔实际代表 10min。n 代表组合模型 CNN-LSTM 的时

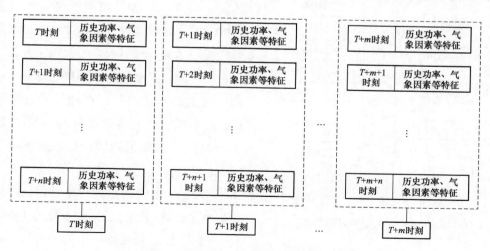

图 4-7　CNN-LSTM 模型输入数据结构

间步数，由于使用的数据集的特征数为 6，所有这里每个特征图的尺寸为 $n×6$，t 表示形成的特征图以时间为尺度。因为窗口滑动一次的时间间隔是 10min，所以 T 与 $T+1$ 时刻的间隔也是 10min。经过变形之后，整个数据集就变成了（m，n，6）三维，以此作为 CNN-LSTM 模型的输入。

用于短期光伏发电功率预测的 CNN-LSTM 组合深度学习模型的结构如图 4-8 所示，该模型主要由两部分组成，前面部分是负责提取数据特征的 CNN，后面部分是负责光伏功率预测的 LSTM，CNN 与 LSTM 之间通过 Flatten 层和 Repeat Vector 层进行连接，LSTM 部分经过 Dense 全连接层转换成对应的输出值。

通过多次实验发现增加 CNN 的层数和特征探测器（Filter）数可以提高其特征提取能力，使模型的拟合精度更高，还可以加快损失函数的收敛速度。但层数和特征探测器数增加到一定值后再继续增加时，模型的精度趋于稳定，不再继续提高，而所需的训练时间却增大了许多，并出现过拟合现象。最后确定将卷积层（Conv1D）数设置为 3，每层的 Filter 数依次为 32、64 和 128。CNN 利用 Filter 从输入的特征图中提取有用的特征，通过改变 Filter 的大小可以获取不同变量个数和不同时间宽度的数据特征，本书将 filter 的大小设置为 2×2。卷积层将特征映射到池化层（Max Pooling1D）中以减少输出维数，达到特征提取的效果，通过实验确定将池大小设置为 2。经过 Max Pooling1D 层后得到 2×128 的二维向量，再利用 Flatten 层实现扁平化操作，将二维向量压成长度为 256 的一维向量，再利用 Repeat Vector 层将该一维向量转换为 LSTM 要求的输入格式。

在负责预测的 LSTM 部分，与 CNN 类似，并不是层数越多就越好，层数多到一定程度预测性能不再提高反而会增加模型的复杂程度，增加过拟合的风险和所需的训练时间。通过实验，将 LSTM 网络部分设置为 3 层结构，每层包含的神经元数依次为 16、32、64。最后利用全连接层 Dense 输出归一化后的预测结果，在超短期预测时，Dense 层的神经元数设置为 1，即每次输出下一时刻的功率预测值；在短期预测时，Dense 层的神经元数设置为 84，即一次性输出第二天 84 个时间点的功率预测值。或者可以将 Dense 层的神经元数设置为 1～84 中任一值 1，然后采用循环预测的方法，将预测得到的 1 个值加入模型的输入列表中，再预测得到 1 个新值，如此循环，直到预测值

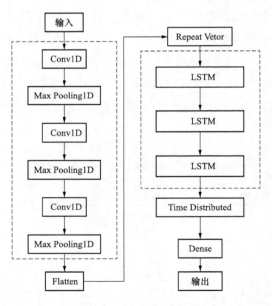

图 4-8　短期光伏发电功率预测的
CNN-LSTM 组合深度学习模型结构

个数达到要求。

4.2 自动发电控制

4.2.1 AGC原理

自动发电控制（automatic generation control，AGC），是建立在以计算机为核心的能量管理系统（或调度自动化系统）和发电机组协调控制系统之上并通过高可靠信息传输系统联系起来的远程闭环控制系统，现代互联电网AGC系统是实现电网安全、优质、经济运行的需要。在联合电力系统中，AGC是以区域电力系统为单位，各自对本区域内的发电机组的出力进行控制。其主要任务可以归纳为如下三项：

（1）跟踪负荷变化，确保电网频率在允许范围之内（50Hz±0.1Hz）；

（2）控制本地区与其他区间联络线上的交换功率为协议规定的数值范围；

（3）在满足电力系统安全性约束条件下，对发电量进行经济调度控制。

国际上各大电力系统中广泛采用自动发电控制来调节其有功出力和频率。如图4-9所示，自动发电控制主要由计划跟踪环节、区域控制环节和机组控制环节组成。

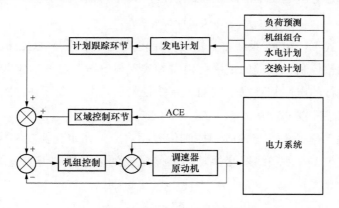

图4-9 AGC系统结构框图

自动发电控制的第一个部分计划跟踪环节考虑负荷预测、机组组合、水电计划、交换计划，电力系统通过历史负荷和负荷预测给出发电计划，计划跟踪环节根据发电计划从而给其他环节传递发电计划，并提供发电基点。

自动发电控制的第二个部分为区域控制环节，也是自动发电控制的核心——负荷频率控制。首先基于系统的频率偏差和联络线功率偏差进行计算得到区域控制偏差（area control error，ACE），通过ACE得到系统调整功率。通过区域控制环节计算，得到各机组的调节量，并发送给各个机组处。在区域控制环节内，选择更良好的控制策略以改善其控制性能。ACE主要由联络线功率实际值与规定值的偏差和频率偏差两部分组成，即

$$ACE = (\sum P_{tij} - \sum P_{ij}) + B(f - f_0) \qquad (4\text{-}10)$$

式中：$\sum P_{tij}$ 为控制区所有联络线交换功率实际值之和；$\sum P_{ij}$ 为控制区与外区的所有联络线交换功率计划值之和；B 为该控制区域系统调差系数；f 为系统频率的实际值；f_0 为系统频率的规定值。

自动发电控制的第三个部分为机组控制环节，电力系统下属发电厂得到指令再分配给各个机组，机组得到调节功率，通过实际调节消除系统频率偏差和联络线功率偏差。光伏电站中，AGC 接收来自调度或电站内的负荷需要并按照一定的调整策略分配给电站内的逆变器，实现整个光伏电站有功优化分配和调节，维持电站联络线的输送功率和交换电能量保持或接近规定值。

4.2.2 控制模式

电网中，AGC 系统的控制目标就是使 ACE 不断减少直到稳定为零。根据 ACE 中控制变量选取的不同，单区域电网 AGC 系统存在定频率控制、定交换功率控制和联络线功率偏差控制三种基本控制方式。

（1）定频率控制。定频率控制（flat frequency control，FFC）的区域控制偏差量 ACE 只包括频率偏差分量引起的本区域功率缺额量，其计算式为

$$ACE = B(f - f_0) \qquad (4\text{-}11)$$

在此控制方式下，AGC 系统将只根据频率的变化量来调节 AGC 机组的有功输出，将本区域频率偏差控制在规程的范围之内，并实现最终跟踪到零。定频率控制方式一般只适用于独立运行的电网和互联电网的主系统控制区，并且在互联电网中最多只能有一个区域采用 FFC 控制方式。

（2）定交换功率控制。与定频率控制偏差相对应，在定交换功率控制（flat tie-line control，FTC）方式中，联络线交换功率偏差量成为区域控制偏差量 ACE 的唯一参考量，即

$$ACE = (\sum P_{tij} - \sum P_{ij}) \qquad (4\text{-}12)$$

在定交换功率控制方式下，AGC 系统将实时跟踪控制联络线交换功率的偏差量，稳定在计划值。FTC 控制方式只按照联络线交换功率偏差分量进行调节，对系统频率则不加控制，因此该控制方式只适用于互联电网小容量的控制区，并且此时需结合主控制区域采用定频率控制，以维持整个联合电网频率稳定。在此控制方式下，如果与其相邻的区域发生功率盈余或不足的时候，都将使联络线交换功率不稳定。

（3）联络线功率频率偏差控制。现代互联电网应用最多的是联络线功率频率偏差控制（tie line bias frequency control，TBC）方式，区域控制偏差量 ACE 由联络线交换功率偏差分量和频率偏差分量两部分组成，其计算方式为

$$ACE = (\sum P_{tij} - \sum P_{ij}) + B(f - f_0) = \Delta P_{tie} + B\Delta f \qquad (4\text{-}13)$$

在该控制方式下，能同时控制系统频率和联络线交换功率。TBC 是现代互联电网 AGC 系统中最常用的控制方式。在 TBC 控制方式下，适当参数 B 的配合，ACE 可以准确地反映负荷变化是否在本区域内，从而确定本区域 AGC 机组是否参与当前负荷波动的调节。此控制方式兼顾了各区域自身的利益，实现了公平公正的二次调频原则。减少功率的跨区运送，提高电网运行的经济效率，实现了各区域保证其控制区范围内的波动负荷就地平衡的准则。

4.2.3 互联区域间 AGC 控制

互联电网 AGC 系统的基本任务是维持区域间联络线交换功率在预定值的前提下，各区域内独立完成对本区域扰动负荷的实时平衡。当某区域电网出现故障，区域内发生严重发电功率不足时，相邻区域通过增加联络线路功率对该区域进行紧急功率支援，并确保该调节过程的动态控制性能。

互联电网的自动发电控制系统通过调节各区域内的 AGC 机组的实时发电功率实现时刻跟踪消除区域控制偏差的任务。现以两区域互联电网为例，分析互联电网区域间的功率交换特性。

图 4-10 表示两区域互联电网联络线交换功率情况。假定 B_1 和 B_2 分别表示区域 1 和区域 2 的系统调差系数，ΔP_{L1} 和 ΔP_{L2} 分别表示区域 1 和区域 2 的负荷变化量，ΔG_1 和 ΔG_2 分别表示区域 1 和区域 2 的发电功率变化量，ΔP_{t12} 控制区域 1 流向区域 2 的联络线交换功率的变化量，Δf 为系统频率变化量，则有

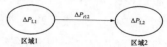

图 4-10 两区域互联电网功率交换特性

$$\begin{cases} \Delta G_1 - \Delta P_{L1} = B_1 \Delta f + \Delta P_{t12} \\ \Delta G_2 - \Delta P_{L2} = B_2 \Delta f - \Delta P_{t12} \end{cases} \tag{4-14}$$

由式（4-14）可解得

$$\begin{cases} \Delta f = \dfrac{\Delta G_1 - \Delta P_{L1} + \Delta G_2 - \Delta P_{L2}}{B_1 + B_2} \\ \Delta P_{t12} = \dfrac{B_2(\Delta G_1 - \Delta P_{L1}) - B_1(\Delta G_2 - \Delta P_{L2})}{B_1 + B_2} \end{cases} \tag{4-15}$$

如前所述，各区域电网内 AGC 系统的控制方式主要有定频率控制（FFC）、定联络线交换功率控制（FTC）、联络线功率频率偏差控制（TBC）三种。以两区域互联电网为例，三种控制方式能相互组合出六种不同的控制模式，即 TBC-TBC、FTC-FTC、FFC-FFC、FFC-FTC、FFC-TBC、TBC-FTC。效果最好的控制模式是 TBC-TBC 控制模式，所涉及的控制目标量最多，能准确完成负荷扰动情况下的分区域就地平衡控制目标，实现公平公正的调频。因此，研究中的互联电网 AGC 控制方法将采用 TBC-TBC，下面以自动发电控制各个环节的数学模型和基本原理为基础，建立两区域互联电力系统，如图 4-11 所

示，并详细分析 TBC-TBC 控制模式的特点。

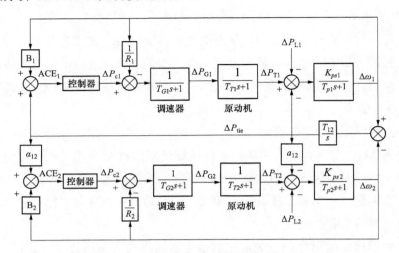

图 4-11 两区域互联负荷频率控制系统模型

假定在图 4-10 所示的两区域互联电网中，区域 1 和区域 2 都采用联络线功率频率偏差控制（TBC），形成互联电网的 TBC-TBC 控制模式。此模式下各区域控制偏差将包含联络线交换功率变化量和系统频率偏差分量引起的功率缺额量，即

$$\begin{cases} ACE_1 = \Delta P_{12} + B_1 \Delta f = \Delta G_1 - \Delta P_{L1} \\ ACE_2 = -\Delta P_{12} + B_2 \Delta f = \Delta G_2 - \Delta P_{L2} \end{cases} \quad (4\text{-}16)$$

式中：ACE_1、ACE_2 分别为区域 1、区域 2 的区域控制偏差。

由此可知，在 TBC-TBC 控制模式下，只要参数选择合理，在频率波动较小的情况下，不论负荷扰动发生在哪个区域，只有发生扰动的控制区才产生控制作用，其他的控制区不会进行控制，即可实现严格的实时负荷扰动就地平衡控制。在现代互联电网中，如果各个区域调频机组容量充足，一般采用这种控制模式，当系统发生负荷扰动时，ACE 稳定到零。

4.2.4 光伏 AGC 控制执行策略

光伏电站的有功功率控制系统主要由两部分组成，即光伏电站对于各光伏阵列功率输出的协调控制和光伏阵列自身的指定功率输出控制。基于此，本书研究了一种两层式的光伏电站有功功率控制系统结构，将控制系统分为协调控制层和本地控制层两部分，光伏电站的两层式有功功率控制结构图如图 4-12 所示。

由图 4-12 可知，协调控制层通过从电网调度接收到的功率指令，光伏电站的当前实际总有功出力，以及下一控制周期的光伏电站功率预测值，得到下一控制周期光伏电站的有功功率调节量，并通过制定合理的分配算法将功率调节量分配给各光伏阵列所连接的并网逆变器，为底层的光伏逆变器的输出功率控制单元提供期望的输出功率值。而本地控制层则需调节各光伏阵列的有功功率输出量，使其达到协调控制层所下发的设定功率值。

对于上层协调控制层，其主要功能是：①接收电网的调度指令，根据调度指令而投入不同的功率控制模式，并计算出满足电网对功率幅值和变化率要求的光伏电站下一控制周期的设定功率；②按照一定的分配策略将设定功率分配给光伏电站中的各光伏发电单元，即光伏逆变器，使光伏发电单元按照分配的功率进行输出，从而使总输出功率达到设定功率值。而如果电网未下达调度指令，则光伏电站进行全场出力。

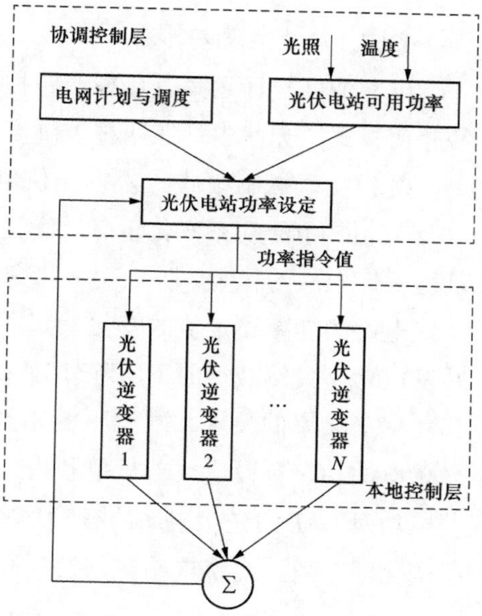

通过以上分析，可以得到光伏电站有功功率控制策略的流程为：

（1）判断是否有电网调度指令，若无，则进行全场最大出力。若有，则执行（2）。

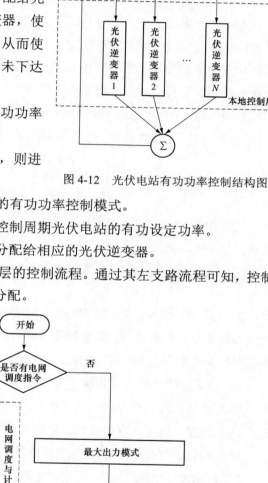

图 4-12 光伏电站有功功率控制结构图

（2）根据电网的调度指令，投入相应的有功功率控制模式。

（3）根据控制模式的要求，计算下一控制周期光伏电站的有功设定功率。

（4）将设定功率按照一定的分配策略分配给相应的光伏逆变器。

图 4-13 为光伏电站有功功率协调控制层的控制流程。通过其左支路流程可知，控制策略主要包括两部分，即功率设定和功率分配。

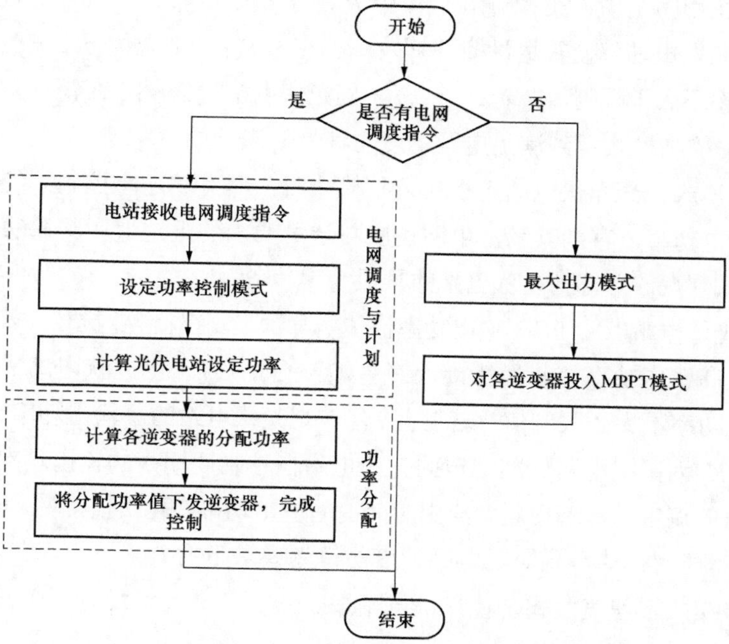

图 4-13 光伏电站有功功率协调控制层的控制流程

27

4.2.4.1 功率设定算法

电网调度与计划具有典型的四种控制模式，即斜率控制模式、限值模式、调整模式和差值模式，光伏电站在四种控制模式下设定功率算法的设计如下：

（1）功率控制模式。根据光伏电站接入电网技术规定的要求，光伏电站在每 1min 以及 10min 中的功率变化量必须满足一定的要求，即变化率斜率不能超过规定的限制，从而保证电网的稳定，防止功率突变对电网造成危害。因此，在任意时刻和任意条件下，光伏电站的功率设定值的变化量都不能过大（因自然条件等不可控原因而造成的光伏电站发电功率突然减小的情况除外）。定义 P_{ref} 为光伏电站在满足电网调度与计划对于功率和功率变化率的要求和限制下的期望输出功率，即电站在下一周期的设定功率；P_{ref}^* 为光伏电站功率预设值（若只单独投入斜率控制模式则功率预设值为功率预测值，即最大发电功率）；T 为光伏电站的有功功率控制周期；K 为光伏电站实际在控制周期 T 内的功率变化限制值。光伏电站在该控制周期的期望输出功率为

$$P_{ref} = \begin{cases} P_{CC} + K & (P_{ref}^* - P_{CC} > K) \\ P_{CC} - K & (P_{CC} - P_{ref}^* > K) \\ P_{ref}^* & (|P_{CC} - P_{ref}^*| \leqslant K) \end{cases} \quad (4-17)$$

（2）限值模式。根据电网标准的规定，光伏电站的发电实时功率不能大于电网的调度值，基于此，可设计算法如下：

1）首先从电网调度机构得到电网调度值 P_{sch}，将其作为光伏电站的预设功率值，即

$$P_{ref}^* = P_{sch} \quad (4-18)$$

2）根据光伏电站当前 PCC❶输出功率值 P_{CC} 与预设功率值 P_{ref}^* 比较。若 $P_{ref}^* > P_{CC}$，则光伏电站需提高发电功率使其尽量接近 P_{ref}^*；若 $P_{ref}^* < P_{CC}$，则光伏电站需要进行降功率直到满足输出功率不大于限制值；若 $P_{ref}^* = P_{CC}$，则光伏电站的总输出功率无需进行调节。

3）由斜率控制模式得到满足电网调度与计划要求下的 P_{ref}。

（3）调整模式。当光伏电站运行在调整模式时，其有功功率控制系统会立即调整光伏电站的总发电功率，直到其满足电网调度与计划要求的限定值，其算法设计为：

1）按照式（4-17）得到光伏电站的预设功率值 P_{ref}^*。

2）根据光伏电站当前 PCC 输出功率值 P_{CC} 与预设功率值 P_{ref}^* 比较。若 $P_{ref}^* > P_{CC}$，则光伏电站需提高发电功率使其尽量接近 P_{ref}^*；若 $P_{ref}^* < P_{CC}$，则光伏电站需要进行降功率直到满足输出功率不大于限制值；若 $P_{ref}^* = P_{CC}$，则光伏电站的总输出功率无需进行调节。

3）定义 K_g 为国家电网标准规定的光伏电站在控制周期内的输出功率变化限值，而 K_s 为电网当前的调度与计划在斜率给定时间内的输出功率变化限值，取 $K = \min(K_g, K_s)$。

4）由斜率控制模式得到满足电网调度与计划要求下的 P_{ref}。

（4）差值模式。差值模式是使光伏电站按照低于其最大可发电功率一个固定的设定

---

❶ PCC（point of common couping），即公共连接点。此处是指光伏发电系统并网点。

值ΔP来进行发电的模式。ΔP由电网调度机构进行下发，则其算法为：

1）由光伏电站的最大发电功率P_{avail}与ΔP计算下一控制周期内光伏电站的功率预设值，$P_{\text{ref}}^* = P_{\text{avail}} - \Delta P$。

2）限制P_{ref}^*的斜率，使$K = K_g$，最后由斜率控制模式得到满足电网调度与计划要求下的P_{ref}。

4.2.4.2 功率分配算法

对于光伏电站的功率分配，若采用功率不可调的逆变器，则只能通过对逆变器的启停操作的方式来控制光伏电站的有功出力，而若采用功率可调的逆变器，则可采用平均分配算法或基于最大发电能力的比例分配。

（1）分配策略。大型光伏电站通常都由几个或者十几个容量规格相同的光伏阵列构成，而在建站时，光伏阵列通常都集中进行建设，各光伏阵列所在地理位置的天气特征差异很小，因此可考虑采用平均分配策略，将光伏电站的期望输出功率平均分配给各光伏阵列进行发电，并由所连接的光伏逆变器进行输出功率的控制。平均分配算法的数学模型可由式（4-19）表示，即

$$P_i^{\text{ref}} = P_{\text{ref}} / N \tag{4-19}$$

式中：P_{ref}为光伏电站下一控制周期的光伏电站期望输出功率；P_i^{ref}为第i个光伏逆变器的分配功率；N为光伏电站的光伏阵列个数，即光伏逆变器个数。

由式（4-19）可知，当分配功率小于光伏阵列的该周期最大发电功率时，则以设定功率进行发电；当分配功率大于该周期光伏阵列的最大发电功率时，无法达到分配功率的输出，则只能以最大发电功率进行输出。

（2）基于最大发电能力的比例分配策略。考虑根据不同光伏阵列发电能力的差异来进行分配算法的设计，即按照光伏电站中各光伏阵列的最大发电能力与总发电能力的比例进行分配。按照最大发电能力的比例分配算法的数学模型可由式（4-20）表示，即

$$P_i^{\text{ref}} = P_{\text{ref}} \times P_i^{\text{avail}} / \sum_{i=1}^{n} P_i^{\text{avail}} \tag{4-20}$$

式中：P_i^{avail}为光伏电站中第i个光伏阵列在该控制周期内的最大发电功率。

由式（4-20）可知，按照最大发电能力的比例进行分配的关键在于知道每个光伏阵列在该控制周期的最大发电功率P_i^{avail}，因此使用该方法进行分配则必须结合光伏发电的功率预测，通过预测各光伏阵列在下一控制周期的最大发电能力并按照预测功率与光伏电站总预测功率的比例进行分配。

相同容量的光伏电站，组串式光伏逆变器单台容量较小，而每台组串式逆变器的数据信息点容量又与大型集中式逆变器相当。这导致采用组串式逆变器的光伏电站 AGC 系统信息点容量需求暴增。据统计，同等容量的光伏电站方阵，组串式方阵中逆变器信息点容量大到接近集中式的 30 倍。针对当前光伏电站 AGC 系统在组串式光伏阵列时出现的计算、控制容量和通信阻塞迟缓瓶颈等问题，可以通过在中间层增加一个方阵 AGC

而形成分层分布式 AGC 控制架构来有效解决，如图 4-14 所示。这样，厂站 AGC 系统仅需对中间层代表各方阵内所有逆变器的各方阵 AGC 进行功率控制计算与指令下发即可，而对各方阵内部大量的组串式逆变器的局部 AGC 控制计算则由各方阵 AGC 各自独立执行。通常一个组串式方阵峰值功率为 1～2MW，假设定义 N 为全站组串式方阵数目，定义 M 为每个方阵中组串式逆变器的数目（通常每个方阵含 20～60 台组串式逆变器）。采用分层分布式 AGC 架构后的效果相当于 AGC 功率控制计算由原来一台厂站计算机增加到 $N+1$ 台机器进行并行控制计算与通信下发，同时厂站 AGC 以中间方阵 AGC 为基础，控制计算容量和通信遥控/遥调控制指令数目容量大大减少至原来的 $1/M$（M 为 20～60），效果将十分明显。

基于该分层分布式架构，在传统方案下的方阵中已包含箱变保护测控装置、通信管理机、环网交换机三个控制设备的基础

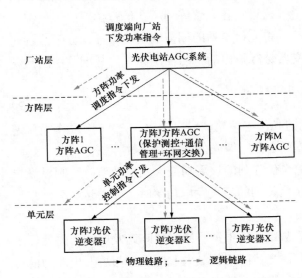

图 4-14　分层分布式 AGC 系统架构

上，还将需要在方阵中额外增加方阵 AGC。直接物理设备的增加会带来安装和二次电缆接线设计等多方面的问题，不利于相关技术方案的具体工程实施与推广。为此，本书又提出将新设计的方阵 AGC 功能与保护测控、通信管理机、环网交换机四大功能进行一体化融合而形成一台发电单元智能一体化装置的设计思想。该装置可直接安装在光伏方阵的升压箱式变压器中，如图 4-14 所示。

该分层分布式 AGC 及其一体化技术的优点是：有效降低厂站 AGC 系统功率控制计算容量；有效降低厂站 AGC 控制时下发的遥控/遥调指令数目，大大降低了通信阻塞概率；多方阵 AGC 并行同步计算控制与通信下发，时效性好；一体化方案下设备数量少，直接箱变安装还能有效节约额外的屏柜安装费用。

4.3　自 动 电 压 控 制

自动电压控制（automatic voltage control，AVC）目前主要有两种模式，即 RWE 模式和 EDF 模式。

4.3.1　RWE 模式

该模式直接将最优潮流算得的控制策略下发给电力系统的控制机构直接执行，来完

成对电网的无功与电压的最优控制。在该控制模式下，系统一级的控制策略是由本地的发电机 AVR 等设备完成的。

利用最优潮流进行实时闭环无功电压控制。整个控制模块分为两个部分，首先判断系统是否存在电压越限，如果存在则进入电压校正环节，通过一个线性规划问题的求解得到控制策略，将越限电压拉回限值之内。如果系统电压全部正常，则进入以网损最小为目标的最优潮流模块，通过牛顿法求解最优控制策略并下发。德国 RWE 从 1984 年开始进行在线实时最优潮流的应用，在状态估计的基础上，最优潮流每小时启动一次（也可以由调度员手工触发计算），计算得到对控制变量的调节策略。此外，还有对优化目标进行进一步研究，如构造综合考虑系统网损和发电机无功出力均衡的目标函数等；除了对优化目标的考虑，还有从考虑安全约束的角度进行最优潮流控制的角度，保证系统对于预想事故集在 N–1 的情况下实现预防性的安全。

RWE 将无功优化的结果直接下发控制，该模式无法解决国内状态估计结果与 SCADA 结果偏差较大的问题。在状态估计不收敛、无功优化不收敛时，该模式无法进行控制，可靠性差。

4.3.2 EDF 模式

EDF 模式为基于硬分区的三级电压控制模式。该控制模式的最大特点在于利用无功电压的区域特性将电网划分成若干彼此解耦合控制区域，实现分级分区电压控制。

一级电压控制也称为就地控制（local control），只使用本地的相关采集信息。一级电压控制器通常由本区域可控发电机的自动电压调节器（AVR）、主变有载调压分接头（OLTC）、可投切的容抗器组成。其控制的时间常数多数为几秒钟。在一级控制中，控制设备通过将输出变量调节至设定值附近来补偿电压的变化。

二级电压控制的控制时间常数通常从几十秒钟至分钟级不等，其目标是让中枢母线（pilot node）的电压值达到设定值。当中枢母线的电压幅值和目标值出现偏差时，二级电压控制器将按预先设置的控制策略改变管辖的一级电压控制器的目标值，二级电压控制为区域控制（regional rontrol），一般只使用到本区域内的采集信息。

三级电压控制是 EDF 模式的最高层，以全电网的经济运行作为优化目标，并计及安全性指标，计算出中枢母线电压幅值的目标值，提供给二级电压控制使用。三级电压控制需要充分考虑各协调因素，需要使用整个系统（system wide）的信息进行优化计算。通常情况下，三级电压控制的控制时间常数从十几分钟到若干小时不等。

三级电压控制将电压无功控制按时间、空间进行解耦控制，可操作性强。目前，三级电压控制是各国 AVC 普遍采用的控制模式。

（1）与大规模并网型光伏电站相比，分布式光伏电站具备以下特点：

1）输出功率相对较小：一般而言，一个分布式光伏发电项目的容量在数千瓦以内，分布式光伏电站的功率波动对配电网的影响很小。

2）电能就地消纳：分布式光伏发电接入配电网，大部分电能可就地消纳，发电、用电并存。

3）信息孤岛：分布式光伏电站大多不具备与调度的通信能力、分布式光伏电站成为游离在调度控制范围之外的离散电源。

4）无功支撑能力被浪费：分布式光伏电站的逆变器基本以最大功率跟踪模式运行，即功率因数为 1，有功最大，不发无功的模式，这种运行模式是对光伏逆变器动态无功支撑能力的一种严重浪费。

5）可调的电压无功设备：分布式光伏电站中以光伏逆变器为主，因为接入电网电压较低，所以站内基本不配置有载调压变压器。与常规电厂、变电站相比，光伏电站的可调电压无功设备最多、最全，这也就意味着光伏电站的电压无功策略最复杂，因此有必要开发针对光伏电站的电压无功控制系统，经济合理地调控这些设备，以满足其电压控制需求。

（2）针对分布式光伏电站的特点，光伏电站并网点的电压控制系统必须具备以下功能：

1）具备与调度或上级变电站的通信能力；

2）无功调整手段以逆变器控制为主；

3）以不影响发电功率为前提，充分利用逆变器无功，达到电压控制的目的。

光伏电站电压无功自动控制系统图如图 4-15 所示，包含 AVC 控制主机、远动通信

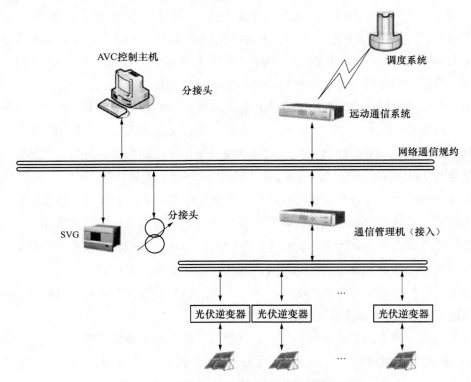

图 4-15　光伏电站无功电压自动控制系统图

装置、光伏电站 AVC 控制主控单元等部分。光伏电站 AVC 控制主控单元通过 104 规约和上一级主站进行通信，获取主站的电压目标命令或无功目标命令后，对场内主变分接头、容抗器组、SVG、逆变器进行协调分区智能控制，通过调节场内无功出力，达到对并网点电压的调节作用。当光伏逆变器组因故障脱网时，快速切除光伏电站的无功补偿设备，防止电网过电压的产生。

光伏 AVC 电压控制系统通过站内通信管理机和逆变器进行通信，获取当前每个逆变器的实时工作状态、实时有功、实时无功等信息，在满足各项条件的前提下，根据设定的母线电压值或由调度规定的各站无功功率、电压曲线及安全运行约束条件，以快速、经济的方式控制分布式光伏电厂的总无功功率，维持并网点电压在规定的范围内变化，使其满足系统需要，达到分布式光伏电厂安全、经济、高效运行的目的。

多个分布式光伏电厂通常通过一个升压变电站并入电网，因此为提高无功控制效率，分布式光伏电厂并网点的电压无功控制宜采用调度中心—变电站—分布式光伏电厂的三级控制模式，如图 4-16 所示。

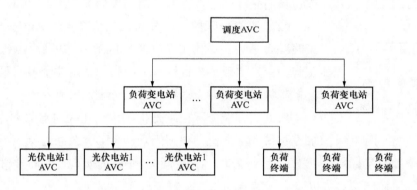

图 4-16　三级控制模式

调度 AVC 根据配电网调度周期定时触发，在满足安全、约束的前提下以配电网经济运行为目标，计算出中枢母线电压幅值的目标值，提供给受端负荷变电站使用。

受端负荷变电站接收调度指令，以控制站内有载调压变压器、容抗器组、分布式光伏电厂无功出力为手段，达到控制低压侧负荷母线电压的目的。

分布式电站接收受端负荷变电站发送的改变无功指令，由分布式光伏电厂无功控制系统对站内光伏逆变器进行无功分配，控制并网点无功功率，进而达到控制并网点电压的目的。

（1）就地控制策略。分布式光伏电厂 AVC 控制算法流程图如图 4-17 所示。由于母线电压指标为监视量，当目标电压和实际测量电压有偏差时，需要根据当前系统阻抗计算出系统需要增减的无功，而系统阻抗和当前系统运行方式有关，系统阻抗的自动辨识可采用以下方式实现，其计算公式为

$$X = \frac{V_+ - V_-}{\dfrac{Q_+}{V_+} - \dfrac{Q_-}{V_-}} \qquad (4-21)$$

式中：V_-为前周期计算系统阻抗时的母线电压；Q_-为前周期计算系统阻抗时的母线送出的总无功；V_+为本周期计算系统阻抗时的母线电压；Q_+为本周期计算系统阻抗时的母线送出的总无功。

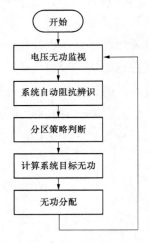

图 4-17　分布式光伏电厂
AVC 控制算法流程图

此外，可采用逐步逼近法来计算系统阻抗。因为系统阻抗仅在相应母线电压变化时可计算出。如果高压母线电压长时间波动范围很小，或保持在一个相对稳定的电压值附近，那么系统阻抗就无法计算出。此时，很有必要取上限做相应处理。开始计算时，可设置一个系统阻抗的上限值作为初始值。通过若干次调整就可以求得相对准确的系统阻抗，初值的不精确不影响多次逐步逼近的调整结果。在具体的系统阻抗计算中，要选取适当的采样间隔，否则计算结果偏差较大。

（2）智能分区控制。分布式光伏变电站 AVC 的基本控制策略综合考虑了站内力率（功率因数）、并网点电压、场内电压等因素，实现了多目标协调控制：站内控制策略采用智能分区控制策略实现对无功和电压的分配。

所谓的智能分区控制是指在传统九区的基础上，把厂用电电压 U 作为控制目标，叠加在传统九区之上，根据无功功率 Q、公共连接点电压、厂用电电压三个调整目标实现的无功功率经济、协调控制。策略的实现过程将会涉及分区边界设定、区域控制策略，以及如何避免动作震荡等工程实际问题。

控制策略目标是根据当前电压 U 所处的位置确定具体控制手段。在满足双九区的策略的前提下，首先使公共连接点（P_{CC}）处于合理的范围内，当处于常规控制策略区域则采用以厂用电电压为控制目标的常规九区控制策略进行电压无功控制。

考虑到并网点母线电压 P_{CC} 的边界限制条件，加上厂用电母线电压的上、下限边界，则可以形成如图 4-18 所示的双 9 区图控制方案：当公共连接点电压正常时，AVC 按常规的 9 区进行控制；当并网点电压不正常时，根据厂用电电压情况按照如图 4-18 所示的 9 区逻辑进行控制。

（1）公共连接点（P_{CC}）越上限。厂用电电压越上限，无功富裕，则不考虑无功优化问题，向下调节无功；厂用电电压正常时，无功过剩，向下调节无功；厂用电电压低于（下限$+\Delta U_q$），无功是否过剩无法判断，调节分接头。

（2）公共连接点越下限。厂用电电压高于（上限$-\Delta U_q$），无功是否有缺额难以判断，调节分接头；厂用电电压正常，无功有缺额，向上调节无功；厂用电电压越下限，无功有一定的缺额，则不考虑无功优化问题，向上调节无功。

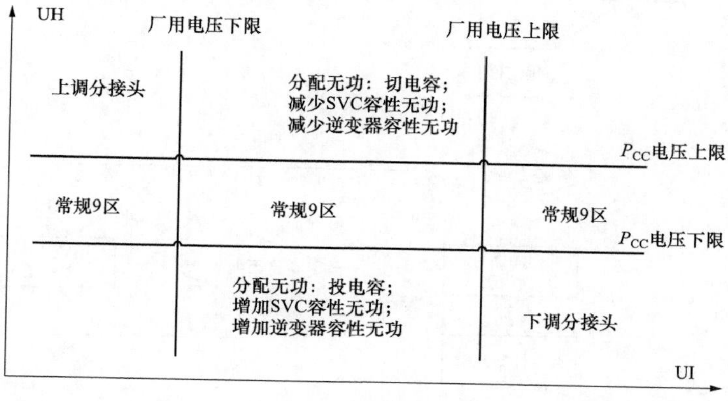

图 4-18　智能分区控制

这种智能分区控制技术充分考虑了分布式光伏电站厂用电电压对设备的影响，把经济运行指标纳入电力系统的控制考虑因素中，实现了分布式光伏电厂中的多目标综合控制。

4.3.3　协调控制模式

为了能够在保证分布式光伏电厂并网点电压稳定的条件下，充分利用逆变器的无功补偿能力，降低无功补偿装置 SVG 的无功出力，达到降低分布式光伏电厂无功补偿装置的耗电量的目的。设计了无功补偿装置 SVG 与逆变器的协调优化控制方法。通过实时获取无功补偿装置 SVG 的时发无功，根据设定的死区判断条件，该判定条件包括当前的无功补偿装置 SVG 的时发无功值大于一个设定的比较值，同时当前所有逆变器总的可调无功值是大于设定的逆变器总可调无功最小值，如果当前的无功补偿装置 SVG 的无功值可以作为调整目标值，则调整目标设备只包含逆变器，此时调整优先级按照每个逆变器的无功可调裕度从大到小排列。

当以无功补偿装置 SVG 的实时值作为无功控制目标值时，无功控制系统 AVC 将目标值分为多段，逐渐调整，即每次调整只以目标值的一部分（例如 20%）作为调整目标，调整过程中将无功补偿装置设为自动跟随模式，保证在调整增加或减少逆变器无功时，无功补偿装置的无功值能够相应地向反方向减少或增加，以保证调整过程中系统总无功值不变。如果无功补偿设备不具备自动跟随功能，则应该尽量减少每次的调整增量，在增加或降低逆变器的无功同时，降低或增加无功补偿装置的无功负荷，使系统总无功保持动态稳定，防止过调或欠调过大造成系统电压波动过大。

无功补偿装置与逆变器协调优化控制策略的实现过程如图 4-19 所示。

无功电压控制系统 AVC 功能模块的功能是通过调整本站无功源对并网点低压侧电压自动控制。它根据调试下发的电压遥调数据或根据本地的电压无功负荷曲线值，通过算法得出低压侧的无功功率目标值，然后对无功源控制对象进行无功调整，使其保持在

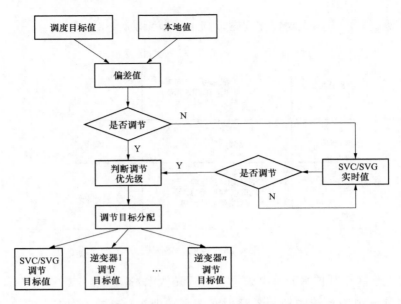

图 4-19　无功补偿装置与逆变器协调优化控制策略的实现过程

合理的范围内，保证并网电压稳定地接入电网系统。它的控制对象包括主变分接头、电容器、电抗器、无功补偿装置 SVG、逆变器等。为了达到最大限度调用逆变器无功补偿能力，降低无功补偿设备的出力，同时考虑系统调整速率的问题，设计了多级控制策略。其核心思想是在调整初期无功补偿设备优先，利用其相应速度快可调裕度大的优点快速完成无功补偿，稳定并网点电压。在电压稳定后以无功补偿设备的出力为无功目标值，采用逆变器优先的调整，调用逆变器无功补偿能力，降低无功补偿设备出力，使最终的调整效果显示为以调用逆变器无功补偿能力优先的调整系统。

电压无功控制系统针对逆变器的无功分配策略可以有以下四种：相似裕度法、时间轮循法、健康指数法、最优无功法。相似裕度法是指，在所有逆变器之间分配无功时，根据各逆变器可增加的无功裕量，按照相同的裕度对无功进行分配。分配无功计算式为

$$Q_i = Q_{\text{target}} \frac{Q_{\text{target}}}{\sum_i^m Q_{i\text{max}}} \tag{4-22}$$

式中：Q_{target} 为全厂目标无功；$Q_{i\text{max}}$ 为第 i 台逆变器无功上限；Q_i 为第 i 台逆变器应分配的无功。

由于逆变器的无功响应速度较慢，导致当光伏电站容量较大，逆变器个数较多时，这种算法控制一圈下来，周期过长，严重影响电压调整效果，因此在实际工程中并不多用。推荐使用健康指数法和最优无功法相结合的方式，根据逆变器的健康指数和无功缺额，寻找最佳动作的逆变器。可以大大降低每次参与调整的逆变器动作个数，缩短电压调整周期。

5

分布式光伏集群控制技术

　　分布式光伏短时期、大规模、高比例接入网架薄弱的配电网，显著改变了电网的运行特性，加之分布式光伏点多、面广，长期处于盲调状态，导致配电网电压越限、谐波等电能质量问题日益突出，加剧了统一运行调控的难度，因此需要对分布式光伏进行集群调控，降低调控的复杂性和控制维度，提高分布式光伏的控制效率，支撑配电网的安全、稳定运行。分布式光伏的集群调控技术分为群内自治和群间协调两个方面。

5.1　群内自治控制

　　群内自治控制首先基于分布式光伏出力的各种情况，将区内分布式光伏划分为不同的运行模态；基于电压-功率的灵敏度函数，实现对无功补偿量和有功削减量的大小定量计算，基于分布式光伏多模态控制技术，在电网发生电压越限时，针对不同工况将分布式光伏切换到不同运行模态，从而使配电网各节点电压运行在合理区间内。

5.1.1　光伏运行模态划分

　　在含有分布式光伏的配电网中，在发生电压越限的情况下，通过灵活控制逆变器的有功和无功功率出力，可以有效调节馈线各节点电压。

　　（1）模态 A——单机无功功率调控模态。在无功功率调控模态中，光伏逆变器的容量是固定不变的，因此无功容量可通过有功功率和逆变器容量计算推导来确定。这三者之间的定量关系满足平方和公式，即

$$Q_{\text{inv}}^{\max} = \pm \sqrt{S_{\text{inv}}^2 - P_{\text{pv}}^{\max 2}} \tag{5-1}$$

　　式中：$Q_{\text{inv}}^{\max}$ 为逆变器可产生的最大无功；S_{inv} 为逆变器容量，$P_{\text{pv}}^{\max}$ 为分布式光伏产生的最大有功。

　　一般情况下，投入分布式光伏逆变器的容量设定为光伏可产生最大有功功率的 1.1 倍，即使在特定天气情况下分布式光伏产生最大的有功功率，逆变器仍有剩余无功容量来调整电压。从式（5-1）分析，假定一台光伏逆变器的容量即其视在功率为 1.1（MVA），其

分布式电源配电网运行控制技术

最大有功功率为1MW，则计算逆变器可产生的最大无功功率为$\sqrt{1.1^2-1^2}=0.46$（Mvar）。通过计算可以得出，当光伏逆变器向台区配网注入最大有功功率时，逆变器仍能发出相对于有功功率46%的额定无功功率，无功容量可调节范围将近有功容量的一半。

为了调节光伏逆变器并网点电压，逆变器输出无功功率按图5-1所示方式进行调节，其中$U_1 \sim U_4$为节点电压限定范围。根据最新国标范围抵押配电网不允许超过±10%，因此为防止并网点电压超过国标所推荐的范围，设定U_1为0.9，U_2为0.95，U_3为1.05，U_4为1.1（均为标幺值），以保证电压在合理的运行范围。

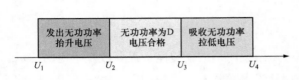

图5-1　光伏逆变器无功功率和电压的控制关系图

当光伏逆变器并入配电网馈线点电压处于$U_1 \sim U_4$区间时，此时逆变器一直保持有功功率为最大功率。当电压处于$U_2 \sim U_3$区间时，处于一个较合理范围，电压合格，光伏逆变器产生感性或者容性无功功率为0，此阶段作为无功功率的死区，减少无功功率的正负波动。当并网点电压处于$U_3 \sim U_4$区间时，并网点节点电压偏高并且超过所设定电压合格上限1.05，逆变器通过吸收无功功率降低并网点电压，使并网点电压回到$U_2 \sim U_3$区间。当并网点电压处于$U_1 \sim U_2$区间时，并网点节点电压偏低并且低于所设定电压合格下限0.95，逆变器通过发出无功功率抬升并网点电压，使并网点电压回到$U_2 \sim U_3$区间。

（2）模态B——多机无功功率协调模态。当逆变器并网节点电压超过上限幅度较大时，该节点光伏逆变器在模态A运行情况下，其无功功率达到无功容量上限$-Q_{max}$，电压越限现象依旧无法消除。此时，连接该节点的光伏逆变器向台区配电网控制终端发出电压越限信号，台区配电网控制终端接收到电压信号之后发出模态调整的指令，光伏逆变器会从单机无功功率调控模态调整到多机无功功率协调模态，即模态B。

模态B中，每台光伏逆变器的无功功率输出不仅仅取决于本节点电压幅值的情况，还取决于是否接收到配电网馈线其他节点的电压越限信号。模态B中，当本节点的无功功率调节达到极限的状态下，通过协调其他节点的无功功率进行电压调整，扩大了无功功率调节电压的范围。

（3）模态C——多机有功功率削减模态。模态A、B两种运行模态，无论是单机无功功率调控还是多机无功功率协调，均是在不改变光伏逆变器注入有功功率的前提下，保证光伏产生的有功功率按照最大功率点功率注入配电网，利用光伏逆变器的剩余容量协调逆变器无功功率的输出。模态A和模态B中逆变器发出的无功功率对台区配电网馈线电压起到良好的调节作用，然而无功功率容量无法满足配电网电压的调节需求时，为保证系统电压在合理运行区间，需对光伏有功功率进行调整。

传统针对电压越限问题时的光伏调整策略是将光伏切机，以保障台区配电网安全、稳定运行。然而，完全弃光不符合合理利用能源的准则，因此本书考虑采用光伏逆变器

38

退出最大功率点跟踪模式，进行适当的有功功率削减的方法，使台区配电网馈线电压维持到合理范围，此模态为多机有功功率削减模态，即模态 C。模态 C 在分布式光伏接入台区配电网，夏季晴朗的白天，光伏输出功率较大而负荷需求较小的工况下适用。

除了前三种运行模态，本书还划分了另外两种返回模态。有功功率恢复模态 D 和无功功率恢复模态 E。这两种模态在后面提出的模态切换优化技术中会详细说明。

5.1.2 多模态综合控制

（1）电压灵敏度分析。电压灵敏度方法作为一直广泛应用于各种不同领域的分析方法，在进行光伏无功功率调控主要有两个方面的应用：一是通过灵敏度找寻配网馈线电压易越限的薄弱节点，对光伏电源进行选址定容，但对于含高渗透率光伏配电网，光伏的选址定容一般是根据用户并网的需求给定的，无需进行计算和分配；另一种是通过电压灵敏度来计算无功补偿容值和有功的削减值，通过电压灵敏度来指导无功补偿进行调压。

电压灵敏度可以由潮流计算推导而得，其中有功、无功功率和电压相角关系为

$$
\begin{bmatrix} \Delta P \\ \Delta Q \end{bmatrix} = \begin{bmatrix} \dfrac{\partial g_P(\theta, |U|)}{\partial \theta} & \dfrac{\partial g_P(\theta, |U|)}{\partial |U|} \\ \dfrac{\partial g_Q(\theta, |U|)}{\partial \theta} & \dfrac{\partial g_Q(\theta, |U|)}{\partial |U|} \end{bmatrix} \begin{bmatrix} \Delta \theta \\ \Delta U \end{bmatrix} = \boldsymbol{J} \begin{bmatrix} \Delta \theta \\ \Delta U \end{bmatrix} \tag{5-2}
$$

式中：$\dfrac{\partial g_P}{\partial \theta}$、$\dfrac{\partial g_P}{\partial |U|}$、$\dfrac{\partial g_Q}{\partial \theta}$、$\dfrac{\partial g_Q}{\partial |U|}$ 为雅克比矩阵 $\boldsymbol{J}$，分别表示功率变化 $(\Delta P, \Delta Q)$ 和电压变化 $(\Delta \theta, \Delta U)$ 之间的关系。将式（5-3）进行矩阵运算，得到

$$
\begin{bmatrix} \Delta \theta \\ \Delta U \end{bmatrix} = \boldsymbol{J}^{-1} \begin{bmatrix} \Delta P \\ \Delta Q \end{bmatrix} = \underbrace{\begin{bmatrix} \boldsymbol{S}_P^{\theta} & \boldsymbol{S}_Q^{\theta} \\ \boldsymbol{S}_P^{|U|} & \boldsymbol{S}_Q^{|U|} \end{bmatrix}}_{S_U} \begin{bmatrix} \Delta P \\ \Delta Q \end{bmatrix} \tag{5-3}
$$

式中：$\boldsymbol{S}_P^{\theta}$、$\boldsymbol{S}_P^{|U|}$ 分别为有功变化的电压相角和幅值的灵敏度因子；$\boldsymbol{S}_Q^{\theta}$、$\boldsymbol{S}_Q^{|U|}$ 分别为无功变化的电压相角和幅值的灵敏度因子。

因此节点电压幅值变化量 ΔU 和有功无功变化量之间满足

$$
\Delta U = \boldsymbol{S}_P^{|U|} \Delta P + \boldsymbol{S}_Q^{|U|} \Delta Q \tag{5-4}
$$

式中：$\Delta P = [\Delta P_1, \ \Delta P_2, \cdots, \ \Delta P_N]^T$；$\Delta Q = [\Delta Q_1, \ \Delta Q_2, \cdots, \ \Delta Q_N]^T$。

当在配电网多个节点并入光伏时，节点电压的变化量可以表示为

$$
U_i = U_i^0 + \sum_{j=1}^{N_{PV}} \boldsymbol{S}_{Pij}^{|U|} \Delta P_j + \sum_{j=1}^{N_{PV}} \boldsymbol{S}_{Qij}^{|U|} \Delta Q_j \tag{5-5}
$$

式中：U_i^0 为未接入光伏时节点 i 的电压；$\boldsymbol{S}_{Pij}^{|U|}$ 和 $\boldsymbol{S}_{Qij}^{|U|}$ 分别为节点 j 和节点 i 之间的电压灵敏度。

两个节点注入相同有功（无功）功率时，电压灵敏度越大的节点，其电压变化更大，反之，电压灵敏度越小的节点，电压变化更小。因此，以电压灵敏度为依据，协调光伏

输出的有功和无功功率，可以更为高效地调控馈线节点电压。

（2）各模态电压调控算法。通过对节点电压灵敏度的推导和物理意义分析可知，电压灵敏度可以用于对台区分布式光伏在不同模态下的有功和无功功率削减量进行定量计算，以此为依据对台区电压进行调节，提高电压调整的有效性和快速性。

对于单机无功功率调控模态（模态 A），当逆变器并网点的电压产生偏差时，根据电压偏离电压限值的大小和上一节计算的无功电压灵敏度进行计算，使得光伏逆变器无功功率按照电压最灵敏的方向进行调整。当光伏逆变器有功功率保持不变时，电压偏差等于无功功率增量和该点无功电压灵敏度的乘积。据此推导出光伏逆变器无功功率的输出值，即

$$Q_{pvi}^{inv} = \begin{cases} \min\left\{\dfrac{\omega_i}{s_i}(U_2 - U_i), Q_{pvi}^{max}\right\}, U_i < U_2 \\ 0, \qquad U_2 < U_i < U_3 \\ \max\left\{-\dfrac{\omega_i}{s_i}(U_i - U_3), -Q_{pvi}^{max}\right\}, U_i > U_3 \end{cases} \tag{5-6}$$

式中：Q_{pvi}^{max} 为 i 节点逆变器最大无功；s_i 为无功电压灵敏度；ω_i 为 i 节点电压权重系数，一般各个节点重要程度相同时该系数设为 1。

由式（5-6）可得，光伏逆变器发出的无功功率是依据逆变器并网节点电压偏差值得到，并且考虑到该节点逆变无功功率的最大限值。结合图 5-1，当逆变器并网点电压高于 U_3 时，电压偏差越大，为调整电压到合适的范围，逆变器需要吸收的无功功率越多；逆变器所在节点无功电压灵敏度越大，该节点电压对无功功率的变化更灵敏，为调整电压到合适的范围，逆变器需要吸收的无功功率越少。当由电压偏差和无功电压灵敏度得到的无功功率超过逆变器无功容量时，对逆变器按照无功容量进行限定。同样的，当逆变器并网点电压低于 U_2 时，有上述相似的结论。

模态 B 的台区调控算法与模态 A 的类似，只不过控制的台区光伏数量由一台变至多台。假设在一条有 n 个节点的台区配电网馈线中，并入分布式光伏逆变器。该馈线下光伏逆变器多机无功功率运行及协调模态的控制方式如图 5-2 所示。其中，不同颜色分别代表了不同节点的无功—电压控制曲线，节点 1～n 的电压无功的控制斜率逐渐变小。每个节点无功电压控制

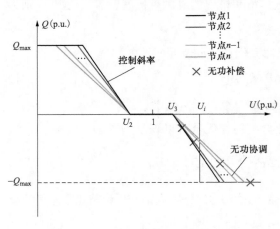

图 5-2　光伏逆变器多机无功功率协调模态

曲线的斜率取决于本节点的无功电压灵敏度值的倒数，越靠近馈线末端的无功电压灵敏

值越大，因此斜率就越小，在图 5-2 中显示出来就越平缓。假定节点 1～n 的电压均达到 U_i，从与所画出来的几条折线的交点可以看出，电压超过上限值相同时，由于节点 n 处的无功功率对于电压更灵敏，所需要输出的无功功率是最小的，符合前述推导出来的结论。

在台区配电网馈线中，分布式光伏逆变器密集接入馈线中各个节点。当光伏注入有功功率较大时，本地无功功率控制模态最容易使末端节点达到无功补偿容量的限值，并且其节点电压仍维持在越限状态。节点 n 向台区配电网控制终端发出电压越限信号，控制终端对电压越限节点进行判别，利用其他节点的无功对节点 n 进行无功功率的协调补偿以降低节点 n 处电压。对节点 n 无功电压灵敏度最高的节点如果达到无功容量的限值，将判断对节点 n 无功电压灵敏度次高的节点，如果其无功功率未达到无功容量的限值，则对节点 n 进行无功功率的协调补偿，依次向下判断并且进行无功功率补偿。

对于模态 C 多机有功功率削减模态，考虑到削减光伏有功功率会直接影响到安装户用光伏的用户权益，因此在模态 C 时应让配网内各台光伏均参与到有功削减中。模态 C 下的有功功率削减分为等幅削减和不等幅削减两种方案。下面对两种方案分别进行介绍，并比较其优劣。

在实际户用光伏生产电力获取发电利益的情况中，因不同用户限电情况不同而引发与电网的各类纠纷时有发生，为避免这种情况，提出了削减模态方案一：等幅限功率模式。每台光伏削减量如式（5-7）所示，所有节点削减的有功功率取均值作为每台光伏的削减功率。此方案既可以满足调压的要求，又兼顾安装光伏用户等功率削减的利益权益。图 5-3 所示为光伏逆变器有功功率削减模态方案一。

$$P_{\text{cut}i}^{\text{inv}} = \frac{1}{n} \sum_{i=1}^{n} \frac{\omega_i}{S_{Pi}^{|U|}} (U_i - 1.05) \tag{5-7}$$

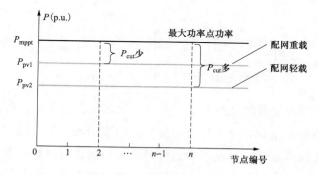

图 5-3　光伏逆变器有功功率削减模态方案一

在通过削减有功功率来抑制电压越限时，应以整个台区配电网的接入的光伏总量削减最少为目标，这样可以充分利用分布式光伏发出的有功功率，可以扩大整体的新能源的应用。据此，设计光伏逆变器有功功率不等幅削减的方案，该方案根据台区配电网各节点有功电压灵敏度值对各台光伏有功削减量进行分配，有功电压灵敏度值大的节点安装的光伏削减的有功功率多于有功电压灵敏度值小的节点光伏削减的有功功率。光伏工作在模态 A、模态 B 时的有功功率如式（5-8）所示，模态 C 时逆变器有功功率和无功功率如式（5-9）～式（5-11）所示。

$$P_{\text{pv}i}^{\text{inv}} = P_{\text{mppt}}^{\text{inv}} \tag{5-8}$$

$$P_{\text{pv}i}^{\text{inv}} = P_{\text{mppt}}^{\text{inv}} - P_{\text{cut}i}^{\text{inv}} \tag{5-9}$$

$$P_{\text{cut}i}^{\text{inv}} = \frac{\omega_i}{S_{Pi}^{|U|}}(U_i - 1.05) \tag{5-10}$$

$$Q_{\text{pv}i}^{\text{inv}} = \sqrt{S_{\text{inv}}^2 - P_{\text{pv}i}^{\text{inv}\,2}} \tag{5-11}$$

式中：$P_{\text{mppt}}^{\text{inv}}$ 为光伏逆变器最大有功功率；$P_{\text{cut}i}^{\text{inv}}$ 为 i 节点削减的有功功率；$S_{Pi}^{|U|}$ 为 i 节点有功电压灵敏度数值；ω_i 为 i 节点有功功率削减的权重，一般设为 1。

图 5-4 为光伏逆变器有功功率削减模态方案二。在同一台区配电网负载情况下，越靠近台区配网馈线末端有功电压灵敏度越高，电压抬升越高，因此有功功率削减量 P_{cut} 越多；越靠近台区配网馈线首端有功电压灵敏度越低，电压抬升越低，因此有功功率削减量 P_{cut} 越少。当台区配电网在轻载情况下，相对于重载情况电压抬升更高，所以有功功率削减量 P_{cut} 更多。从全局角度出发，模态 C 方案二不等幅削减有针对性地削减各台光伏有功功率，在达到相同调压效果时削减的有功功率较少。

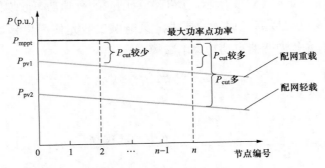

图 5-4　光伏逆变器有功功率削减模态方案二

对于光伏有功功率等幅削减的方案，各台光伏在模态 C 下通过有功削减调节系统内各节点电压时，控制变量只有一个，而各台光伏分散接入在配电网中，且不同位置光伏对系统内节点调压效果不同，因此很难通过单变量控制达到理想的调压效果；而对于光伏有功功率不等幅削减的方案，各台光伏的削减量根据有功电压灵敏度合理分配，控制变量为多个，控制灵活度更高，更易达到要求的调压效果，且总的有功功率削减量更少，因此通过分析比较，选择在模态 C 时采用功率不等幅削减的方案。

（3）分布式光伏模态优化调节与切换策略。前面根据光伏并入后配电网运行电压范围，以光伏逆变器发出的有功和无功功率为依据，将光伏逆变器划分多个运行模态。分布式光伏逆变器的具体模态如图 5-5 所示。

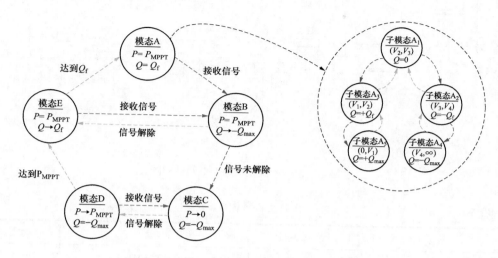

图 5-5　分布式光伏逆变器多模态划分结构图

本书提出的分布式光伏模态优化调节与切换策略是，在实际应用中，基于检测电压，针对不同工况，分布式光伏可以在不同运行模态间灵活切换，使台区配电网各节点电压运行在合理区间内。

具体来说，在无功功率调整和有功功率削减方面，首先考虑无功功率的调整，再考虑削减分布式光伏注入的有功功率。当分布式光伏注入有功功率导致配网馈线节点电压值发生越限时，台区光伏逆变器优先进入模态 A，进行单机无功功率调控；当单机无功达到上限而仍存在电压越限时，则由模态 A 进入模态 B，进行多机无功协调；当模态 B 无法保证馈线各点电压均在合理运行范围内时，启动有功功率削减模态，各个节点无功功率保持最大无功功率限值，进行适当的有功功率削减，作为分布式光伏逆变器的运行模态 C。当电压越限信号解除之后，每台光伏逆变器从模态 C 逐步恢复有功功率至最大功率点跟踪模式，即有功功率恢复模态 D。在有功功率恢复模态 D，如果电压又出现越限信号，则回到模态 C。模态 D 中，各个节点的电压均返回合理运行区间后，逆变器有功功率逐渐恢复，切换到无功功率恢复模态 E。模态 E 中，无功功率逐渐由最大无功功率逐渐减小，若电压未越限，切换到模态 A。以上为分布式光伏逆变器的五种运行模态的划分和切换的过程。

5.1.3　仿真验证

以典型的五节点辐射型配电网为例进行多模态综合控制仿真验证。如图 5-6 所示，配电网包含有控制终端和多个分布式光伏逆变器。表 5-1 给出了含光伏的配电网的系统参数。低压配电网电压基准为 0.4kV，线路阻抗参数为典型低压配电网参数范围，依据当地光照强度和温度情况得到光伏逆变器注入功率。

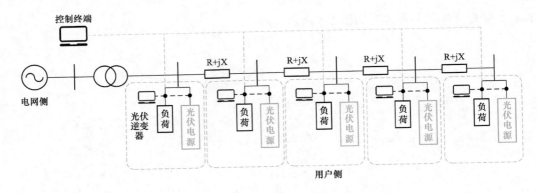

图 5-6　含分布式光伏的配电网结构图

表 5-1　　　　　　　　　　　　　　含光伏的配电网参数

项目	参数	项目	参数
容量基准（MVA）	5	光伏容量（MW）	0～5
电压基准（kV）	0.4	光伏台数（台）	1～5
线路电阻（Ω·km^{-1}）	0.3	功率因数	0.9
线路电抗（Ω·km^{-1}）	0.23	节点距离（m）	100～300

　　配电网中不同节点注入有功、无功功率对节点电压的影响、不同模态切换对配电网电压的控制效果，均在此典型配电网结构中得到验证和分析。

　　（1）单机无功功率调控模态。在配电网负荷状态为重载的情况下，配电网电压随着光伏注入功率的变化情况如图 5-7 所示。

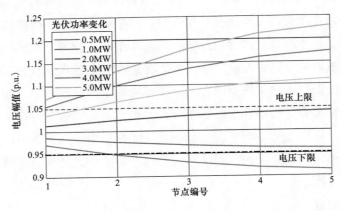

图 5-7　配电网电压随光伏注入功率变化情况

　　从图 5-7 中可以看出，当光伏注入的功率从 0～5MW 变化时，配电网存在电压越下限和越上限的情况。利用模态 A 控制方式，得到配电网电压运行情况如图 5-8 所示。从图 5-8 可以看出，配电网节点电压均不发生越限。

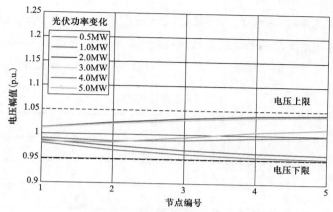

图 5-8 模态 A 控制方式下电压情况

（2）多机无功功率协调模态。在配电网负荷状态为轻载的情况下，采用模态 A 控制方式的配电网电压随着光伏注入功率的变化情况如图 5-9 所示。从图 5-9 中可以看出，依旧有节点电压发生越限。此时，光伏逆变器切换到模态 B，节点 5 相邻节点 4 增加无功的吸收，将越限电压的节点控制在限值范围之内。如图 5-10 所示，在模态 B 控制方式下，节点电压均控制到 1.05 以下。

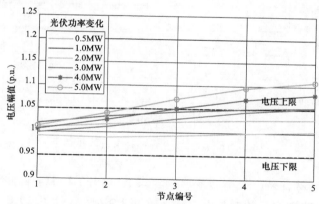

图 5-9 模态 A 控制方式下电压情况（轻载）

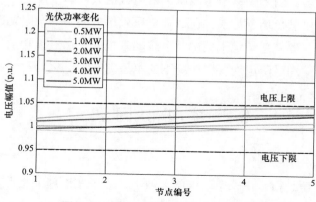

图 5-10 模态 B 控制方式下电压情况

45

（3）多机有功功率削减模态。在夏季天气晴朗的白天，光伏逆变器产生的功率过剩，仅通过光伏逆变器无功调节电压无法满足要求，将切换到模态 C。根据配电网电压限幅的要求，各节点限功率情况如表 5-2 所示。不同功率模式下，电压情况如图 5-11 所示。

表 5-2		各个节点限制功率数值			（MW）
限功率模式	节点 1	节点 2	节点 3	节点 4	节点 5
全功率	5	5	5	5	5
等幅限功率	4	4	4	4	4
关键节点限功率	5	5	4.5	4	3
关键节点限功率	5	5	5	4	2.5
关键节点限功率	5	5	5	5	1

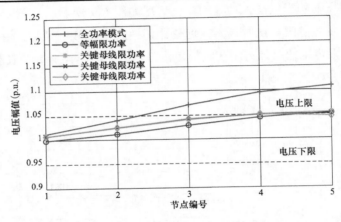

图 5-11　不同限功率模式下电压情况

从图 5-11 中可以看出，在不同限功率模式下，均能够将电压限制在合理的运行范围。在限制功率总和方面，关键节点限制功率模式限制功率总和较少，等幅限制功率模式限制功率总和较多。由于关键节点电压灵敏度数值大，调节配电网电压能力大，仅需限制少量的功率即可满足调压需求。在调节电压效果方面，等幅限功率模式能够从所有节点限制有功，电压偏差总量优于关键节点限功率模式。通过无功功率的优化和有功功率的适当削减，能够满足配电网各种情况下的电压调节和优化。

5.2　群间协同调控

5.2.1　集群划分

分布式发电集群是指：在一个配电网区域中，若干在地理上相近，或者在电气上形成相似或互补关系的分布式发电单元、储能及负荷组成的集合。光伏集群的划分并非局限于多个光伏发电系统的划分，换句话说，一个配电网的所有节点，包括负荷节点和光伏接入节点，都可以参与集群划分。集群间具备通信交互能力，集群内部具备功率发用平衡的特点，当电压越限事故发生时，集群间互相通信配合进行功率分配，集群内部调度控制实现功率消纳，最终达到遏制电压越限的目的。分布式光伏发电集群的划分问题，主要分为两个方面，一是选取合适的指标，以所选取的指标为标准去划分集群，同时去衡量划分结果的优劣；二是以何种算法实现对指标的量化，从而以数学方法计算得到划分结果。

5.2.1.1 集群主导节点

集群所划分的区域中某一些关键节点可称为集群主导节点。选择关键的集群主导节点对于控制策略的实现不可或缺，该节点的选择结果对于分布式电源稳定、高效并网至关重要。主导节点的电压监测是分布式电源集群电压监测的前提，因为主导节点与集群内其他节点具有更加密切的联系。

节点电压可监测和节点电压可控制是集群主导节点选择的前提，即所选取的集群主导节点需兼具可观性和可控性。基于集群主导节点的特点，对分布式电源集群 i 内所有节点的综合灵敏度 S 进行计算，综合灵敏度最高的节点为主导节点，即

$$\max S = \max(C + dD) \tag{5-12}$$

式中：C 和 D 分别表示节点的可观性和可控性；d 为权重系数。

节点 l 的可观性与可控性的计算方程可表示为

$$\begin{cases} C_l = \sum_{k \in M} \dfrac{\Delta V_l}{\Delta V_k} \\ D_l = \sum_{h \in N} \dfrac{\Delta V_l}{\Delta Q_h} \end{cases} \tag{5-13}$$

式中：M 表示集群内所有节点的集合；$\dfrac{\Delta V_l}{\Delta V_k}$ 为节点 k 对节点 l 的电压灵敏度；N 表示集群内所有可控节点的集合；$\dfrac{\Delta V_l}{\Delta Q_h}$ 为节点 l 电压幅值对节点 h 注入无功功率的无功电压灵敏度。

5.2.1.2 集群划分指标

常用的集群划分指标有模块度指标、电气距离指标、无功平衡度等。

（1）模块度指标。目前，模块度 ρ 最常用于表示区域结构关系，能够以定量的方式描述社区联系紧密度。模块度的大小定义为社区内部的总边数和网络中总边数的比例减去一个期望值，该期望值是将网络设定为随机网络时同样的社区分配所形成的社区内部的总边数和网络中总边数的比例的大小。具体表达式为

$$\rho = \frac{1}{m} \sum_i \sum_j \left(A_{ij} - \frac{k_i k_j}{m} \right) \delta(i, j)$$

$$\delta(i, j) = \begin{cases} 1 & i, j \text{在同一集群} \\ 0 & i, j \text{不在同一集群} \end{cases} \tag{5-14}$$

式中：m 是网络中所有边的权重之和，即边权矩阵 A 中所有元素的和；A_{ij} 代表节点 i 和节点 k 之间的边权，即边权矩阵 A 中第 i 行第 j 列的元素；k_i 为所有与节点 i 相连接的边权之和，即边权矩阵 A 中第 i 列元素之和。

划分过程伴随着模块度的计算，即每进行一次划分，就要计算模块度值，模块度取值最大的时候说明该划分结果能够保证网络较好的结构性，模块度值的范围在 0~1 之间，模块度值越大说明划分的社区结构准确度越高。

（2）电气距离指标。由网络的拓扑结构和节点间的边权关系来衡量集群划分结构性能，仅从以模块度指标衡量往往缺乏对节点电气关系的考虑。目前，最为常用以考虑无功电压灵敏度关系的电气距离。具体表达式为

$$\Delta V = S_{VQ}\Delta Q \tag{5-15}$$

$$d_{ef} = \lg \frac{S_{VQ,ff}}{S_{VQ,ef}} \tag{5-16}$$

式中：S_{VQ} 为灵敏度矩阵；ΔV 和 ΔQ 分别为电压幅值和无功变化量；$S_{VQ,ef}$ 为节点 f 单位无功功率变化值对应节点 e 的变化值；d_{ef} 为节点 f 单位无功功率变化时对其自身电压变化值与对节点 e 电压变化值之比，其越大表明节点 f 对节点 e 的影响越小，即两节点间距离越远。

定义 L_{ef} 为两节点间考虑其他节点影响的电气距离，网络中有 n 个节点，具体表达式为

$$L_{ef} = \sqrt{(d_{e1} - d_{f1})^2 + (d_{e2} - d_{f2})^2 + \cdots + (d_{en} - d_{fn})^2} \tag{5-17}$$

（3）无功平衡度。配电网运行控制要求中，电压越限是大规模分布式可再生能源接入配电网络存在的主要问题之一。电压调节与集群内的无功功率有关，因此集群应尽可能达到无功功率平衡关系，减少集群间功率消耗，以满足集群内部节点电压调节功能，以此提出无功平衡度指标。无功平衡度指标能够反映无功功率在集群内部的需求和供给间的平衡关系，具体表达式为

$$Q_i = \begin{cases} \dfrac{Q_{\text{sup},i}}{Q_{\text{need},i}} & Q_{\text{sup},i} < Q_{\text{need},i} \\ 1 & Q_{\text{sup},i} \geqslant Q_{\text{need},i} \end{cases} \tag{5-18}$$

$$\varphi_Q = \frac{1}{I}\sum_{i \in I} Q_i$$

式中：I 为集群的总数；i 为第 i 个集群；Q_i 为第 i 个集群的无功平衡度值；$Q_{\text{sup},i}$ 和 $Q_{\text{need},i}$ 分别为 i 集群的无功功率供应能力和需求值；φ_Q 为系统总无功平衡度值。

分布式光伏集群划分需综合考虑分布式光伏的空间分布、调节能力、响应速度、控制方式、调节成本等特性，主要考虑以下几类划分指标：

1）无功调节范围 Q_a 和有功调节范围 P_a。集群内成员选择的重要标准之一是集群内各分布式光伏场站成员需具有足够的无功调节容量。这个条件目的是保证在区域发生故

障等紧急情况时，集群可以为区域提供必要的无功支撑，同时当系统电压水平过高时，控制分布式光伏可以减少无功出力，甚至可以吸收区域内多余的无功，以保证系统具有良好的电压水平。当系统电压水平过高而无功调节能力有限时，通过削减可控分布式光伏的有功出力，以保证系统的运行电压安全。

分布式光伏场站的无功电压控制效果取决于其无功功率输出能力。假设每个光伏并网逆变器的额定容量为$S_{j\max}$，每个光伏逆变器运行在最大功率跟踪模式下输出的有功功率为$P_{j\mathrm{mppt}}$，则其发出（感性）无功功率能力可表示为

$$Q_{j\min} = -\sqrt{S_{j\max}^2 - P_{j\mathrm{mppt}}^2} \leqslant Q_j \leqslant \sqrt{S_{j\max}^2 - P_{j\mathrm{mppt}}^2} = Q_{j\max} \tag{5-19}$$

对于由n个光伏逆变器组成的分布式光伏场站，其无功、有功总可调容量分别为

$$\begin{cases} Q_{\min} = \displaystyle\sum_{j=1}^n Q_{j\min} \\ Q_{\max} = \displaystyle\sum_{j=1}^n Q_{j\max} \end{cases} \tag{5-20}$$

$$P_{\max} = \sum_{j=1}^n P_{j\mathrm{mppt}}$$

式中：$Q_{\min}$和$Q_{\max}$分别为该分布式光伏场站的容性和感性无功可调容量；$P_{\max}$为该分布式光伏场站的有功可调容量。

2）无功电压灵敏度J_Q和有功电压灵敏度J_P。集群内各分布式光伏场站需满足另一个重要条件：该分布式光伏场站的功率变化能有效改变主导节点的电压幅值，有能力改善本区域的电压水平。为了让各分布式光伏场站能尽可能快速、有效地参与主导节点电压控制，需较可靠地估算出分布式光伏输出功率变化所引起的相关节点电化，即输出功率和电压的灵敏度关系。灵敏度分析方法是一种常用的电力系统稳态运行分析方法，表征系统状态量对控制量的敏感程度。对于给定的控制量变化，利用相应的灵敏度可以获得各被控量的变化，这体现了系统对控制量变化的响应特性。

若节点电压采用极坐标形式表示，电力系统稳态运行的潮流方程为

$$\begin{cases} P_i = U_i \displaystyle\sum_{j \in i} U_j (G_{ij} \cos\theta_{ij} + B_{ij} \sin\theta_{ij}) \\ Q_i = U_i \displaystyle\sum_{j \in i} U_j (G_{ij} \sin\theta_{ij} - B_{ij} \cos\theta_{ij}) \end{cases} \tag{5-21}$$

采用牛顿采用牛顿—拉夫逊法求解潮流方程。假设网络具有N个节点，令$n=N-1$，以平衡节点为参考节点，$2n$个极坐标形式的牛顿法潮流修正方程式为

$$\begin{bmatrix} H & N \\ J & L \end{bmatrix} \begin{bmatrix} \Delta\theta \\ \Delta V / V \end{bmatrix} = \begin{bmatrix} \Delta P \\ \Delta Q \end{bmatrix} \tag{5-22}$$

式中：$\begin{bmatrix} H & N \\ J & L \end{bmatrix}$为雅可比矩阵；$\Delta\theta$和$\Delta V$为节点电压的相角与幅值修正量。

$$\begin{bmatrix} H & N \\ J & L \end{bmatrix} = \begin{bmatrix} V & \\ & V \end{bmatrix} \left\{ \begin{bmatrix} B\cos\theta & -G\cos\theta \\ G\cos\theta & B\cos\theta \end{bmatrix} - \begin{bmatrix} G\sin\theta & B\sin\theta \\ -B\sin\theta & G\sin\theta \end{bmatrix} - \begin{bmatrix} -Q & P \\ P & Q \end{bmatrix} \right\} \begin{bmatrix} V & \\ & V \end{bmatrix} \quad (5\text{-}23)$$

式中：V 为 n 维节点电压幅值对角阵；B 和 G 分别为节点导纳矩阵的实部和虚部；正常情况下 θ_{ij} 非常小，故式（5-23）可简化为

$$\begin{bmatrix} B+Q & -G-P \\ G-P & B-Q \end{bmatrix} \begin{bmatrix} V\Delta\theta \\ \Lambda V \end{bmatrix} = \begin{bmatrix} \Delta P/V \\ \Delta Q/V \end{bmatrix} \quad (5\text{-}24)$$

对式（5-24）进行高斯消去，可推导出有功电压灵敏度、无功电压灵敏度分别为

$$J_p = [(B+Q)(G-P)^{-1}(B-Q)+(G+P)]^{-1}$$
$$J_Q = -[(G-P)(B+Q)^{-1}(G+P)+(B-Q)]^{-1} \quad (5\text{-}25)$$

3）控制方式 $Ctrl$、通信方式 Tel。本节所划分的集群内各分布式光伏场站具有相同的控制方式和通信方式。德国电气工程师协会提出四种光伏逆变器无功控制策略，包括恒无功功率 Q 控制策略、恒功率因数 $\cos\varphi$ 控制策略、基于光伏有功输出的 $\cos\varphi(P)$ 控制策略和基于并网点电压幅值的 $Q(U)$ 控制策略。

分布式光伏接入中、低压配电网的常用通信方式有双绞线／光纤有线通信、扩频无线局域网等，应注意采取信息安全防护措施。

4）调节成本 $Cost$。为响应分布式光伏扶持政策，适应电力市场机制，提升含规模化分布式光伏配电网的经济性，建立分布式光伏调节成本指标。分布式光伏调节成本包括无功支撑成本和有功弃光成本。

在含规模化分布式光伏的配电网中，为综合考虑配电网实时状态变化，应当依据调控目标变化动态选取集群划分指标。如表 5-3 所示，根据主导节点电压水平，将集群分为经济调控集群和紧急调控集群两大类：经济调控集群针对网损优化问题，调控过程主要关注调节的经济成本；紧急调控集群针对电压安全问题，调控过程主要关注调节的响应速度。

表 5-3   不同调控目标下的集群划分指标

调控目标	集群划分指标
经济调控集群	J_Q、Q_a、$Ctrl$、$Cost$
紧急调控集群	J_P、J_Q、P_a、Q_a、$Ctrl$、Tel

5.2.1.3　集群划分方法

集群划分方法作为集群划分的关键步骤，对提高集群划分的效率有明显的促进作用。现有相关文献提出的集群划分方法主要采用聚类算法、社团结构发现算法和智能遗传算法。

（1）聚类算法。聚类（cluster）算法作为一种常用的数据分析算法，是将大量的数据分成若干具有相似性的类。由于类具有类内单元相似度较高、类间相似度较低的特性，聚类分析得到了各领域的广泛运用。在商业领域中，聚类分析帮助市场分析人员可以对消费整体区分出不同消费模式的客户群体，对不同群体分别展开研究；在生物学领域中，聚类分析可以对基因分群，开展不同类植物和动物研究；对互联信息领域，聚类分析也可以对互联网络文档分类，用于挖掘信息等。聚类算法作为数据分析的模块，既可以作为一个工具概括每一类的特点，挖掘各类特征作为后续研究的基础，也可以作为其他算法研究的预处理。常用聚类分析的算法分为以下四种方法：划分法（partitioning methods）、层次分析法（hierarchical methods）、基于密度的方法（density-based methods）、基于网格的方法（grid-based methods）、基于模型的方法（model-based methods），其中较为常用的是划分法和层次法。

1）划分法。划分法采用点到类距离计算方法，具体可以计算点到类中心点距离。起初先随机确定初始中心点为初始类，再计算点到类的距离，根据"类内的点都足够近，类间的点都足够远"目标，将点合并到类内的思想一步步合并，直至划分到最后确定结果。

经典 K-means 算法具体计算流程如下：

第一步：随机选择 i 个初始点，每个初始点代表一个类的中心；

第二步：对其余点分别计算每个点到各类中心点的距离，将该点合并到其距离最近类中；

第三步：重新计算每个类的平均值，更新为新的类中心点；

第四步：重复第二、三步，直到判断函数收敛。

划分法计算步骤较多，计算时间较长，因此适用于数据库较少的算例表达，当数据较大时容易出现局部最优的情况；同时划分结果与初始中心点的选择密切相关，需要根据需求确定初始点和设定合适的噪声。

2）层次分析法。层次分析法依据"点点测距，点类合并，类类合一"方法，具体可以表述为首先计算点与点之间的距离，再根据点间距离的远近，将节点合并到距离近的一类中，然后再计算类与类之间的距离，按照类间距离远近合并，最终合并成一个类。其中，类与类距离的计算方法主要分为最短距离法、最长距离法、中间距离法和类平均法等。

层次聚类主要有两种类型：合并的层次聚类和分裂的层次聚类。前者是一种自底向上的层次聚类算法，从最底层开始，每一次通过合并最相似的聚类来形成上一层次中的聚类，整个当全部数据点都合并到一个聚类的时候停止或者达到某个终止条件而结束，大部分层次聚类都是采用这种方法处理；后者是采用自顶向下的方法，从一个包含全部数据点的聚类开始，然后把根节点分裂为一些子聚类，每个子聚类再递归地继续往下分裂，直到出现只包含一个数据点的单节点聚类出现，即每个聚类中仅包含一个数据点。

层次分析法具体计算流程如下：

第一步：将每个点都当作一类计算两类之间距离；

第二步：选择距离最小的两类合并成一个新类；

第三步：再重新计算新类与各类之间的距离；

第四步：重复第二步和第三步，直到所有类最后合并成一类。

层次分析法计算快慢与类的数量密切相关，点的个数对其影响较低，因此可以采用该方法具有较为直观的解释性，且对于场景处理速度相对较快。

（2）社团结构发现算法。自然界的大多数系统都具备复杂的网络特性，网络由大量点和线组成，点代表了系统内个体个性，线代表了各点之间的相互关系，其中两点之间有线代表两点之间有联系，反之，则没有关系，该特点可以作为更改网络大小最有效方法。电力系统是由节点和线路组成，因此被认为是电力网络。针对网络特性的研究，已有大量研究表明，大多数网络均具备社团结构，即可以根据某一特定要求，将网络分成若干个社团结构，实现社团内节点联系紧密，社团间节点联系较为稀疏的特点。

目前，在电力网络使用社团结构最为广泛的是利用模块度指标优化。模块度指标是指网络中包含在同一社区内的边的比例与该社区内边随机分配连接社区内部顶点的边所占比例之差。社团结构发现算法以模块度指标值作为依据，确定最终网络划分的结果。

社团结构发现算法具体计算流程如下：

第一步：将每个点都当作一类计算两类之间距离；

第二步：选择距离最小的两类合并成一个新类；

第三步：再重新计算新类与各类之间的距离；

第四步：重复第二步和第三步，直到所有类最后合并成一类。

节点间的社区关系是影响社团结构发现算法主要因素，依据节点间的关联关系较快实现达到社团分区结果，但是该算法中较少地考虑到节点自身特性影响结果，因此对考虑节点自身特性的场景适应能力具有局限性。

（3）智能遗传算法。智能遗传算法（genetic algorithm，GA）最早是由美国的 John Holland 提出的，是目前解决多目标搜索全局最优且较为常用的智能算法。该算法以模拟自然界进化为原理，是一种将生物遗传和达尔文生物进化论相结合的计算模型。

在生物进化论中，种群是生物进化的基本单位。所谓种群，是指生活在同一地点的同种生物的一群个体。种群个体之间进行交流，通过及交配繁衍将各自的基因传给下一代。因此，种群也是生物繁殖的基本单位；一个种群所含有的全部基因，称为这个种群的基因库。每一个种群都有它自己的基因库，在种群不断发展的过程中，根据生物优胜劣汰的方式保留较好的基因，形成新的种群。因此，遗传算法特征在于算法结果是由一个种群结果表示，每个种群都是由大量不同个体组成，个体的不同性由不同的染色体特征区分；在生物进化过程中，按照自然界优胜劣汰和适者生存的原理，保留优秀个体，进行交叉变异，产生新的个体计算种群；最终更新为最优秀的个体集合，通过解码得到近似算法结果。

遗传算法具体计算流程如下：

第一步：初始化参数。设定种群个数和迭代次数，根据算例要求对个体选择合适的编码方式，确定初始种群。

第二步：计算适应度函数。计算每个种群内个体适应度值，并判断是否满足最大需求和最大迭代次数。

第三步：选择。根据适应度值，按照指定的选择原理，选择优秀个体作为下一代种群的父代个体。

第四步：交叉变异。对父代个体基因进行交叉和变异操作，完成新种群更新。

第五步：输出结果。判断是否满足最大迭代要求，若没有，则返回第二步，若有，则输出最优计算结果，停止计算。

遗传算法的计算方向通过目标函数和相应的适应函数决定，其整体搜索策略和优化搜索方法可以实现算法在大范围领域内得到最优的计算结果，避免了局部最优的计算结果，尽可能地达到计算结果的精准性。但由于搜索范围的广泛性，使得遗传算法计算时间较长，因此适用于对计算时间要求相对较低，对准确度要求较高的场景下。

5.2.2 集群趋优控制策略

为解决分布式光伏规模化接入给配电网带来的电压波动、电压越限等电能质量问题，利用上节所研究的集群划分方法，提出基于功率分层的集群趋优控制模型，由集群间的协调优化和集群内的功率分配组成。主要包括根据主导节点电压与参考值的偏差，获取能维持节点电压偏差不超过相关规定的集群无功调节量和集群内部各可控分布式光伏场站间的无功调节量分配。根据区域内主导节点运行电压水平，按照节点运行电压区域判定方法，基于两类配电网调控目标——经济调控和紧急调控，提出基于分布式光伏无功优化的经济集群控制，提升配电网的运行经济性；提出基于分布式光伏有功、无功协调优化的紧急集群控制，快速响应区域内主导节点电压越限事件，保证配电网运行安全。

5.2.2.1 控制框架

集群趋优控制模型主要包括模型参数输入、集群间协调优化、集群内功率分配三个部分，如图 5-12 所示。

（1）模型参数输入：采集集群参数，包括分布式光伏集群的感性无功可调容量和无功实际出力、有功可调容量和有功实际出力、电压－无功灵敏度和电压－有功灵敏度。

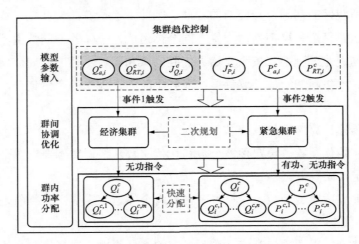

图 5-12　集群趋优控制模型框架图

（2）集群间协调优化：根据主导节点电压水平确定分布式光伏集群的趋优目标，实现面向配电网实时调控需求的集群间协调优化。

由全局优化调度得到各节点电压最优参考值 V_{ref} 并引入阈值 ε，当节点电压在（$V_{\text{ref}}-\varepsilon$，$V_{\text{ref}}+\varepsilon$）范围内认为配电网同时满足安全性和经济性要求运行，为电压优质区；若节点电压超出电压优质区，但尚未越过电力系统安全运行规定的上、下限值，则认为该节点处于电压警戒区，此时以提高配电网运行经济性为目标对分布式光伏无功出力进行调节；若节点电压越过电力系统安全运行规定的上、下限值，则认为节点处于电压不合格区，此时以保证配电网运行安全为目标，优先调节分布式光伏无功出力，若分布式光伏无功调节容量不足以将节点电压控制在安全运行上、下限内，则进一步采取削减分布式光伏有功出力的措施，保证快速消除节点电压越限事件，防止触发保护装置导致分布式光伏脱网。

集群趋优目标主要分为配电网运行经济性和保证配电网运行安全性两类，对应的分布式光伏集群分为经济调控集群和紧急调控集群，分别由事件 1 和事件 2 触发。事件 1 为主导节点电压处于电压警戒区，触发经济集群趋优控制，对集群的无功出力进行优化；事件 2 为主导节点电压处于电压不合格区，触发紧急集群趋优控制对集群的有功无功进行协调优化。基于二次规划方法，得到无功出力指令或有功、无功出力。

（3）集群内功率分配：采集集群内各个分布式光伏场站的实时出力，掌握场站的实时运行状态。根据分配原则将上层集群间协调优化获取的功率指令实时分配至集群内各分布式光伏场站，得到各场站的无功整定指令或有功、无功整定指令，从而使分布式光伏集群输出相应的功率以跟随上层集群协调优化的指令，实现配电网主导节点电压闭环控制。

54

5.2.2.2 集群协调优化模型

（1）经济集群协调优化。以主导节点电压偏差最小、集群无功出力变化最小为原则，目标函数见式（5-26）。

$$F_1 = \alpha \left[\left(\sum_{v=1}^{m} \Delta V_v^{\text{pilot}} \right) - \Delta V \right]^2 + \beta \sum_{v=1}^{m} (Q_v^C - Q_{v,\text{RT}}^C)^2 \qquad (5\text{-}26)$$

式中：$\Delta V_v^{\text{pilot}}$ 为由于集群 v 无功出力调节量 ΔQ_v^C 引起的主导节点电压变化量；ΔV 为主导节点的实际电压与最优参考电压的偏差；m 为经济集群个数；α 和 β 为子目标函数的权重系数。

式（5-26）的物理意义为：

1）最小化主导节点电压偏差，它隐含了尽可能使区域内各节点电压靠近最优参考值的目标；

2）尽量避免分布式光伏集群的出力反复剧烈变化，它隐含了分配调控任务时需考虑各集群的实际运行状态，使各集群具有较均匀的无功调节裕度，尽可能提高调控效率与延长光伏逆变器寿命的目标。

（2）紧急集群协调优化。以主导节点电压偏差最小、集群有功出力削减最小、集群无功出力变化最小为目标，目标函数见式（5-27）。

$$F_2 = \alpha \left[\left(\sum_{v=1}^{n} \Delta V_v^{\text{pilot}} \right) - \Delta V \right]^2 + \beta \sum_{v=1}^{n} (P_v^C - P_{v,\text{RT}}^C)^2 + \gamma \sum_{v=1}^{n} (Q_v^C - Q_{v,\text{RT}}^C)^2 \qquad (5\text{-}27)$$

式中：$P_{v,\text{RT}}^C$ 为集群 v 有功出力实时值；P_v^C 为集群的有功优化指令；n 为紧急集群个数；α、β 和 γ 为各子目标函数的权重系数。

式（5-27）的物理意义为：

1）以电压安全为首要目标，通过有功、无功共同调节在尽可能短的时间内消除电压越限；

2）在能保证电压安全前提下，尽可能少削减分布式光伏的有功出力，提高分布式光伏的利用率；另外也包含了经济集群目标函数的物理意义。

（3）集群功率协调方式。在各集群保留一定无功裕度的前提下，为尽可能提高分布式光伏的利用率。一方面，在经济集群趋优过程中不考虑削减各集群的有功出力，仅通过优化各集群的无功出力，实现各节点运行电压与最优参考电压偏差最小化；另一方面，在紧急集群趋优控制过程中，若各集群的无功可调容量可以满足主导节点电压偏差控制的需求，则不考虑削减分布式光伏的有功出力。当各集群的无功可调容量不足时，优先充分利用集群的容性无功可调能力，在此基础上削减集群有功出力完成剩余的主导节点电压偏差调节任务，集群内各场站的有功削减指令可按场站实际有功出力的比例来分配。

5.2.2.3 控制流程

基于以上分析，集群趋优控制流程如下所示：

Step 1：输入集群参数 $J_{v,Q}^{C}$、$J_{v,P}^{C}$、$Q_{v,\max}^{C}$、$P_{v,\max}^{C}$、$Q_{v,RT}^{C}$、$P_{v,RT}^{C}$；

Step 2：采集主导节点电压实时值，判定运行区域并触发相应集群控制；

Step 3：基于二次规划方法，得到无功出力指令或有功、无功出力指令；

Step 4：按群内功率分配原则，计算各分布式光伏场站无功调节指令或有功、无功调节指令。

5.2.3 集群控制求解算法

粒子群算法简单、有效，在电力系统无功优化问题、经济规划问题等领域中得到了广泛的使用。为了提高结果的稳定性，避免陷入局部最优，采用一种参数动态改变的粒子群算法，并用于求解前文所建立的分布式光伏集群控制数学模型。

PSO 算法的核心思想是通过粒子的更新迭代，来逐步逼近最优解。为了得到更好的结果，应该设置参数使粒子前期以自我学习为主，后期以向全局学习为主，具体计算式为

$$\omega = (\omega_{\max} - \omega_{\min})(1 - g/g_{\max}) + \omega_{\min} \tag{5-28}$$

$$c_1 = (c_{1\max} - c_{1\min})(1 - g/g_{\max}) + c_{1\min} \tag{5-29}$$

$$c_2 = (c_{2\max} - c_{2\min})(1 - g/g_{\max}) + c_{2\min} \tag{5-30}$$

式中：g 为当前迭代次数；$g_{\max}$ 为最大迭代次数；$\omega_{\max}$、$\omega_{\min}$、$c_{\max}$、$c_{\min}$ 为参数。

在前期设置较大的惯性权重和学习因子，此时能够更快地逼近全局最优解；在后期调小惯性权重和学习因子，粒子的速度更新放缓，能够更充分地找寻局部最优，最终使得到的结果更加准确。具体的无功优化过程如下：

步骤 1：使用 Kmeans 聚类算法依据无功电压灵敏度对配电网进行集群划分。

步骤 2：初始化粒子群，计算每个粒子的适应度。

步骤 3：根据迭代次数更新 ω 和学习因子 c_1、c_2，粒子的速度、位置，以及新的适应度。

步骤 4：将粒子经过所有位置中适应度最大的位置记为该粒子的局部最优解 P_{best}；取所有粒子局部最优中适应度最大的解为全局最优值，记为 G_{best}。

步骤 5：是否满足迭代结束条件，若是则输出结果，否则进行下一次迭代，流程如图 5-13 所示。

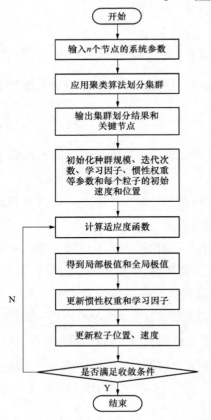

图 5-13　动态调整粒子群无功优化流程图

5.2.4 算例验证

为了验证所提集群划分和无功优化方法的有效性，选取标准的 IEEE33 节点线路在 Matlab 平台中进行仿真实验，具体线路图如图 5-14 所示。考虑分布式光伏发电集群高渗透的配电网情况，因此假设所有节点都安装容量为 500kW 的光伏，网络的总负荷为 3715kW+j2300kvar。首先基于考虑电压灵敏度关系的电气距离指标划分集群，找出关键节点。调节位于关键节点处 PV 输出的无功功率调节电压，改善系统的经济性。

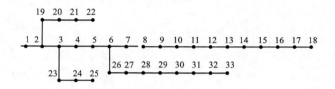

图 5-14　33 节点系统拓扑图

根据表 5-4 所示，采用 Kmeans 聚类算法将系统划分为 6 个集群时模块度指标最佳，此时得到的划分结果为：节点 8～12 为集群 1，节点 13～18 为集群 2，节点 1、2、19～22 为集群 3，节点 3、4、23～25 为集群 4，节点 5～7、26、27 为集群 5，节点 28～33 为集群 6。其中，节点 10、15、20、23、26、31 分别为所在集群的关键节点。

表 5-4　　　　　　　　　　　　　　不同集群划分个数情况对比

集群数目	初始节点	ρ
2	11，15	0.4095
3	23，27，33	0.6015
4	24，26，32，33	0.6400
5	9，11，16，30，31	0.6717
6	4，8，9，11，25，33	0.6863
7	7，9，16，19，25，30，31	0.6696
8	4，6，10-13，19，20	0.6394

为了验证在不同工况下的有效性，考虑系统的两种工作状态：

（1）线路负荷为额定负荷，分布式光伏有功出力低，无功出力为零；

（2）线路负荷为额定负荷，分布式光伏有功出力大，无功出力为零。

仿真得到以上两种工作状态下的电压曲线如图 5-15 所示，可以看出在工况 1 存在电压越下限情况，在工况 2 存在电压越上限情况。

在不划分集群的情况下，需要对 33 个节点分别进行无功调节，数据复杂、计算量大。以工况 1 为例，设 PV 发出无功功率时为正，吸收无功功率时为负，具体的调节量如表 5-5 所示。

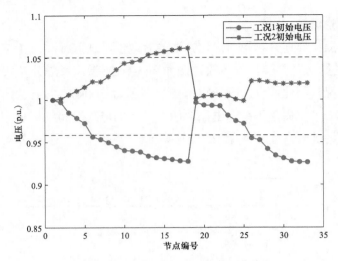

图 5-15　初始状态的节点电压曲线

表 5-5	不划分集群时各个节点无功出力量				
节点	无功量	节点	无功量	节点	无功量
4	126.97	14	309.00	26	251.50
5	397.28	16	347.06	27	66.25
6	333.14	17	410.89	29	123.14
7	66.25	18	143.88	30	305.83
8	66.25	19	276.61	31	354.74
11	180.54	20	343.19	32	114.09
12	314.51	23	66.25	33	396.95
13	287.36	24	84.01		
总调节无功出力			5365.8kvar		

在对以上节点进行无功调节后，得到的系统电压见图 5-16。

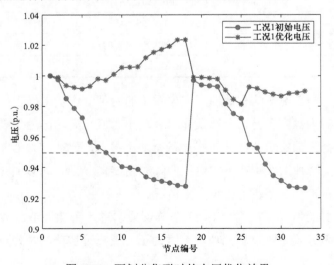

图 5-16　不划分集群时的电压优化效果

在工况 1 下，采用集群划分方式进行无功补偿的具体调节量见表 5-6。

表 5-6   工 况 1 调 节

关键节点	调节无功出力（kvar）
10	365.53
15	353.11
20	372.85
23	489.86
26	452.13
31	500
总调节无功量	2533.5

在工况 1 下，采用集群划分方式进行无功补偿后得到的系统电压如图 5-17 所示。

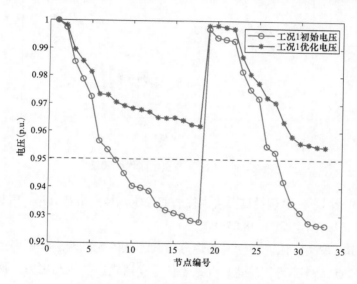

图 5-17 工况 1 节点电压优化效果

经过关键节点处光伏的无功出力调节，工况 1 的节点电压偏移总量由 1.458 减小至 0.8503；线路的有功损耗由 155.232 kW 降低至 93.873 kW。

在工况 2 下，位于 6 个关键节点处的光伏无功出力具体调节情况如表 5-7 所示。

表 5-7   工 况 2 调 节

关键节点	调节无功出力（kvar）
10	−53.88
15	−434.11
20	−127.29
23	500

关键节点	调节无功出力（kvar）
26	367.19
31	268.89
总调节无功	1751.4

在工况 2 下，采用集群划分方式进行无功补偿后得到的系统电压如图 5-18 所示。

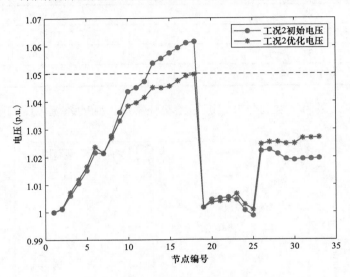

图 5-18　工况 2 节点电压优化效果

在工况 2 的情况下，系统经过无功优化后的电压偏移量由 0.817p.u.减小到 0.773p.u.；线路损耗由 232.67kW 降低到 228.07kW。

采用 Kmeans 聚类方法，对含高渗透分布式光伏的配电网进行集群划分，并得到每个集群的关键节点，通过调节关键节点处光伏逆变器输出的无功出力，能有效地改善电力系统的电压质量。

6

分布式光伏配电网多时间尺度运行控制

6.1　分布式光伏及调节可控设备建模

（1）光伏模型。光伏逆变器的主电路一般采用电压型全桥结构，建立简化逆变器稳态模型如图 6-1 所示。

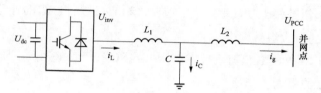

图 6-1　简化逆变器稳态模型

结合 dq 轴变换，可以给出并网点功率 P、Q 表达式为

$$
\begin{cases}
P = \dfrac{3}{2} U_{d,PCC} i_{d,g} \\
Q = -\dfrac{3}{2} U_{d,PCC} i_{q,g}
\end{cases}
\tag{6-1}
$$

式中：$U_{d,PCC}$ 为并网点电压 U_{PCC} 的 d 轴分量，且在任一个稳态工作点下可以得到 $U_{d,PCC} = U_{PCC}$；$i_{d,g}$、$i_{q,g}$ 分别为流入并网点的电流 i_g 的 d、q 轴分量。

由此可以知道，在并网点电压一定的情况下，改变电流值则可以改变并网点功率。通过逆变器输出点电压 U_{inv} 和并网点电压、电流的表达式为

$$
\begin{cases}
U_{d,inv} = U_{d,PCC} - \omega L i_{q,g} \\
U_{q,inv} = \omega L i_{d,g}
\end{cases}
\tag{6-2}
$$

式中：L 为电感值。

控制器输出：调制比 m、U_{inv} 超前 U_{PCC} 的相位角 δ，即

$$
\begin{cases}
m = \dfrac{2}{U_{dc}} \sqrt{U_{d,inv}^2 + U_{q,inv}^2} \\
\delta = \arctan\left(\dfrac{U_{q,inv}}{U_{d,inv}}\right)
\end{cases}
\tag{6-3}
$$

通过控制器参数的改变可以控制逆变器的并网有功功率和无功功率。其中，U_{dc} 为逆变器直流侧电压。

（2）并联电容器模型。SC 作为一种容性无功补偿装置被广泛应用在配电网中，用于补偿感性负载所消耗掉的无功功率，从而减少网络损耗，提高配电网运行水平。其通常以集中补偿的方式，被安装在变电站的低压侧母线上，通常以组的形式进行循环投切，遵循"先投先切，后投后切"的基本原则。因此，SC 的无功调节只能作为有限的无功补偿，即补偿固定的无功功率，而不能连续地进行补偿无功功率，故其为离散型无功补偿装置，而且其仅能向电网补偿感性无功功率。

SC 的无功调节模型可以表示为

$$\begin{cases} Q_{i,SC}^{t} = N_{i,SC}^{t} Q_{i,SC,step} \\ 0 \leqslant N_{i,SC}^{t} \leqslant N_{i,SC}^{max} \end{cases} \tag{6-4}$$

式中：$N_{i,SC}^{t}$ 为 t 时刻节点 i 所接 SC 投切的组数，为无功优化的待求量；$Q_{i,SC,step}$ 为节点 i 所接 SC 的单组补偿无功功率；$Q_{i,SC}^{t}$ 为 t 时刻节点 i 所接 SC 的补偿无功功率；$N_{i,SC}^{max}$ 为节点 i 所接 SC 的最大组数。

受到设备使用寿命和生产制造技术的限制，SC 在一个调度周期内的投切次数有严格的限制，可建立约束为

$$\sum_{t=1}^{T-1} (N_{i,SC}^{t} - N_{i,SC}^{t-1}) \leqslant B_{max} \tag{6-5}$$

式中：B_{max} 为一个调度周期内并联电容器动作次数限制；T 为调度周期长度。

对于 SC 调节成本，可将其动作次数所引起的设备寿命损耗作为其成本，表示为

$$C_{SC} = C_{SC}^{unit} \sum_{t=1}^{T-1} (N_{i,SC}^{t} - N_{i,SC}^{t-1}) \tag{6-6}$$

式中：C_{SC} 为一个调度周期内 SC 动作所引起的调节成本；C_{SC}^{unit} 为 SC 动作一次所折算的费用。

（3）静止无功补偿器模型。SVC 是一种由电容器和各种电抗元件构成与系统并联的无功补偿装置，其可以由晶闸管控制，实现快速调节系统无功功率的目的。作为一种使用方便、技术先进、经济性能良好的静止型无功补偿装置，其通过平滑地改变其接入电网的等值电抗，来改变并网点的无功补偿值。当负荷水平较低而导致电网节点电压较低时，其可以向电网提供感性无功功率。同理，当负荷较轻而导致电网节点电压较高时，其可以向电网提供容性无功功率。即，其可以在容量限值范围内快速改变其注入并网点的无功功率。SVC 的无功调节模型可以表示为

$$Q_{i,SVC,min} \leqslant Q_{i,SVC}^{t} \leqslant Q_{i,SVC,max} \tag{6-7}$$

式中：$Q_{i,SVC}^{t}$ 为 t 时刻节点 i 所接 SVC 的无功功率，即无功优化的待求量；$Q_{i,SVC,max}$ 和 $Q_{i,SVC,min}$ 分别为节点 i 所接 SVC 的无功功率上、下限值。

将 SVC 调节成本表示为

$$C_{i,\text{SVC}} = C_{\text{SVC}}^{\text{unit}} Q_{i,\text{SVC}} \tag{6-8}$$

式中：$C_{i,\text{SVC}}$ 为 SVC 无功调节成本；$C_{\text{SVC}}^{\text{unit}}$ 为 SVC 调节单位无功功率所产生的费用。

（4）有载调压变压器模型。OLTC 通过改变分接头的挡位来改变其变比，进而调节低压侧电压值。其分接头接在高压侧，分接头调节的范围一般在 15% 左右，每一档的调节范围通常为 0.5%～1.5%。OLTC 以挡位进行调节，为离散型调节设备。其模型可以表示为

$$\begin{cases} K_{ij,t} = K_0 + T_{ij,\text{tap},t} \Delta K_i \\ T_{ij,\text{tap}}^{\min} \leqslant T_{ij,\text{tap},t} \leqslant T_{ij,\text{tap}}^{\max} \end{cases} \tag{6-9}$$

式中：$T_{ij,\text{tap},t}$ 为 t 时刻支路 ij 所接 OLTC 的挡位；$T_{ij,\text{tap}}^{\min}$、$T_{ij,\text{tap}}^{\max}$ 分别为节点支路 ij 所接 OLTC 的挡位上、下限；$K_{ij,t}$ 为 t 时刻支路 ij 所接 OLTC 的变化；K_0、ΔK_{ij} 分别为标准变比和调节步长。

考虑到配电网在调度周期内对变压器分接头动作次数的限制，可建立模型

$$\sum_{t=1}^{T-1} |T_{ij,\text{tap},t+1} - T_{ij,\text{tap},t}| \leqslant T_{\max} \tag{6-10}$$

式中：$T_{\max}$ 为一个调度周期内 OLTC 的动作次数限制。

对于 OLTC 的成本，同样将其动作次数所引起的设备寿命损耗只作为其成本，表示为

$$C_{\text{OLTC}} = C_{\text{OLTC}}^{\text{unit}} \sum_{i=1}^{T-1} T_{ij,\text{tap},t+1} - T_{ij,\text{tap},t} \tag{6-11}$$

式中：C_{OLTC} 为一个调度周期内 OLTC 动作所引起的调节成本；$C_{\text{OLTC}}^{\text{unit}}$ 为 OLTC 动作一次所折算的费用。

（5）配电网模型。采用支路潮流模型描述配电网潮流平衡，以此建立适用于无功优化的配电网模型。支路潮流模型以电网每条支路的电流和功率为变量，被广泛应用在辐射型配电网中。针对支路是否含有 OLTC，本小节对该模型进行详细的介绍。

1）不含 OLTC 的支路潮流模型

不含 OLTC 的网络拓扑如图 6-2 所示。

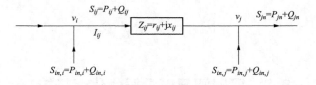

图 6-2　不含 OLTC 的网络拓扑

图 6-2 中，v_i 和 v_j 分别为节点 i 和 j 的电压复数值；I_{ij} 为支路 ij 的电流；$r_{ij} + \text{j}x_{ij}$ 为支路 ij 的阻抗值；$P_{ij} + \text{j}Q_{ij}$ 为支路 ij 在节点 i 侧的视在功率值；$P_{in,i}$ 和 $Q_{in,i}$ 分别为节点 i 处

注入的有功功率和无功功率。则其支路潮流模型约束可以表示为

$$V_i^2 - V_j^2 = 2(r_{ij}P_{ij} + x_{ij}Q_{ij}) - [r_{ij}^2 + x_{ij}^2]I_{ij} \tag{6-12}$$

$$I_{ij}V_i^2 = P_{ij}^2 + Q_{ij}^2 \tag{6-13}$$

$$P_{j,\text{PV}} - P_{j,d} = P_{in,j} = \sum_{k \subset C(j)} P_{jk} - (P_{ij} - I_{ij}r_{ij}) \tag{6-14}$$

$$Q_{j,\text{PV}} + Q_{j,\text{SC}} + Q_{j,\text{SVC}} - Q_{j,d} = Q_{in,j} = \sum_{k \subset C(j)} Q_{jk} - (Q_{ij} - I_{ij}x_{ij}) \tag{6-15}$$

式中：V_i 和 V_j 分别为节点 i 和 j 的电压幅值；$P_{j,\text{PV}}$ 和 $Q_{j,\text{PV}}$ 为节点 j 所接光伏注入的有功、无功功率；$P_{j,d}$ 和 $Q_{j,d}$ 为节点 j 所接负荷；$Q_{j,\text{SC}}$、$Q_{j,\text{SVC}}$ 为节点 j 所接 SC 的离散补偿无功功率、SVC 的连续补偿无功功率。

2）包含 OLTC 的支路潮流模型。其网络拓扑如图 6-3 所示。

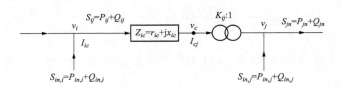

图 6-3　含有 OLTC 的网络拓扑

引入附加节点 c，则支路 ic 的潮流模型约束和不含 OLTC 的支路潮流模型约束一致，可构造模型为

$$\begin{cases} V_i^2 - (V_c)^2 = 2(r_{ic}P_{ic} + x_{ic}Q_{ic}) - [r_{ic}^2 + x_{ic}^2]I_{ic} \\ I_{ic}V_i^2 = P_{ic}^2 + Q_{ic}^2 \\ P_{cj} = P_{ic} - I_{ic}r_{ic} \\ Q_{cj} = Q_{ic} - I_{ic}x_{ic} \end{cases} \tag{6-16}$$

此时，$r_{ic} + jx_{ic}$ 为折算到高压侧的 OLTC 阻抗与支路 ic 阻抗之和。

对于支路 cj，可构造模型为

$$\begin{cases} V_c^2 = K_{ij}^2 V_j^2 \\ I_{cj}V_c^2 = P_{cj}^2 + Q_{cj}^2 \\ P_{in,j} = \sum_{k \subset C(j)} P_{jk} - P_{cj} \\ Q_{in,j} = \sum_{k \subset C(j)} Q_{jk} - Q_{cj} \end{cases} \tag{6-17}$$

6.2　双时间尺度全局优化运行控制

随着光伏高渗透接入配电网，其发电出力具备随机性、波动性和间歇性，给配电网带来有功网络损耗增加、节点电压越限等问题。而光伏逆变器在响应控制指令时具备快

速、高效、准确的特点，因此需要利用其灵活可控的优势，充分挖掘其无功调节能力，协调各传统可控无功调节设备进行无功优化，在实现光伏最大化消纳的同时保障配电网经济安全运行。

最优潮流从电力系统优化运行的角度来调整系统中各控制设备的参数，在满足节点正常功率平衡和各种安全指标的约束下，实现目标函数最小化的优化过程，其在配电网无功优化方面得到了广泛的应用。

本书针对多设备协调无功优化问题，综合考虑光伏、SVC 等连续型设备，以及 OLTC、SC 等离散型设备的不同调节特性，并计及光伏出力随机性与负荷波动，以配电网经济、安全运行为目标，基于 OPF，提出了一种涵盖日前计划与日内短期调度的双时间尺度无功优化策略。

策略设计了日前计划和日内短期调度两个阶段，并构建了其优化调度数学模型。日前计划根据光伏高渗透配电网日前全天光伏出力及负荷功率等预测信息，制订全天 24h 调度计划，并为日内短期调度提供母线电压基准值。日内短期调度基于日内短期更新的配电网功率信息，及时修正由于日前预测误差、光伏出力不确定性与负荷波动等引起的调度结果偏差。本节将从时间协调、控制对象、优化目标等方面具体阐述日前计划阶段与日内短期调度阶段的差异与联系。

光伏高渗透配电网双时间尺度无功优化策略具体阐述为：

（1）日前计划。日前计划以 1h 为时间尺度，获取光伏有功出力、负荷日前预测数据，以配电网运行经济性为目标，面向 OLTC、SC 等离散型设备和光伏、SVC 等连续型设备，进行无功优化经济调度。考虑到离散型设备动作所带来的设备寿命损耗，配电网对其动作次数有一定的限制，因此不同于单时段优化，日前计划需计及此离散型设备动作次数约束，进行多时段动态优化，构建动态最优潮流模型。同时，增加了相邻时刻离散型设备动作次数约束环节，能够避免离散型设备动作幅度过大所引起的对配电网的冲击。因为离散型设备动作速度较慢，从接受指令到完成动作一般需要几十秒，所以此类型设备不适于日内短期调度阶段，日前计划的主要目的是确定配电网中离散型设备第二天的动作时刻及动作量。

（2）日内短期调度。考虑到日前预测数据存在误差，同时计及光伏出力不确定性与负荷波动，日内短期调度以 15min 为时间尺度，获取日内短期预测数据，以该时段光伏高渗透配电网运行经济性与安全性为目标，面向光伏、SVC 等连续型设备，构建静态最优潮流模型。日内短期调度阶段基于最新的配电网预测数据，以更短的时间尺度对连续型设备的无功出力进行调整，利用连续设备响应快、控制效果准确等优点快速响应配电网波动，减少调度误差，较日前计划具备更为准确的调度效果。

6.2.1 数学模型

光伏高渗透配电网双时间尺度无功优化数学模型需要输入网络拓扑结构、开关状态、OLTC/SC 等离散型设备运行状态、光伏运行状态、光伏出力及负荷预测等信息，以调度周期内网络损耗最小、节点电压偏差最小等经济性指标为优化指标，统筹考虑潮流平衡约束、电压约束、离散设备调节约束、光伏出力约束等条件，输出不同调度阶段的控制指令。其数学模型如图 6-4 所示。

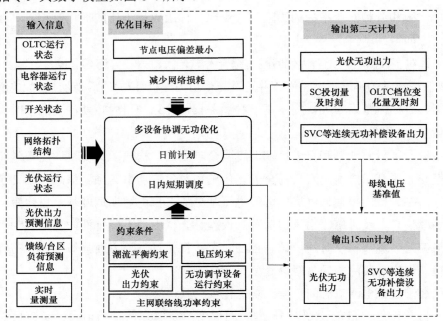

图 6-4 双时间尺度优化调度模型

（1）日前计划。

1）优化目标。日前计划着重关注配电网运行经济性，以全天有功网损最小为目标，优化第二天 00:00～23:00 时刻 OLTC 挡位、SC 投切组数、光伏无功出力、SVC 出力，为日内短期调度提供母线电压基准值，目标函数表达式为

$$\min f_1 = \min \sum_{t=0}^{23} \left(\sum_{i=1}^{n} \sum_{j \subset C(i)} r_{ij}(I_{ij})^2 \Delta T \right) \quad (6\text{-}18)$$

式中：n 为网络节点数；$j \subset C(i)$ 为与节点 i 相连节点构成的集合；I_{ij} 为支路 ij 的电流幅值；ΔT 为调度周期时长，取 1h。

2）约束条件。日前计划需要满足的约束包括潮流平衡约束、各设备运行约束、电网运行安全约束等。

为了限制离散型设备在相邻调度时段的连续调节幅度，减少其对配电网的冲击，增加了对 SC、OLTC 相邻调度时刻的动作次数约束为

$$|N_{i,\text{SC}}^{t} - N_{i,\text{SC}}^{t-1}| \leqslant N_{i,k} \quad (6\text{-}19)$$

$$|T_{j,\text{tap},t+1} - T_{j,\text{tap},t}| \leqslant T_{ij,k} \quad (6\text{-}20)$$

式中：$N_{i,k}$ 为相邻调度时刻 SC 调节组数限值；$T_{ij,k}$ 为相邻调度时刻 OLTC 的调节挡

位限值。

这里设定 OLTC 调节一个挡位、SC 投切一组即为动作一次。

（2）日内短期调度。

1）优化目标。日前短期调度着重关注调度周期内经济性与安全性。在日前计划得到的离散设备动作计划的基础上，在优化有功网损的同时优化配电网电压分布。以 15min 内有功网损、节点电压偏差最小为目标，得到光伏、SVC 无功校正值 $Q_{i,\mathrm{PV}}$、$Q_{i,\mathrm{SVC}}$。其目标函数表达式为

$$\min f_2 = \min\left[\alpha\sum_{i=1}^{n}\sum_{j\subset C(i)} r_{ij}(I_{ij})^2 + \beta\sum_{i=1}^{n}\Delta V_i^2\right] \tag{6-21}$$

$$\Delta V_i = |V_i^{\mathrm{ref}} - V_{\mathrm{bus}}^{t,\mathrm{ref}}| \tag{6-22}$$

2）约束条件。日内短期调度需要满足的约束包括潮流平衡约束、光伏及 SVC 运行约束、电网运行安全约束。

6.2.2　调度流程

双时间尺度全局优化调度流程如下：

（1）日前计划。

Step 1：初始化过程：输入网络参数、24h 负荷及光伏出力预测信息；建立优化模型各个约束程序模块。

Step 2：设置离散型设备全天动作次数限值 $B_{\max}$、$T_{\max}$，以及相邻调度时刻动作次数限值 T_{ik}、N_{ik}。

Step 3：根据动态优化程序，得到未来 24 个时刻配电网无功优化调度指令，获取变电站低压侧母线电压参考值。

（2）日内短期调度。

Step 1：输入网络参数、未来 15min 负荷及光伏出力预测信息，建立日内短期调度各个约束程序模块。

Step 2：基于日前计划得到的母线电压参考值，根据日内静态优化程序，得到未来 15min 内光伏及 SVC 校正值。

6.2.3　求解方法

在所提的双时间尺度全局优化调度策略中，日前计划为动态优化模型，日内短期调度为静态优化模型，针对所建数学模型中的非凸问题，两者均可以采用二阶锥规划，并通过成熟的算法包进行编程求解。因此，本节给出了二阶锥规划的基本概念及其在此模型中的应用。此外，针对含 OLTC 的支路，给出了一种 OLTC 分段线性化方法。

（1）二阶锥规划。

支路潮流模型为强凸形式，导致所提的优化模型为非凸非线性混合整数模型，难求解出全局最优解。本节基于二阶锥规划方法对其进行凸松弛，使其转化为可求解的凸优

化问题。二阶锥规划问题是指：在有限个二阶锥的笛卡尔乘积与仿射子空间的交集上求一个线性目标函数的最小值，广泛应用于凸优化问题的求解，其标准形式为

$$\min_{x_i}\{c^T x \mid Ax=b, x_i \in K, i=1,2,\cdots,N\} \tag{6-23}$$

其中 $x \in R_N$，系数常量 $b \in R_M$，$c \in R_N$，$A_{M \times N} \in R_{M \times N}$，$K$ 为标准二阶锥或旋转二阶锥，其形式可以表达为式（6-24）和式（6-25）。

标准二阶锥为

$$K = \left\{ x_i \in R_N \mid y^2 \geqslant \sum_{i=1}^{N} x_i^2, y \geqslant 0 \right\} \tag{6-24}$$

旋转二阶锥为

$$K = \left\{ x_i \in R_N \mid yz \geqslant \sum_{i=1}^{N} x_i^2, y,z \geqslant 0 \right\} \tag{6-25}$$

将式（6-21）松弛为不等式，即

$$\begin{cases} P_{ij}^2 + Q_{ij}^2 \geqslant I_{ij}V_i^2 \\ I_{ij}, V_i^2 > 0 \end{cases} \tag{6-26}$$

则式（6-26）为一个旋转二阶锥约束，将其转换为标准二阶锥形式，即

$$\left\| \begin{matrix} 2P_{ij} \\ 2Q_{ij} \\ I_{ij} - V_i^2 \end{matrix} \right\|_2 \leqslant I_{ij} + V_i^2 \tag{6-27}$$

当目标函数为严格增函数且电压约束足够松弛的条件下，此松弛为紧，即其在大多数情况下均能够取得最优解。

（2）有载调压变压器分段线性化。为了能够更好地应用二阶锥规划技术，针对式（6-24）和式（6-25）体现出的非线性与非凸性，以下给出了一种 OLTC 分段线性化模型。分段线性化法是通过把非线性特性曲线（曲面）分成若干个区段，在每个区段中用直线段（多面体）近似代替。

定理：设双变量函数为 $z = f(x,y)$，$x \in X, y \in Y$。若 $f(x,y)$ 的形式为 $f(x,y)=x^\lambda$，且 x 的可行域 X 为某一区间内的所有整数构成的离散集合，y 的可行域 Y 为盒式集合式，分段线性化可实现对函数 $z = f(x,y)$ 的精确线性化。

将此定理应用到 OLTC 的建模中，可以得到

$$\begin{cases} Z_{ij} = \Delta K_{ij}^2 T_{ij,\text{tap}}V_j^2 + 2K_0 \Delta K_{ij}T_{ij,\text{tap}}V_j^2 + K_0^2 V_j^2 \\ T_{ij,\text{tap,min}} \leqslant T_{ij,\text{tap}} \leqslant T_{ij,\text{tap,max}} \end{cases} \tag{6-28}$$

则式（6-28）中非线性项 $T_{ij,\text{tap}}^2 V_j^2$ 和 $T_{ij,\text{tap}}V_j^2$ 都符合上述定理的条件。所以，设 $T_{ij,\text{tap}}$ 的可行域为 $\{T_{ij,\text{tap},1}, T_{ij,\text{tap},2}, \cdots, T_{ij,\text{tap},M}\}$，需要引入 $2M$ 个连续变量 $\omega_{ij,s,n}(\forall s, \forall n)$ 和 $M-1$ 个 0-1 变量 $d_{ij,n}(\forall n)$ 进行线性化式（6-28），其数学模型为

$$V_j^2 = \sum_{n=1}^{M} \omega_{ij,1,n} V_j^{\min} + \sum_{n=1}^{M} \omega_{ij,2,n} V_j^{\max} \qquad (6\text{-}29)$$

$$T_{ij,\text{tap}} = \sum_{n=1}^{M} (\omega_{ij,1,n} + \omega_{ij,2,n}) T_{ij,\text{tap},n} \qquad (6\text{-}30)$$

$$\begin{cases} \omega_{ij,1,n} \geqslant 0 & \forall n \in \{1,2,\cdots M\} \\ \omega_{ij,2,n} \geqslant 0 & \forall n \in \{1,2,\cdots M\} \\ d_{ij,n} \in \{0,1\} & \forall n \in \{1,2,\cdots M-1\} \end{cases} \qquad (6\text{-}31)$$

$$\begin{cases} \sum_{n=1}^{M} (\omega_{ij,1,n} + \omega_{ij,2,n}) = 1 \\ \sum_{n=1}^{M-1} d_{ij,n} = 1 \end{cases} \qquad (6\text{-}32)$$

$$\begin{cases} \omega_{ij,s,1} \leqslant d_{ij,1} & \forall s \in \{1,2\} \\ \omega_{ij,s,M} \leqslant d_{ij,M-1} & \forall s \in \{1,2\} \\ \omega_{ij,s,n} \leqslant d_{ij,n-1} + d_{ij,n} & \forall s \in \{1,2\}, \forall n \in \{2,3,\cdots M-1\} \end{cases} \qquad (6\text{-}33)$$

$$z_{ij} = \Delta K_{ij}^2 \sum_{n=1}^{M} (\omega_{ij,1,n} V_j^{\min} + \omega_{ij,2,n} V_j^{\max}) T_{ij,\text{tap}}^2 +$$
$$2 K_0 \Delta K_{ij} \sum_{n=1}^{M} (\omega_{ij,1,n} V_j^{\min} + \omega_{ij,2,n} V_j^{\max}) T_{ij,\text{tap}} + K_0^2 V_j^2 \qquad (6\text{-}34)$$

6.2.4 算例分析

在改进的 IEEE33 节点配电网系统对所提的多设备协调无功优化策略进行结果分析，系统网络拓扑如图 6-5 所示。在原有系统基础上接入 1 个 OLTC、8 个光伏，以及 2 个 SVC。其中，OLTC 标准变比为 110kV/10.5kV，分接头挡位变化范围为 $1\pm8\times0.0125$；SC 接入组数为 8 组，每组补偿容量 0.05Mvar；SVC 无功补偿范围为 ±0.5Mvar。1 号节点为松弛节点，其节点电压标幺值设置为 1p.u.。参照电网运行安全标准，设置节点电压安全范围为 $[0.95, 1.05]$（标幺值）。

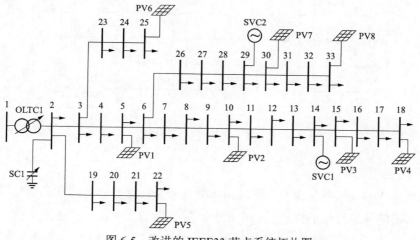

图 6-5 改进的 IEEE33 节点系统拓扑图

参照某地实际光伏接入的电压等级和装机容量，设置本测试系统光伏容量：节点 5 处接入的光伏装机容量为 1.5MW，10、15、18、22、25、30、33 节点接入的光伏装机容量为 1MW；光伏并网点功率因数范围为 [−0.95，0.95]。IEEE33 节点系统标准负荷参数：有功负荷为 3.175MW，无功负荷为 2.3Mvar。系统负荷和光照强度日曲线如图 6-6 所示。

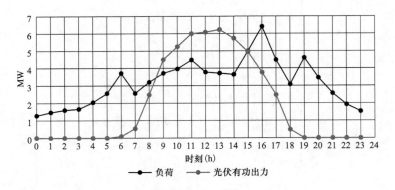

图 6-6　系统负荷和光照强度日曲线

1）日前计划。设置离散型设备全天动作次数限值为 8 次，相邻时刻动作次数限值为 1 次。采用上文提出的动态优化方法，可以获得全天 24h 内有功网络损耗最小时各调节设备的最优出力，计算所得 OLTC 挡位动作如图 6-7 所示，电容投切组数如图 6-8 所示。

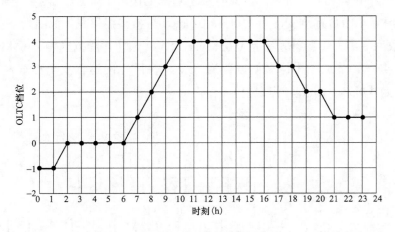

图 6-7　OLTC 挡位动作图

2）日内短期调度。

在模拟光伏因天气变化而发生有功出力变化和负荷水平短时波动的场景下，验证所提策略在保证电网运行经济性和优化电压分布等方面的正确性、有效性。

参照某地实际采样数据，设置模拟场景。模拟场景 1：该日 08:00 时，光照突然增强，节点 5 处接入的光伏出力由 0.5MW 突然增发到 1.1MW，其余节点处的光伏出力由 0.33MW 突然增发到 0.74MW，且此时负荷水平较日前预测的 08:00 时刻的负荷水平有所降低，导致部分节点电压越上限。

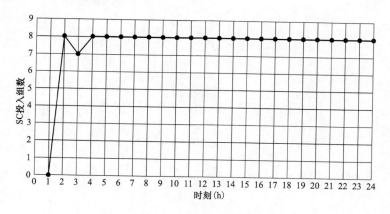

图 6-8 SC 投切组数

应用所提策略，给出了日前计划、功率变化后，以及日内短期调度后的节点电压分布对比，如图 6-9 所示。

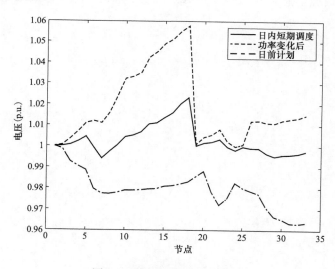

图 6-9 模拟场景 1 节点电压

由图 6-9 可以看出，由于光伏出力的骤增与负荷水平的降低，节点 18 的电压越上限；此时，经过日内短期调度优化，调整光伏及 SVC 的无功出力，可以使得各个节点电压在正常范围内，并具有较好的分布水平。

模拟场景 2：该天下午 15:00 时，由于云的遮挡，节点 1 的光伏出力由 1.1MW 降低到 0.99MW，其余节点光伏出力由 0.77MW 降低到 0.66MW。并且此时负荷水平较日前计划预测的 15:00 的负荷水平有所增加，导致部分节点电压越下限。计算结果如图 6-10

所示。

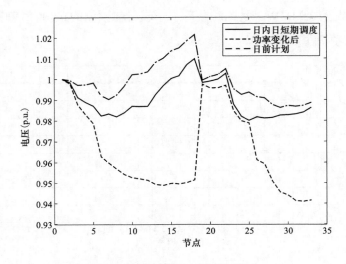

图 6-10　模拟场景 2 节点电压

　　结果分析可知，系统功率变化后，30、31、32、33 节点的电压越下限。日内短期调度根据更新的数据信息，获取光伏及 SVC 的无功校正值，使优化后系统具有良好的电压水平。

7

分布式光伏配电网多电压等级运行控制

针对大规模光伏发电接入配电网，本章首先分析了不同电压控制架构的优劣；针对配电网的实际运行需求，提出多电压等级配电网分层协同控制架构，并对底层的低压配电网就地控制策略和中压配电网分布式协调控制策略进行详细介绍和仿真验证。

7.1　多电压等级分层协调控制架构

根据配电网通信架构的不同，电压控制方式可分为三大类：就地控制、集中式控制和分布式控制。三类控制方式的控制架构分别如图 7-1 所示。

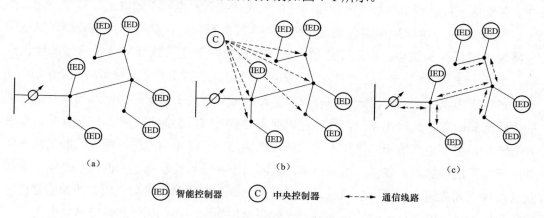

图 7-1　三类控制方式的控制架构示意图

在就地电压控制中，智能控制器（intelligent electronic devices，IED）仅利用就地量测信息进行电压控制。就地控制算法可以对分布式电源的波动做出快速响应，且不会受通信系统故障所影响。但是，就地控制算法由于没有考虑配电系统中各个可控设备之间的协调，无法实现对配电系统内所有分布式可控资源充分、高效和灵活的利用。因此，就地控制无法保障得到全局最优解，且容易引起弃光，降低了能源的利用率。

在集中式电压控制中，中央控制器根据全网的量测信息进行全局优化，并将优化结

73

果以指令的形式下达给各个 IED。集中式电压控制以系统全局优化为目标，利用中央控制器对配电网中各个节点的电压参数、电流参数等进行量测采集，并将采集数据通过通信设备上传至中央控制器；随后，中央控制器通过大量的优化计算，对配电系统中的变压器分接头位置、分布式电源的出力，以及负荷功率等进行统一地调配，以实现全局的目标优化。虽然集中式协调优化控制算法可以实现对全网资源的统一调配，但存在诸多不足：①分布式电源的大规模接入使得所需的测量和采集数据量大幅度增加，大大加重了通信系统的负担；②完整的集中式协调控制系统需要安装大量测、通信和监控设备，投资较高；③中央控制器在接收全网数据和大量优化计算后，方可做出全局策略。

在分布式电压控制中，各个 IED 根据就地信息与其他就地信息，以及与其他 IED 的通信信息对系统进行控制。配电系统中的分布式算法通常将整个配电系统分成若干个子区域，通过子区域内部的自治控制和各个子区域之间的通信协作，实现对整个配电系统的协调控制与目标优化。与集中式算法相比，由于分布式算法中不存在对整体配电系统进行量测采集、数据传输和优化计算的中央控制单元，而是将配电系统分为若干子区域，每个子区域由对应的控制单元进行量测采集与内部优化，大大减少了每个控制单元的量测采集量和计算量。此外，各个子区域之间实施并行优化，提高了控制系统的响应速度和算法的易拓展性。

在上述三类控制架构基础上，针对含高渗透分布式光伏的区域配电网，本书所述的分层分级电压控制框架，解决大规模、分散式光伏接入配电网引起的电压越限问题。图 7-2 所示为多电压等级配电网区域电压分层协同控制框架，由底层向上层分别为低压配电网就地电压控制策略、中压馈线层分布式协调控制策略、馈线层分区分布式优化策略、变电站与多馈线协同优化策略，以及高-中压配电网分层分布式优化策略五个层级。

多电压等级配电网电压分层协同控制框架基于分布式多代理思想，通过各智能代理的逻辑运算或集中优化计算，以及智能代理间的有限数据交换和分布式优化计算，实现 400V～110kV 多电压等级的电压稳定和经济优化运行。其中最底层的两项控制策略不依赖于配电网的最优潮流建模，而只需实际量测数据和就地控制器之间的通信协调，因而具有较快的响应速度；而上层的三项优化策略依赖于配电网最优潮流模型的精确建模，属于分钟级以上的优化调度。下面分别对每一层级的控制和优化策略进行简要说明。

（1）低压配电网就地电压控制策略。该策略利用就地控制器对配变分接头挡位和分布式光伏的无功输出功率进行实时调节，实现低压配电网的就地电压控制。

（2）馈线层分布式协调控制策略。该策略将每个光伏安装节点作为一个 Agent，通过同馈线上相邻 Agents 之间的通信协调，实现分布式光伏的无功协调补偿和有功优化缩减，发挥同馈线上分布式光伏的无功电压支撑，快速消除节点电压越限。

（3）馈线层分区分布式优化策略。该策略以线路调压器为边界将 10kV 长馈线进行分区，并利用各分区区域控制器间的数据通信和分布式优化迭代计算实现馈线级电压优化控制，调度对象为线路调压器、分布式光伏的有功和无功输出功率。

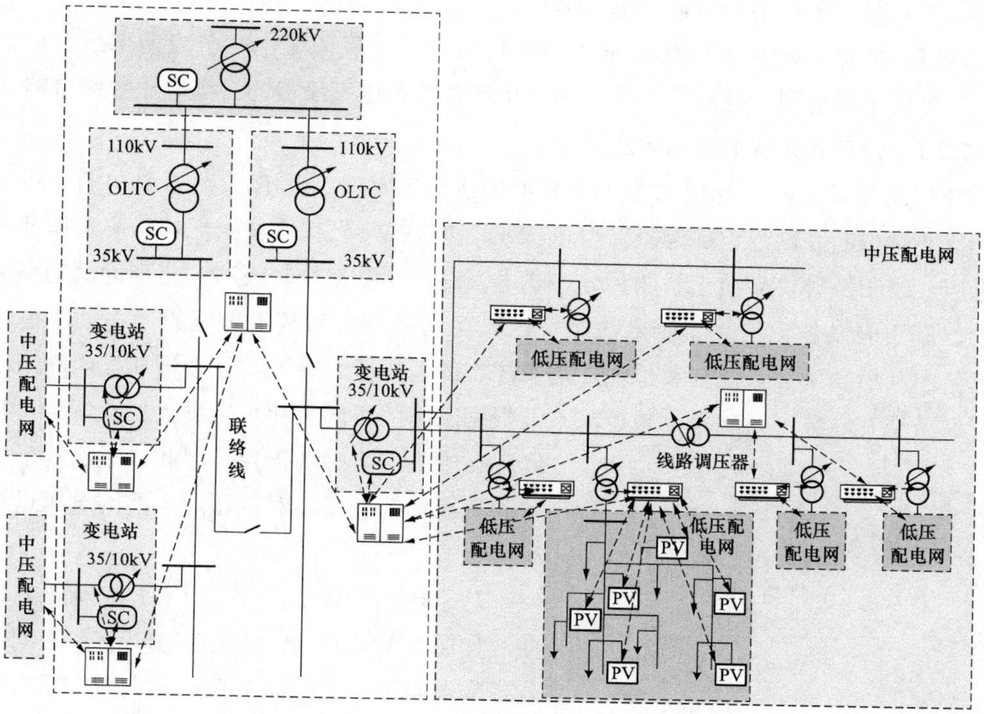

图 7-2　多电压等级配电网区域电压分层协同控制框架

（4）变电站与多馈线协同优化策略。该策略基于量化指标体系和安全运行约束，通过集中优化调度实现变电站级的全局优化调度，在维持电压稳定的情况下最小化网络损耗及调压成本，调度对象包括线路调压器、分布式光伏、35kV 有载调压变、电容器组等。

（5）高-中压配电网分层分布式优化策略。该策略为最上层的调度，利用多 35kV 变电站与上层高压配电网间的无功电压相互支撑，避免高渗透分布式光伏配电网的光伏发电损失，并实现多电压等级配电网的全局经济优化运行。

低压配电网就地电压控制策略和馈线层分布式协调控制策略仅依赖实际电网的量测数据，以及控制代理与光伏之间的通信指令或控制代理间的分布式通信，而不依赖于配电网的精确优化模型和优化算法。本章后两节将对两种控制策略及其仿真结果进行详细介绍，而其他层级的优化策略将在后两章再进行详细说明。

7.2　低压配电网就地电压控制策略

分布式光伏的大规模接入使得传统的无源网络变为功率双向流动的有源网络，引起并网点电压升高，并可能使电压超过规定的上限。传统配电网主要通过有载调压变压器和电容器，即可使网络中各节点电压运行在一定的范围内。但随着分布式光伏的大规模接入，基于本地量测信息的传统电压控制设备并不能保证配电网节点的电压合格，据此，针对低压配电网，提出一种分布式光伏和有载调压变压器的协同电压控制策略。

7.2.1 分布式光伏的无功电压控制

光伏逆变器在其有功出力小于逆变器的额定容量时，具有一定的无功调节裕度，若光伏并网引起并网点电压越限，可以按照图 7-3 控制光伏逆变器无功功率来调节并网点电压。德国能源协会给出了四种分布式电源的无功功率控制策略，分别为恒功率因数控制、基于有功输出的功率因数控制、恒无功功率控制和基于电压的无功功率控制策略。其中，恒功率因数控制和恒无功功率控制的调压能力有限，且会增加配电网网络损耗，而基于有功输出的功率因数控制不能根据网络的不同负荷水平进行相应调整，从而同样会增加网络有功损耗。因此，采用基于电压的无功功率控制策略对低压配电网的电压进行实时控制。

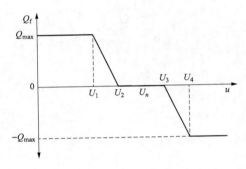

图 7-3 $Q(U)$ 控制策略特性曲线

基于电压的无功功率 $Q(U)$ 控制策略特性曲线如图 7-3 所示。当电压在 U_1 和 U_2 之间，光伏逆变器发出一定的无功功率来支撑电网电压；当电压在 U_2 和 U_3 之间，光伏逆变器以单位功率因数并网；当电压在 U_3 和 U_4 之间，光伏逆变器吸收一定的无功功率来限制电网电压升离。$Q(U)$ 控制策略与基于有功输出的功率因数控制策略相比，可以避免电网电压未越限时，光伏逆变器吸收无功功率的缺点。

依据图 7-3 的关系确定光伏变流器的无功参考功率 Q_{ref}。单台光伏逆变器无功容量上限 Q_{max} 由光伏容量 S_{PV}、有功平均输出功率 P_G 和功率因数下限 PF_{min} 共同确定，即

$$Q_{max} = \text{Min}\{P_G \times \tan(\arccos PF_{min}), \sqrt{S_{PV}^2 - P_G^2}\} \tag{7-1}$$

如果台区内分布式光伏并网点电压发生越限时，台区就地控制器可以采集各个光伏变流器并网点处的电压，依据图 7-3 获得的 Q_{ref} 下发给光伏逆变器，进行无功功率调节，从而改善线路上电压越限的情况。

7.2.2 有载调压变压器的电压调节

在变压器一次侧电压不变的情况下，通过改变有载调压变压器（On load tap changer，OLTC）的分接头，可使变压器二次侧电压保持在安全运行的范围内，如式（7-2）所示。有载调压变压器工作原理图如图 7-4 所示。

$$U_{LB} \leq U_0 \leq U_{UB} \tag{7-2}$$

式中：U_{LB} 为下限电压；U_{UB} 为上限电压。

上限 U_{LB}、下限 U_{UB} 电压一般取

$$U_{\mathrm{LB}} = U_{\mathrm{set}} - 0.5U_{\mathrm{DB}} \tag{7-3}$$
$$U_{\mathrm{UB}} = U_{\mathrm{set}} + 0.5U_{\mathrm{DB}} \tag{7-4}$$

式中：U_{set} 为设定电压值；U_{DB} 为动作死区，对应相邻两挡位下二次侧电压的偏差。

有载调压变压器的分接头是离散元件，需要一定的死区来避免分接头发生振荡；同时，设置了动作延时 T_{delay}，在电压短时变化时分接头不动作，这将减少分接头的动作次数，提高分接头的使用寿命。台区控制器通过比较测量电压与电压设定值，得到电压差值。若电压差值大于设定的动作死区，则延时计时器进行计时。此时若电压差值重新回到死区范围内，延时计时器重置，当延时计时器计时达到设定的动作延时后，台区控制器发出分接头动作命令。

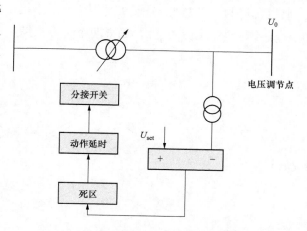

图 7-4　有载调压变压器工作原理图

分布式光伏的大规模接入将对低压配电网的电压分布造成影响，线路电压从配变出口至负荷节点不再是单调变化。为使低压配电网节点电压维持在正常运行范围内，提出基于关键节点电压的有载调压变压器调压策略，其基本思路如图 7-5 所示。

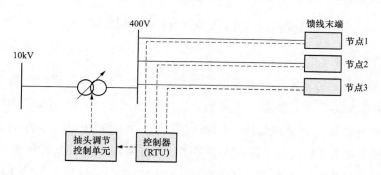

图 7-5　基于远程监控的示意图

电压监测装置安装在低压馈线的关键节点，即台区配电网的光伏并网处。这些设备将电压发送到位于台区变压器处的远程终端单元（remote terminal unit，RTU），即台区的控制器。在这种情况下，控制器根据低压线路整体电压获得下发的指令，然后向抽头变换器控制器发送指令，最终解决存在的电压问题。

在该控制策略下，设定的电压值根据台区内测得的各馈线末端节点电压而改变，即根据实际量测值，设定的电压值可能频繁地改变。有载调压变压器控制算法流程图如图

7-6 所示。当量测得到的馈线电压最大值 U_{max} 大于上限电压值 U_{upper} 且时间大于设定的动作延时 T_{delay} 时，此时判断分接头是否达到分接头最大挡位 $ntap_{max}$ 且分接头动作后馈线电压最小值 U_{min} 不越电压下限 U_{lower}，如果四个条件都满足，则变压器分接头上调一档；当估计得到的馈线电压最小值 U_{min} 小于电压下限值 U_{lower} 且时间大于设定的动作延时 T_{delay} 时，此时判断分接头是否达到最小挡位 $ntap_{min}$ 且分接头动作后馈线电压最大值 U_{max} 不越电压上限 U_{upper}，如果四个条件都满足，则变压器分接头下调一档。

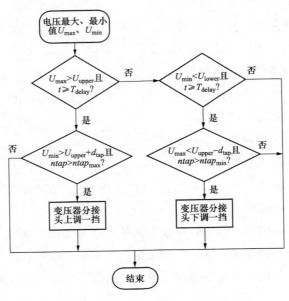

图 7-6　自动电压控制继电器控制算法流程图

7.2.3　仿真算例

为验证变电站无功电压综合控制的有效性，在 PSCAD 仿真平台上搭建了一个含三条馈线的简单变电站模型，如图 7-7 所示。变电站的调压设备包括有载调压变压器分接头和三组并联电容器。假定该低压配电网的电压运行上限为 1.07p.u.，而有载调压变压器动作的电压上限为 1.065p.u.（即低压关键节点电压超过 1.065p.u.，抽头就动作）。三条馈线具有三种不同的光伏渗透率，以表现配变就地控制的统筹性。馈线 1 的光伏输出功率远大于该馈线上的负荷需求，光伏最大总发电功率为 4.4MW，负荷功率为 0.44MW，模拟配电网电压越限线路；馈线 2 不含光伏，负荷功率为 0.48MW，模拟重载低压线路；馈线 3 含有适当容量的光伏逆变器，光伏最大总发电功率为 1.584MW，负荷功率为 0.26MW，模拟中间电压状况的线路。搭建三条不同光伏渗透率的馈线，有利于模拟实际配电网一个配变下多条馈线的不同电压水平。在调节变压器分接头时需综合考虑所有馈线的不同电压水平，避免变压站在解决个别线路电压越限问题时造成其他线路电压越下限。

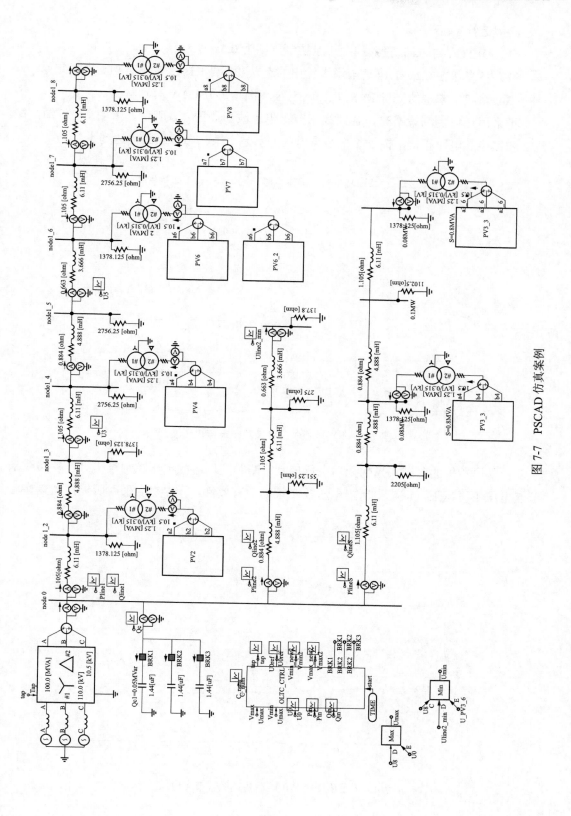

图 7-7 PSCAD 仿真案例

具体运行工况为：

（1）OLTC 在 0.5s 时投入控制，且控制周期为 0.5s；

（2）各光伏在 0.3～1.1s 逐渐增大输出的有功功率，1.1s 后输出有功功率恒定；

（3）馈线 1 末端的光伏 PV8 在 1.0～1.1s 逐渐增加 0.4MW 有功输出。

不采用任何控制策略时，各馈线末节点电压波形如图 7-8 所示。由图 7-8 可知，馈线 2 和馈线 3 电压正常，馈线 1 末节点电压严重越上限，电压最大值达到 1.1。

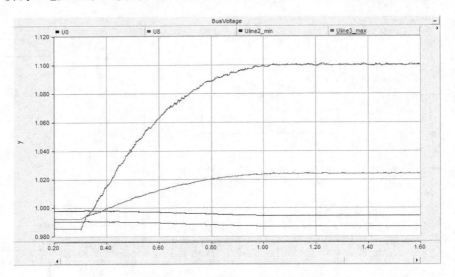

图 7-8　不采用控制时各馈线末节点电压波形

当采用所提的分布式光伏无功电压控制策略和变压器的电压控制策略时，各馈线末节点电压不再越限，证明了所提电压控制策略的有效性。图 7-9 为采用所提控制策略后

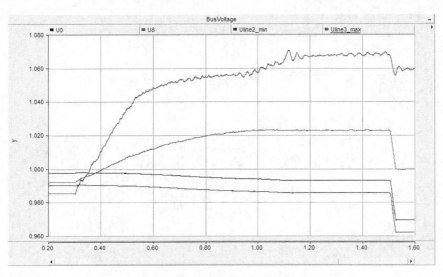

图 7-9　采用所提控制策略后各馈线末节点电压波形

各线路末端节点电压波形，仿真过程详细说明如下：

0.52s 时：馈线 1 的 8 节点电压超过 1.04，该节点的分布式光伏启动就地无功补偿，使得该节点电压幅值的上升速度下降；

1.5s 时：$V_{max} > 1.065U_N$，台区控制器通过提高有载调压变压器的分接头值至 1.025，使得 8 节点电压降至 1.06。

仿真结果表明，所提出的就地电压控制策略能够有效地解决馈线电压越限。

7.3　中压馈线层分布式协调控制策略

本书在深入分析分布式光伏系统电压调节能力的基础上，提出了馈线层分布式协调控制策略，通过同一馈线上光伏系统的无功协调补偿和有功优化缩减实现并网点电压的低成本快速控制。

7.3.1　控制策略

（1）就地电压自治控制器的就地预防控制。10kV 馈线上各光伏装机用户作为一个电压自治控制区域，并配置有相应的本地就地电压自治控制器。各光伏用户的电压自治控制系统通过实时量测公共连接点电压和控制区域内光伏逆变器的输出功率，计算和控制所有光伏逆变器的输出有功和无功功率。电压自治控制系统控制本地光伏逆变器的有功功率跟随最大功率点，同时调节其输出无功功率以预防和抑制并网点电压越限。各光伏逆变器的无功补偿量 Q_f 与公共连接点电压 u 的关系如图 7-10 所示。

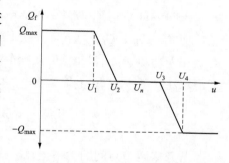

图 7-10　就地预防控制的无功补偿量

图 7-10 中，U_n 为公共连接点的额定电压幅值；U_4、U_1 为馈线电压的允许运行上、下限；U_3、U_2 为电压自治控制系统开始进行本地无功功率补偿的临界电压值。当节点电压在理想运行范围 $[U_2, U_3]$ 内时，所有光伏逆变器的无功补偿量为零；而当节点电压过高但尚未越限 $u \in [U_3, U_4]$ 时，电压自治控制系统控制光伏逆变器吸收感性无功，以抑制所在节点电压越上限；当节点电压大于正常运行上限值 U_4 时，光伏逆变器吸收感性无功功率为无功容量上限 Q_{max}。

其中，光伏的无功容量上限值 Q_{max} 由光伏输出的有功功率决定，并受光伏容量和功率因数的限制。

$$Q_{max} = \min\{P_{MPP} \times \tan(\arccos PF_{min}), \sqrt{S_{PV}^2 - P_{MPP}^2}\} \tag{7-5}$$

式中：P_{MPP} 为某时刻光伏逆变器输出有功功率的最大值；PF_{min} 为光伏输出功率的最小功率因数；S_{PV} 为光伏逆变器的安装容量。

光伏用户的电压自治控制系统在基于公共连接点电压幅值进行就地预防控制的同时，还需向馈线区域协调控制器发送本光伏用户的电压和输出功率等信息，并配合区域协调控制器下发的控制指令，对本地光伏逆变器的输出有功和无功功率进行调节。

（2）就地电压自治控制器的分布式无功协调控制。针对高渗透率分布式光伏接入引起的线路过电压，就地无功补偿虽然能在一定程度上抑制光伏并网点过电压的发生，但是并不能完全消除高渗透率分布式光伏发电造成的过电压。此时，需要考虑利用区域内其他光伏逆变器的无功协调补偿或有功优化缩减来共同解决线路过电压问题。各光伏逆变器间的协调配合可通过各就地电压自治控制器的分布式通信实现。图7-11所示为一条简化的配电网线路。

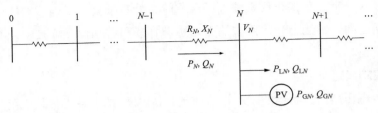

图 7-11　简化的配电网馈线

在图7-11中：V_N为节点N的电压值；P_N、Q_N表示从上游节点流入节点N的有功和无功功率；P_{GN}、Q_{GN}为节点N光伏输出的有功和无功功率；P_{LN}、Q_{LN}为节点N负荷的有功和无功功率；R_N、X_N表示上游节点与节点N间线路的电阻和电抗值。根据DistFlow潮流算法，节点N与节点$N{-}1$电压的关系可表示为

$$V_{N-1}^2 = V_N^2 + 2(P_N R_N + Q_N X_N) + (R_N^2 + X_N^2)\frac{P_N^2 + Q_N^2}{V_N^2} \tag{7-6}$$

若忽略两节点间的功率损耗，式（7-6）可简化为

$$V_{N-1}^2 = V_N^2 + 2(P_N R_N + Q_N X_N) \tag{7-7}$$

对上游各节点对应的公式进行叠加，可得

$$V_N^2 = V_0^2 - 2\sum_{n=1}^{N}(P_n R_n + Q_n X_n) \tag{7-8}$$

假设线路首端节点电压V_0恒定不变，由式（7-8）可知，节点N的电压与首节点到该节点所有供电路径上流动的功率有关。当分布式光伏发电功率大于负荷需求时，供电线路上的倒送功率会抬升光伏并网节点的电压，甚至引起过电压。

针对高渗透率光伏引起的线路过电压，光伏系统调节电压主要通过减小线路上有功功率倒送和增大感性无功功率流动两种方式实现，要做到这两点，光伏系统需要缩减有功功率输出和加大无功功率需求。

若保持N节点上游光伏系统有功和无功输出功率不变而改变节点N或其下游某一节

82

点 j 的光伏输出有功和无功功率，假定有功缩减变化量和无功补偿变化量分别为 ΔP_G 和 ΔQ_G，则支路 $1\sim N$ 流过的功率会相应变化，其变化量为 $\Delta P_1=\Delta P_2=\cdots=\Delta P_N=\Delta P_G$ 和 $\Delta Q_1=\Delta Q_2=\cdots=\Delta Q_N=\Delta Q_G$。由式（7-8）可知，节点 N 的电压将由 V_{N1}^0 降为 V_{N1}，满足

$$(V_{N1})^2=(V_{N1}^0)^2-2\Delta P_G\sum_{n=1}^N R_n-2\Delta Q_G\sum_{n=1}^N X_n \tag{7-9}$$

若保持 N 节点及其下游光伏输出有功和无功功率不变而改变上游节点 i 的光伏输出功率，有功缩减变化量和无功补偿变化量为 ΔP_G 和 ΔQ_G，则有 $\Delta P_1=\Delta P_2=\cdots=\Delta P_i=\Delta P_G$ 和 $\Delta Q_1=\Delta Q_2=\cdots=\Delta Q_i=\Delta Q_G$，节点 N 的电压将由 V_{N2}^0 降为 V_{N2}，且满足

$$(V_{N2})^2=(V_{N2}^0)^2-2\Delta P_G\sum_{n=1}^i R_n-2\Delta Q_G\sum_{n=1}^i X_n \tag{7-10}$$

令 $C_j=(V_{N1}^0)^2-(V_{N1})^2$，$C_i=(V_{N2}^0)^2-(V_{N2})^2$，则由式（7-9）和式（7-10）可知

$$C_j-C_i=2\Delta P_G\sum_{n=i+1}^N R_n+2\Delta Q_G\sum_{n=i+1}^N X_n \tag{7-11}$$

若 $\Delta P_G>0$ 和 $\Delta Q_G>0$，则知

$$C_j-C_i>0 \tag{7-12}$$

上述推导表明，当 N 节点的上游某一节点和下游某一节点发生等量的有功缩减 ΔP_G 和无功补偿量变化 ΔQ_G 时，下游节点对 N 节点电压的调节能力更强。另外，有功功率和无功功率增量对节点电压的调节能力与线路电阻和电抗值有关，单位长度的电阻越大，有功功率对电压调节能力越强，电抗越大，无功功率的调压能力越强。因为缩减光伏逆变器有功输出会影响光伏的发电效益，所以应采用先无功协调后有功缩减的控制顺序进行电压控制。

由前述分析可知，过电压点下游光伏的单位无功功率调压效果优于上游光伏的，故过电压节点的就地电压自治控制器根据节点间的上下游关系，优先向下游光伏用户的就地电压自治控制器请求无功协调补偿，下游所有光伏的无功容量用尽仍不能完全解决过电压，再向过电压节点上游的就地电压自治控制器请求无功协调补偿。以馈线上 N 节点电压越上限为例，对区域协调控制器的无功协调补偿控制逻辑进行阐述，如图 7-12 所示。

当节点 N 出现过电压，根据式（7-9），下游节点 $N+1$ 在利用光伏补偿无功降低 N 节点的电压 V_N 时，光伏的有功缩减量 $\Delta P_{GN+1}=0$，无功补偿功率增量 ΔQ_{GN+1} 可由式（7-13）计算。式（7-9）中，U_4 为馈线电压的允许运行上限，其值为 1.07；$\sum_{n=1}^N X_n$ 为就地电压自治控制器预存的节点 N 至馈线供电首节点的线路总电抗值。

$$\Delta Q_{GN+1}=0.5\times(V_N^2-U_4^2)/\sum_{n=1}^N X_n \tag{7-13}$$

若节点 $N+1$ 的光伏逆变器的无功剩余容量 Q_{N+1}^L 大于等于 ΔQ_{GN+1}，则节点 $N+1$ 就地

电压自治控制器控制本地光伏逆变器多补偿无功功率 ΔQ_{GN+1}，而线路上其他光伏的无功协调补偿增量为零。

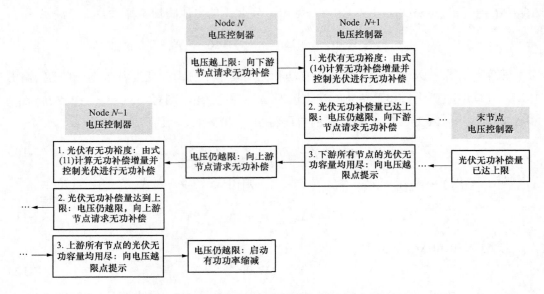

图 7-12　就地电压自治控制器的无功协调控制逻辑

若节点 N+1 的光伏逆变器的无功剩余容量 Q^L_{N+1} 小于 ΔQ_{GN+1}，则节点 N+1 就地电压自治控制器向下游节点 N+2 的就地电压自治控制器请求无功补偿，节点 N+2 的就地电压自治控制器计算所需的无功补偿功率增量 ΔQ_{GN+2}，满足式（7-14），即

$$\Delta Q_{GN+2} = 0.5 \times (V_N^2 - U_4^{\,2}) / \sum_{n=1}^{N} X_n - Q^L_{N+1} \qquad (7\text{-}14)$$

若节点 N+2 的光伏逆变器的无功剩余容量 Q^L_{N+2} 大于等于 ΔQ_{GN+2}，则节点 N+1 的电压自治控制系统控制本地光伏逆变器增加无功补偿量 Q^L_{N+1}，节点 N+2 的电压自治控制系统控制本地光伏逆变器增加无功补偿量 ΔQ_{GN+2}，而其他光伏逆变器的无功协调补偿增量为零。

若下游所有光伏用户的无功剩余容量全部用尽过电压依旧存在，则区域协调控制器需考虑利用过电压节点上游光伏用户的剩余无功容量参与电压调节。下游所有光伏节点的无功剩余容量全部参与无功协调补偿后，节点 N 的电压 V_N 降为 V_N^*，两者满足式（7-15）所示关系，即

$$(V_N^*)^2 = V_N^2 - 2 \times \sum_{n=1}^{N} X_n \times \sum_{m=N+1}^{M} Q^L_m \qquad (7\text{-}15)$$

式中：M 为该条馈线的末节点编号。

上游节点 N–1 在利用本地光伏补偿无功以降低 N 节点的电压 V_N^* 时，光伏的有功缩减量 $\Delta P_{GN-1}=0$，无功补偿功率增量 ΔQ_{GN-1} 可由式（7-16）计算，依次类推。

$$\Delta Q_{GN-1} = 0.5 \times [(V_N^\star)^2 - U_4^2] / \sum_{n=1}^{N-1} X_n \qquad (7\text{-}16)$$

若区域内所有光伏用户的无功剩余容量全部用尽仍未解决线路过电压,则区域协调控制器进行分布式光伏的有功优化缩减。

(3)就地电压自治控制器的分布式有功优化缩减。分布式有功优化缩减策略为,各就地电压自治控制器基于本地量测和分布式通信数据,计算本地光伏定量有功缩减对过电压节点的调压能力指标,并通信交流上下游最大调压能力指标,最后调压能力最强的就地电压自治控制器缩减本地光伏逆变器的有功功率。

当缩减光伏的有功输出功率 ΔP_G 时,光伏无功容量的增量 ΔQ_G 与光伏逆变器的参数有关,即

$$\Delta Q_G = \begin{cases} \sqrt{S_G^2 - (P_G - \Delta P_G)^2} - \sqrt{S_G^2 - P_G^2}, & P_G - \Delta P_G \geqslant PF_{min} \times S_G \\ -\Delta P_G \times \tan(\arccos PF_{min}), & PF_{min} \times S_G \leqslant P_G \\ (P_G - \Delta P_G) \times \tan(\arccos PF_{min}) - \sqrt{S_G^2 - P_G^2}, & \text{其他} \end{cases} \qquad (7\text{-}17)$$

式中: S_G 为光伏逆变器容量; P_G 为光伏输出有功功率; PF_{min} 为光伏功率因数下限,设为 0.95。

根据式(7-9),节点 N 及其下游节点 j 缩减本地光伏的有功功率 ΔP_G 对 N 节点电压的调节能力可由式(7-18)表征,其值越大表明该节点光伏缩减有功 ΔP_G 的调压能力越强。类似地,上游节点 i 缩减本地光伏有功 ΔP_G 对 N 节点的调压能力可由式(7-10)推导,如式(7-19)所示。

$$C_j = (V_N^0)^2 - (V_{N1})^2 = 2\Delta P_G \sum_{n=1}^{N} R_n + 2\Delta Q_G \sum_{n=1}^{N} X_n \qquad (7\text{-}18)$$

$$C_i = (V_N^0)^2 - (V_{N2})^2 = 2\Delta P_G \sum_{n=1}^{i} R_n + 2\Delta Q_G \sum_{n=1}^{i} X_n \qquad (7\text{-}19)$$

分布式有功优化缩减算法主要包含三个过程:

1)启动有功优化缩减:过电压节点的就地电压自治控制器向上、下游就地电压自治控制器发送有功缩减信号和本地电压与位置信息;电压正常节点的就地电压自治控制器接收上(下)游发送的有功缩减信号和过电压信息,并转发给下(上)游就地电压自治控制器。

2)计算调压能力 C 并通信:首节点和末节点的就地电压自治控制器计算本地光伏缩减有功 ΔP_G 的调压能力 C,并分别向下游和上游相邻就地电压自治控制器发送 C 值;中间节点的就地电压自治控制器在收到上(下)游发送的 C 值后,计算本地调压能力 C 并与上(下)游 C 值比较,然后将较大的 C 发送给下(上)游就地电压自治控制器。

3)缩减光伏有功功率:各就地电压自治控制器比较本地 C 与上、下游 C 值,本地 C 值最大的就地电压自治控制器缩减本地光伏的有功功率 ΔP_G。

以一个简单的五节点线路对分布式光伏有功优化缩减算法的具体过程进行说明。假

设节点 2 和节点 4 电压越上限（$V_4 > V_2$）且节点 4 光伏调压能力最强，一个控制周期内各就地电压自治控制器决策的先后顺序为节点 1～节点 5，则分布式有功优化缩减的控制过程如图 7-13 所示。

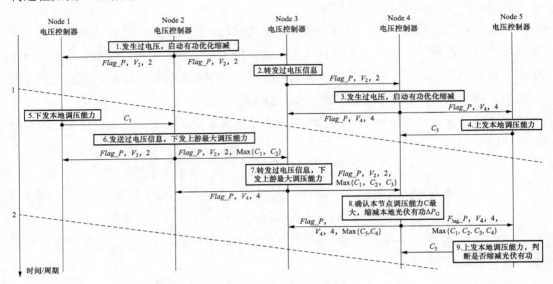

图 7-13　分布式有功优化缩减的控制过程

　　就地电压自治控制器采用分布式无功协调补偿或分布式有功优化缩减使馈线电压恢复正常后，就地电压自治控制器转入功率恢复控制。各就地电压自治控制器检测本地电压低于额定电压的一定比例，且在相当长时间内没有收到相邻节点的无功补偿和有功缩减信号，则降低一定的有功缩减量。当光伏的有功缩减量为零时，再以相同的方法降低光伏的无功补偿量直至就地预防控制的 Q_f 值。

7.3.2　仿真算例

　　以图 7-14 所示调整的 IEEE 33 节点配电系统为例，对所提出的分布式电压控制策略的有效性进行验证。该系统的基准电压和基准容量分别为 V_{Base}=12.66kV，S_{Base}=10MVA。系统中含有 34 个节点，9 个联络开关，可由两个变电站供电但不环网运行。光伏安装点为节点 5、15、18、23、26 和 31，光伏安装容量分别为 1.2、1.6、1.2、0.8、1.3 和 1.5MVA。系统总负荷和光伏总有功输出功率一天 24h 的变化情况如图 7-15 所示。在 10:30～14:00 期间，系统均存在过电压问题。为验证所提控制策略在不同网络拓扑下的适应性，假设 11:30 之后节点 0 对应变电站进行检修，配电自动化系统通过联络开关动作将系统所有负荷转移为由节点 33 对应的变电站供电，并于 4h 后的 15:30 再次将负荷转移回来。11:30～15:30 期间的系统拓扑图及就地电压自治控制器的分布式通信网络如图 7-16 所示。通过仿真计算，在不采用任何控制手段的情况下，系统关键节点 24h 的电压变化曲线如图 7-17 所示。

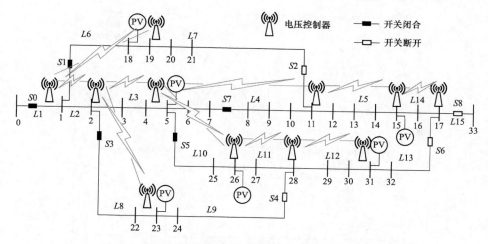

图 7-14　调整的 IEEE 33 节点配电系统分布式通信网络

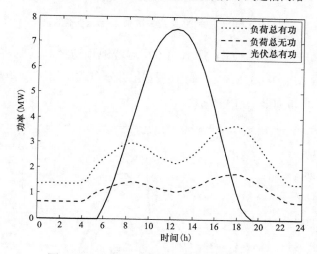

图 7-15　系统内总光伏和负荷日运行曲线

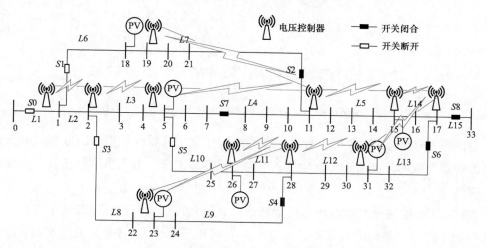

图 7-16　开关动作后的系统拓扑及相应的分布式通信网络

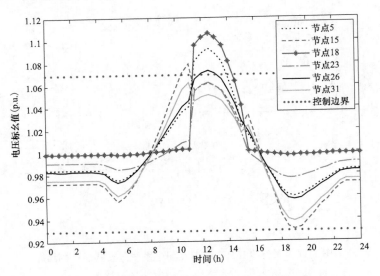

图 7-17　无控制时系统关键节点电压变化曲线

设定分布式电压控制范围为 [0.93，1.07]，就地预防控制的临界电压 U_3=1.06，单次光伏有功缩减量 ΔP_G=0.001MW。采用所提出的分布式电压控制策略后，系统关键节点 24h 的电压变化曲线如图 7-18 所示。

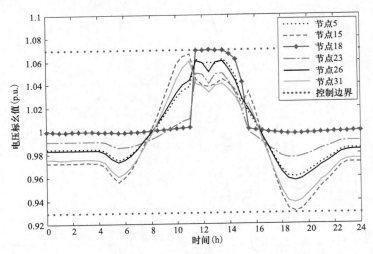

图 7-18　采用所提出控制策略时系统关键节点 24h 电压变化曲线

对比图 7-17 和图 7-18 可以看出，在网络拓扑变化前后，所提出的分布式电压控制策略都能够有效解决高渗透率光伏接入引起的线路过电压，且具备网络拓扑动态变化下的适应性。

选取 12:30 的场景对就地预防控制和分布式紧急控制过程进行详细说明。在不采用任何控制手段时，系统电压最高点为节点 18，其电压幅值为 1.107。采用就地预防控制后，各光伏的有功输出功率、无功容量、无功输出功率和电压幅值如表 7-1 所示。由表

7-1 可以看出，就地预防控制能够改善线路过电压但不能完全消除过电压。

表 7-1　　　　　　12:30 就地控制后光伏的功率和电压信息

节点	5	15	18	23	26	31
有功功率（MW）	1.188	1.584	1.188	0.792	1.287	1.485
无功容量（Mvar）	0.169	0.225	0.169	0.112	0.183	0.211
无功功率（Mvar）	−0.169	0	−0.169	0	−0.097	0
电压幅值（p.u.）	1.074	1.051	1.086	1.055	1.065	1.045

在一个决策周期 T 内，各就地电压自治控制器决策的时间先后顺序分别为节点 1、2、5、11、15、17、18、23、26、28 和 31。在分布式电压控制过程中，关键节点的电压幅值和光伏输出无功功率的变化曲线如图 7-19 和图 7-20 所示。就地预防控制后，节点 18 的控制器因本地过电压且无下游控制器，立即向上游节点 11 的控制器发送无功补偿请求。节点 11 不具备无功调节能力且另一下游支路的光伏无功容量也用尽，故向上游节点 15 的控制器发送无功补偿请求。节点 15 的控制器收到下游的无功补偿请求后控制本地光伏吸收无功功率，当无功容量用尽无法消除过电压时，又向上游节点 17 的控制器发送无功补偿请求。节点 17 不具备无功调节能力，就向另一下游支路上节点 31 的下游控制器发送无功补偿请求，依次类推。直至第 10 个周期，所有光伏节点的无功容量均用尽。节点 18 的就地电压自治控制器在收到上游控制器发来的无功用尽信号后，因本地过电压依旧存在而启动分布式有功优化缩减控制。

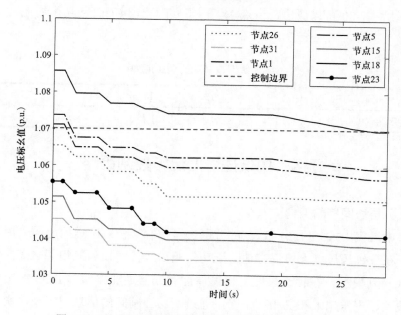

图 7-19　分布式电压控制过程中关键节点电压变化曲线

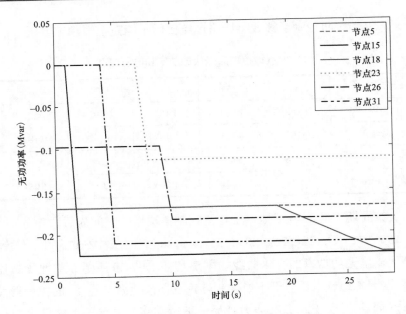

图 7-20 分布式电压控制过程中各光伏输出无功功率曲线

在收到有功缩减信号后，各就地电压自治控制器基于上、下游传输的过电压信息，计算本地光伏缩减有功 ΔP_G 对过电压节点的电压调节能力 C，如表 7-2 所示。通过分布式通信，各代理获得上、下游的最大电压调节能力并与本地调压能力指标相比较，最终调压能力最强的节点 18 缩减本地光伏有功功率 0.001MW。由图 7-19 可以看出，节点 18 在多次缩减光伏有功功率后，系统所有节点的电压恢复正常，分布式电压控制退出紧急控制模式。由图 7-20 可以看出，节点 18 在缩减本地光伏的有功功率后无功补偿量进一步增大。

表 7-2 各光伏缩减有功的调压能力

光伏节点	5	15	18	23	26	31
调压能力 $C/10^{-4}$	7.11	4.18	11.79	1.96	1.98	1.98

7.4 中低压协同运行控制策略

7.4.1 分层协同控制架构

采用"中压集中式–低压分布式"的分层协调控制架构；中压配电网采用集中式优化控制模型，在分钟级尺度上协调有功、无功资源以改善网损和三相不平衡；低压配电网采用分布式控制模型，在秒级尺度上协调储能和光伏逆变器跟踪 PCC 参考功率，同时抑制功率波动、电压越限和三相不平衡；通过两层控制间的信息交互策略实现控制时间尺度协调。图 7-21 为中、低压配电网分层控制架构。

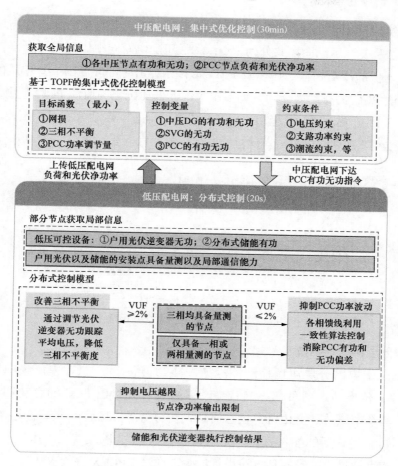

图 7-21　中、低压配电网分层控制架构

（1）中压集中控制层。首先，中压集中控制单元获取各中压节点的状态信息，包括 PCC 处低压负荷和户用光伏的净功率信息；其次，中压配电网以网损、三相不平衡度和 PCC 功率调节量最小为目标函数，以中压分布式发电（distribution generation，DG）、静止无功发生器及 PCC 等的有功无功为控制变量，基于三相最优潮流建立优化模型并求解；最后，将控制指令传递至各中压节点。需要特别说明的是，中压 DG（如中压光伏电站）通常具备一定的有功和无功控制能力，并网点有功和无功通常较为稳定，可以看作没有波动干扰。

（2）低压分布式控制层。低压分布式控制模型的控制目标包括 PCC 功率跟踪与波动抑制、改善节点三相不平衡和抑制电压越限。对于不具备三相量测能力的节点，仅参与"PCC 功率跟踪与波动抑制"；对于具备三相量测能力的节点，根据量测的电压不平衡度，自适应选择控制目标，"改善节点三相不平衡"或"PCC 功率跟踪与波动抑制"。最后，通过限制低压节点各相净功率输出，进而限制节点电压变化范围避免电压越限。

（3）中、低压信息交互机制与时间尺度协调。中、低压配电网的协调纽带是 PCC，协调机制的实现需要信息交互与时间尺度的配合。图 7-22 是中、低压配电网在各自时间尺度下的信息交互示意图，共分为 3 步：①低压配电网向中压配电网上传 PCC 处低压负荷和户用光伏的净功率信息，以及 PCC 处的有功无功可调范围；②中压配电网向低压配电网下达 PCC 的有功（无功）调节指令；③低压配电网监测 PCC 量测值与指令值的差值，一旦 PCC 实测有功（无功）与指令值有差异，则启动分布式控制，可控单元根据分布式一致性算法获取自身应当承担的控制任务，直至消除 PCC 的有功和无功偏差。

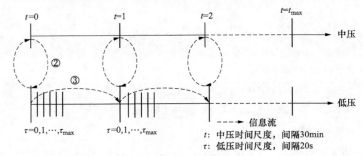

图 7-22   中低压配电网信息交互示意图

7.4.2   分层协调控制技术

中、低压配电网分层协调控制流程如图 7-23 所示。在执行中压集中式优化控制前，PCC 须上传本节点的负荷、光伏净功率数据，并给出 PCC 的有功和无功可调范围；同时，其余中压节点上传自身状态信息。获得全网信息后，中压配电网执行集中式优化控制，再将优化后的参考有功、无功传回到给 PCC 以及其余中压节点。中压集中式优化控制模型通过二阶锥规划方法进行松弛，通过 CPLEX 进行求解。

PCC 接收来自中压的参考有功和无功后启动低压分布式控制。低压三个部分的控制模型不能直接求解，为了避免控制冲突，设计了多目标自适应协调策略以完善求解过程：

（1）根据量测能力和指标状态判断控制目标。低压配电网混合了单相、两相和三相量测。在模型求解过程中，不具备三相量测能力的节点仅参与"PCC 功率跟踪与波动抑制"，不参与"改善节点三相不平衡"；具备三相量测能力的节点，若 VUF＞2%，则参与"改善节点三相不平衡"，屏蔽"PCC 功率跟踪与波动抑制"的控制信号；若 VUF＜2%，参与"PCC 功率跟踪与波动抑制"且屏蔽"改善节点三相不平衡"的控制信号。这样设计的优势在于，保证了一个控制元件不会同时执行两个控制任务，而是根据网络的指标状态判断和选择控制目标。

（2）根据指标的重要程度设定控制目标优先级。从图 7-23 可知，后执行任务可以对先执行的任务进行一定的修改和调整，因此控制优先级的顺序从高到低为设备容量约束、抑制电压越限、改善三相不平衡、PCC 功率跟踪与波动抑制（最后两项优先级相同）。抑制电压越限优先级较高的主要原因为电压越限是制约光伏并网的首要因素。这样设计的好处在于，在控制输出冲突的情况下，可以优先满足重要的控制指标。低压分布式控制部分，"PCC 功率跟踪与波动抑制"模型通过分布式一致性算法求解，"改善节点三相不平衡"模型解析计算即可求解，"抑制电压越限"模型中的净功率输出限制值通过模特卡罗模拟或最优潮流获得。

最后，中、低压配电网分别在分钟级和秒级时间尺度上进行控制，完成分层协调控制任务。

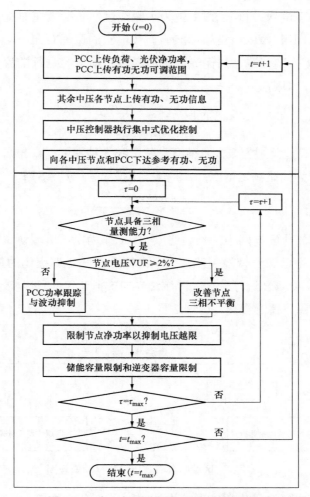

图 7-23　中、低压分层协调控制执行流程

7.5　各电压等级配电网优化调度模型

7.5.1　馈线层分区分布式优化模型

馈线层分区分布式优化策略以线路调压器为边界，将 10kV 长馈线进行分区，并利用各分区区域控制器间的数据通信和分布式优化迭代计算实现馈线级电压优化控制，调度对象为线路调压器、分布式光伏的有功和无功输出功率等。

7.5.1.1　区域划分与边界信息交互

在分布式优化中，因为区域的局部数据分布于网络的各个节点且无中央控制器，所以局部目标函数和局部可行解集不能被其他区域共享，但是优化问题又存在耦合的决策变量或全局耦合的约束，因而区域之间的相互合作即局部信息的相互分享对于实现分布式优化是必不可少的。信息分享模型包括区域之间的信息分享关系和信息分享内容两大部分。

在传统长线路配电网中接入 SVR 是为了馈线远端负荷较重时提高电压水平、改善电能质量。因此，利用 SVR 抽头动作能够调节电压的原理对配电网长线路进行区域划分。为了确定 SVR 安装位置，按无光照时的最大负荷情况进行潮流计算，电压损失率不超过某一设定值，即满足

$$\frac{P_{max}^l \cdot (r_0 l) + Q_{max}^l \cdot (x_0 l)}{U \cdot U} \leqslant \Delta U \tag{7-20}$$

式中：P_{max}^l 和 Q_{max}^l 分别为最大负荷有功功率和无功功率；r_0 和 x_0 分别为线路单位长度电阻和电抗；U 为线路额定电压；ΔU 为电压损失率；l 为 SVR 安装点距离。由此得

$$l \leqslant \frac{\Delta U \cdot U^2}{P_{max}^l \cdot r + Q_{max}^l \cdot x_0} \tag{7-21}$$

高渗透分布式光伏配电网中的长线路以 SVR 作为电压区域协调控制的分区边界，每个区域内设置一个区域协调控制器，区域之间分布式协调优化的基本原理如图 7-24 所示。图 7-24 中，以 SVR 进行分区，区域边界的虚拟节点信息以*表示。相邻区域在网络分离的基础上按照下述过程交互区域边界信息。

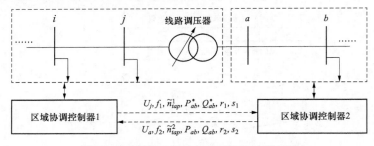

图 7-24　区域间分布式协调优化的原理图

（1）经过区域内自治优化后，区域协调控制器 1 将虚拟有功负荷 P_{ab}^*、虚拟无功负荷 Q_{ab}^*、原始残差 r_1 和对偶残差 s_1 发送给区域协调控制器 2；区域协调控制器 2 将区域间有功传输功率 P_{ab}、区域间无功传输功率 Q_{ab}、原始残差 r_2 和对偶残差 s_2 发送给区域协调控制器 1。区域控制器根据接收到的信息进行新一轮内部优化，直至原始残差和对偶残差减小至设定阈值以内。

（2）迭代收敛后，区域协调控制器 1 将 SVR 一次侧电压 U_j 和本区域及上游的目标函数 f_1 发送给区域协调控制器 2；区域协调控制器 2 将 SVR 二次侧电压 U_a 和本区域及下游的目标函数 f_2 发送给区域协调控制器 1。区域控制器根据电压比值计算 SVR 挡位。

（3）求得 SVR 挡位后，区域协调控制器 1 将本区域及上游的挡位 $\tilde{n}_{tap}^1$ 发送给区域协调控制器 2；区域协调控制器 2 将本区域及下游的挡位 $\tilde{n}_{tap}^2$ 发送给区域协调控制器 1。区域控制器根据挡位判断是否分支求解。

7.5.1.2 区域自治优化模型

区域内的优化问题模型是带安全运行约束的优化问题模型。优化问题模型需要通过决策变量、目标函数、约束函数和可行解集等的选取反应网络及任务的特点和要求。因为只有凸优化模型才能够保证区域内自治高效求解和区域间协调可靠收敛，所以优化问题模型要转化为凸松弛模型。区域之间通过决策变量 x 产生耦合，即如果优化问题的最优解为 x^*，那么所有的区域需要找到一致的最优解。

区域协调控制器具备区域内数据采集和计算的功能，每个区域协调控制器并行优化，得到区域间协调控制所需的边界信息。区域内自治优化模型如下：

（1）目标函数。

$$f_K = \min_{Q_{Cj}, P_{decj}, Q_{Gj}} \left(M_{PV} \sum_{j \in N} P_{decj} + M_P \sum_{j \in N, \forall i: i \to j} R_{ij} I_{ij}^2 \right) \tag{7-22}$$

式中：Q_{Cj} 为节点 j 无功补偿设备的无功输出功率；P_{decj} 为节点 j 光伏的有功功率缩减量；Q_{Gj} 为节点 j 光伏的无功输出功率；M_{PV} 和 M_P 分别为光伏发电收益（含政府补贴）和有功功率上网电价；I_{ij} 为从上游节点 i 向节点 j 流出的电流；R_{ij} 为节点 i 和节点 j 间线路的电阻值；N 为配电网所有节点集合。

（2）约束条件。

1）潮流约束。采用基于 DistFlow 的支路潮流模型。

$$\begin{cases} \sum_{i: i \to j} (P_{ij} - R_{ij} I_{ij}^2) - P_j = \sum_{l: j \to l} P_{jl} \\ \sum_{i: i \to j} (Q_{ij} - X_{ij} I_{ij}^2) - Q_j = \sum_{l: j \to l} Q_{jl} \\ U_j^2 = U_i^2 - 2(R_{ij} P_{ij} + X_{ij} Q_{ij}) + (R_{ij}^2 + X_{ij}^2) I_{ij}^2 \end{cases} \tag{7-23}$$

其中

$$\begin{cases} P_j = P_{Lj} - (P_{Gj}^{av} - P_{decj}) \\ Q_j = Q_{Lj} - Q_{Gj} - Q_{Cj} \end{cases} \tag{7-24}$$

$$I_{ij}^2 = \frac{P_{ij}^2 + Q_{ij}^2}{U_i^2} \tag{7-25}$$

式中：U_i 为节点 i 的电压幅值；P_{ij}、Q_{ij} 分别为从上游节点 i 向节点 j 流出的有功和无功功率，节点间关系可表示为 $i \to j$；P_j 和 Q_j 分别为节点 j 净负荷的有功和无功功率；X_{ij} 为节点 i 和节点 j 间线路的电抗值；P_{Lj} 和 Q_{Lj} 分别为节点 j 负荷的有功和无功功率，包括因区域划分而形成的虚拟负荷功率；P_{Gj}^{av} 为节点 j 光伏有功输出功率的 MPP 值。节点 j 光伏的实际有功输出功率 P_{Gj} 为 P_{Gj}^{av} 与光伏有功缩减量 P_{decj} 的差值。

2）节点电压约束。

$$U_0 = U_{\text{ref}} \tag{7-26}$$

$$(1-\varepsilon)U_{\text{ref}} \leqslant U_j \leqslant (1+\varepsilon)U_{\text{ref}} \tag{7-27}$$

式中：U_{ref} 为区域首节点电压幅值；ε 为节点电压的最大允许偏差（一般设定为 0.05p.u.，根据 ANSIC 84.1—2006 的相关要求）。

3）光伏和无功补偿设备的安全运行约束。

$$\begin{cases} 0 \leqslant P_{\text{dec}j} \leqslant P_{\text{G}j}^{\text{av}} \\ Q_{\text{G}j} \leqslant (P_{\text{G}j}^{\text{av}} - P_{\text{dec}j})\tan\theta \end{cases} \tag{7-28}$$

$$\underline{Q_{\text{C}j}} \leqslant Q_{\text{C}j} \leqslant \overline{Q_{\text{C}j}} \tag{7-29}$$

式中：$\theta = \text{arc}\cos PF_{\min}$ 对应最小功率因数 $PF_{\min}$ 时的角度，设定功率因数最小值为 0.95；$P_{\text{G}j}$ 为节点 j 光伏逆变器的容量；$\overline{Q_{\text{C}j}}$ 和 $Q_{\text{C}j}$ 分别为节点 j 无功补偿装置输出无功功率的上限和下限。

7.5.2 中、低压配电网的优化控制模型

由于高渗透率光伏并网会使配电网出现电压越限、电压波动和三相不平衡等问题，对中、低压配电网的协调优化控制逐渐成为研究热点。本书结合中、低压配电网的通信和计算能力，提出"中压集中式—低压分布式"的分层协调控制架构。

7.5.2.1 中压层优化控制模型

首先，中压集中控制单元获取各中压节点的状态信息，包括 PCC 处低压负荷和户用光伏的净功率信息；其次，中压配电网以网损、三相不平衡度和 PCC 功率调节量最小为目标函数，以中压分布式发电、静止无功发生器及 PCC 等的有功、无功为控制变量，基于三相最优潮流建立优化模型并求解；最后，将控制指令传递至各中压节点。

中压配电网基于三相最优潮流建立分钟级集中式优化控制模型，以网损、三相不平衡度和 PCC 调节量为目标，对中压 DG、SVG 及 PCC 的有功和无功输出进行优化。

（1）目标函数。目标函数如式（7-30）所示。

$$\begin{cases} \min W_1\dfrac{f_1}{sf_1} + W_2\dfrac{f_2}{sf_2} + W_3\dfrac{f_3}{sf_3} + W_4\dfrac{f_4}{sf_4} \\[2mm] f_1 = P_{\text{loss}} = \dfrac{1}{2}\sum\limits_{\varphi\in\phi}\sum\limits_{i\in N_{\text{MV}}}\sum\limits_{j\in v(i)} r_{\varphi,ij} I_{\varphi,ij}^2 \Delta t \\[2mm] f_2 = VUF = \sum\limits_{i\in N_{\text{MV}}}\sum\limits_{\varphi\in\phi} \dfrac{|V_{\varphi,m} - V_{\text{avr},m}|}{V_{\text{avr},m}}\times 100\% \\[2mm] f_3 = \sum\limits_{\varphi\in\phi}\sum\limits_{i\in\Theta_{P_{\text{CC}}}^{\text{MV}}} (P_{\varphi,i}^{\text{ref}} - P_{\varphi,i}^{\text{est}})^2 \\[2mm] f_4 = \sum\limits_{\varphi\in\phi}\sum\limits_{i\in\Theta_{P_{\text{CC}}}^{\text{MV}}} (Q_{\varphi,i}^{\text{ref}} - Q_{\varphi,i}^{\text{est}})^2, \quad i,j\in N_{\text{MV}}, \varphi\in\phi \end{cases} \tag{7-30}$$

式中：$f_1 \sim f_4$ 为目标函数；f_1 为网络损耗；f_2 为网络整体的 VUF；f_3、f_4 为 P_{CC} 有功（无功）的估计值与优化结果之差，旨在降低对低压配电网中分布式储能和光伏逆变器的调节；$W_1 \sim W_4$ 为个目标的权重，根据网络运行情况和实际控制需求确定；$sf_1 \sim sf_4$ 为尺度因子；$P_{\varphi,i}^{est}$、$P_{\varphi,i}^{ref}$ 分别为 P_{CC} 有功的估计值与优化值；$Q_{\varphi,i}^{est}$、$Q_{\varphi,i}^{ref}$ 分别为无功的估计值与优化值；Θ_{PCC}^{MV} 为含高比例户用光伏低压配电网集合；i、j 为节点标号；$v(i)$ 为与节点 i 直接相连的节点；N_{MV} 为中压配电网中的节点集合；φ 为相（A、B 或 C）；ϕ 为三相的集合。

（2）约束条件。优化控制包括了潮流约束、电压约束、支路功率约束等。此外，还需对低压配电网 P_{CC} 功率调节范围加以限制

$$\begin{cases} P_{\varphi,j}^{PCC-LL} < P_{\varphi,i}^{ref} < P_{\varphi,j}^{PCC-UL} \\ Q_{\varphi,j}^{PCC-LL} < Q_{\varphi,i}^{ref} < Q_{\varphi,j}^{PCC-UL} \end{cases}, \quad \forall j \in \Theta_{PCC}^{MV}, \varphi \in \phi \tag{7-31}$$

式中：$P_{\varphi,j}^{PCC-UL}$、$P_{\varphi,j}^{PCC-LL}$ 分别为 PCC 有功允许调节的上限和下限；$Q_{\varphi,j}^{PCC-UL}$、$Q_{\varphi,j}^{PCC-LL}$ 分别为 PCC 无功允许调节的上限和下限。

7.5.2.2 低压层优化控制模型

低压分布式控制模型的控制目标包括：PCC 功率跟踪与波动抑制、改善节点三相不平衡以及抑制电压越限。对于不具备三相量测能力的节点，仅参与"PCC 功率跟踪与波动抑制"；对于具备三相量测能力的节点，根据量测的电压不平衡度，自适应选择控制目标，"改善节点三相不平衡"或"PCC 功率跟踪与波动抑制"。最后，通过限制低压节点各相净功率输出，进而限制节点电压变化范围避免电压越限。

（1）PCC 功率跟踪与波动抑制。PCC 在获得中压控制指令后，一旦实际量测的有功偏离给定的优化值，控制信号通过通信网络在每相馈线内的储能间传递，选择储能的 SOC 变化量作为一致性变量，并基于一致性算法对储能进行协调。假定在 τ 时刻（间隔为 20s），低压侧 φ 相 PCC 实测功率为 $P_{0,\varphi,\tau}^{RT}$，中压给定的优化值为 $P_{0,\varphi}^{opt}$，PCC 向外传递的储能 SOC 控制信号为

$$\Delta SOC_{\varphi,\tau}^{(k)} = \alpha_\varphi [P_{0,\varphi}^{opt} - P_{0,\varphi,\tau}^{RT,(k)}] \tag{7-32}$$

式中：k 为 τ 时刻内的控制迭代次数；$\Delta SOC_{\varphi,\tau}^{(k)}$ 为 SOC 变化参考量，即第 k 次迭代 PCC 控制信号；α_φ 为储能 SOC 与功率变化率转化系数。

$$\alpha_\varphi = \frac{\Delta \tau}{\sum\limits_{i \in \Theta_{ESS,\varphi}^{LV}} E_{i,\varphi}^{ESS}} \tag{7-33}$$

式中：$E_{i,\varphi}^{ESS}$ 为储能的安装容量，kWh；$\Theta_{ESS,\varphi}^{LV}$ 为低压 φ 相的储能集合。

φ 相储能的分布式控制迭代过程式（7-34）表示，即

$$\Delta SOC_{i,\varphi,\tau}^{(k)} = \sum\limits_{(j,\varphi) \in v_c(i,\varphi)} d_{ij}^{ESS} \Delta SOC_{i,\varphi,\tau}^{(k-1)} \tag{7-34}$$

式中：$v_c\,(i,\,\varphi)$ 为与 i 节点 φ 相直接有通信连接的节点；d_{ij}^{ESS} 为通信连接的权重。

迭代过程中任一节点 $(i,\,\varphi)$ 储能有功输出和 SOC 变化情况为

$$P_{i,\varphi,\tau}^{\mathrm{ESS},(k)} = \begin{cases} -\dfrac{E_{i,\varphi}^{\mathrm{ESS}}\Delta SOC_{i,\varphi,\tau}^{(k)}}{\eta_{\mathrm{ch}}\Delta t}, \Delta SOC_{i,\varphi,\tau}^{(k)}>0 \\[4mm] -\dfrac{E_{i,\varphi}^{\mathrm{ESS}}\Delta SOC_{i,\varphi,\tau}^{(k)}\eta_{\mathrm{dis}}}{\Delta t}, \Delta SOC_{i,\varphi,\tau}^{(k)}<0 \end{cases} \tag{7-35}$$

$$SOC_{i,\varphi,\tau}^{(k+1)} = SOC_{i,\varphi,\tau}^{(k)} + \Delta SOC_{i,\varphi,\tau}^{(k)} \tag{7-36}$$

式中：η_{ch}、η_{dis} 分别为储能的充放电效率，均取值为 0.95。

类似地，采用分布式一致性算法协调逆变器无功跟踪 PCC 参考无功并抑制波动，一致性变量设定为逆变器无功使用率 $U_{i,\varphi,\tau}^{\mathrm{PVQ}}$，即

$$U_{i,\varphi,\tau}^{\mathrm{PVQ}} = \frac{Q_{i,\varphi,\tau}^{\mathrm{PV}}}{Q_{i,\varphi}^{\mathrm{PV\,max}}}, \quad \forall i \in \Theta_{\mathrm{PV},\varphi}^{\mathrm{LV}} \tag{7-37}$$

式中：$\Theta_{\mathrm{PV},\varphi}^{\mathrm{LV}}$ 为低压光伏逆变器集合；$Q_{i,\varphi,\tau}^{\mathrm{PV}}$ 为逆变器的无功输出；$Q_{i,\varphi}^{\mathrm{PV\,max}}$ 为逆变器的最大无功可调容量。

$$Q_{i,\varphi}^{\mathrm{PV\,max}} = \sqrt{(S_{i,\varphi}^{\mathrm{PV}})^2 - (P_{R,i,\varphi}^{\mathrm{PV}})^2} \tag{7-38}$$

式中：$S_{i,\varphi}^{\mathrm{PV}}$ 为逆变器容量；$P_{R,i,\varphi}^{\mathrm{PV}}$ 为光伏额定功率。

在 τ 时刻，低压侧 φ 相 PCC 实测无功为 $Q_{0,\varphi,\tau}^{\mathrm{RT}}$，若二者产生偏离，控制信号沿通信链路向外传递，其数值为

$$\Delta U_{\varphi,\tau}^{\mathrm{PVQ},(k)} = \beta[Q_{0,\varphi,\tau}^{\mathrm{opt}} - Q_{0,\varphi,\tau}^{\mathrm{RT},(k)}] \tag{7-39}$$

式中：$\Delta U_{\varphi,\tau}^{\mathrm{PVQ},(k)}$ 为参考的无功变化率；β 为无功偏离量与逆变器无功容量的转换系数。

$$\beta = \frac{1}{\displaystyle\sum_{\forall i \in \Theta_{\mathrm{PV},\varphi}^{\mathrm{LV}}} Q_{i,\varphi}^{\mathrm{PV\,max}}} \tag{7-40}$$

根据分布式一致性算法，任意节点的迭代控制过程表示为

$$\Delta U_{i,\varphi,\tau}^{\mathrm{PV},(k)} = \sum_{(j,\varphi)\in v_c(i,\varphi)} d_{ij}^{\mathrm{PV}} \Delta U_{\varphi,\tau}^{\mathrm{PVQ},(k-1)} \tag{7-41}$$

迭代过程中的无功输出为

$$Q_{i,\varphi,\tau}^{\mathrm{PV},(k)} = U_{\varphi,\tau}^{\mathrm{PVQ},(k)} \times Q_{i,\varphi}^{\mathrm{PV\,max}}, \forall i \in \Theta_{\mathrm{PV},\varphi}^{\mathrm{LV}} \tag{7-42}$$

（2）改善节点三相不平衡。低压 VUF 是重要的网络运行指标，可通过式（7-43）计算，即

$$I_{i,\tau}^{\mathrm{VUF}} = \sum_{\varphi\in\phi} \frac{|V_{i,\varphi,\tau} - V_{i,\tau}^{\mathrm{avr}}|}{V_{i,\tau}^{\mathrm{avr}}} \times 100\% \tag{7-43}$$

式中：$I_{i,\tau}^{\mathrm{VUF}}$ 为 VUF 指标；$V_{i,\tau}^{\mathrm{avr}}$ 为该节点处的平均电压。

$$V_{i,\tau}^{\text{avr}} = \frac{\sum\limits_{\varphi \in \phi} V_{i,\varphi,\tau}}{3} = \frac{V_{i,\text{a},\tau} + V_{i,\text{b},\tau} + V_{i,\text{c},\tau}}{3} \tag{7-44}$$

控制迭代过程为

$$Q_{i,\varphi,\tau}^{\text{PV},(k+1)} = \gamma[V_{i,\varphi,\tau}^{(k)} - V_{i,\tau}^{\text{avr},(k)}] + Q_{i,\varphi,\tau}^{\text{PV},(k)} \tag{7-45}$$

式中：γ 为控制偏差调节系数，其数值根据三相电压-无功灵敏度确定，即

$$\gamma = \frac{1}{n} \times \frac{1}{S_{i\varphi,i\varphi}^{V-Q}} \tag{7-46}$$

式中：n 为一相内部的节点总数；$S_{i\varphi,i\varphi}^{V-Q}$ 为三相电压灵敏度系数，代表 i 节点 φ 相无功变化会引起 i 节点 φ 相电压的变化情况。

（3）抑制电压越限。通过限制节点净功率输出可以抑制过电压问题，基于蒙特卡洛模拟和最优潮流计算净功率限值，将求解得到的节点净有功和无功上限分别记为 $P_{i,\varphi,\tau}^{\text{uel}}$ 和 $Q_{i,\varphi,\tau}^{\text{uel}}$，抑制电压越限的控制方程为

$$P_{i,\varphi,\tau}^{\text{ESS}} = \begin{cases} -(P_{i,\varphi,\tau}^{\text{net}} - P_{i,\varphi,\tau}^{\text{uel}}), & P_{i,\varphi,\tau}^{\text{net}} > P_{i,\varphi,\tau}^{\text{uel}} \\ 0, & P_{i,\varphi,\tau}^{\text{net}} \leqslant P_{i,\varphi,\tau}^{\text{uel}} \end{cases} \tag{7-47}$$

$$Q_{i,\varphi,\tau}^{\text{ESS}} = \begin{cases} -(Q_{i,\varphi,\tau}^{\text{net}} - Q_{i,\varphi,\tau}^{\text{uel}}), & Q_{i,\varphi,\tau}^{\text{net}} > Q_{i,\varphi,\tau}^{\text{uel}} \\ 0, & Q_{i,\varphi,\tau}^{\text{net}} \leqslant Q_{i,\varphi,\tau}^{\text{uel}} \end{cases} \tag{7-48}$$

$$\begin{cases} P_{i,\varphi,\tau}^{\text{net}} = P_{i,\varphi,\tau}^{\text{PV}} + P_{i,\varphi,\tau}^{\text{ESS}} - P_{i,\varphi,\tau}^{\text{LD}} \\ Q_{i,\varphi,\tau}^{\text{net}} = Q_{i,\varphi,\tau}^{\text{PV}} - Q_{i,\varphi,\tau}^{\text{LD}} \end{cases} \tag{7-49}$$

式中：$P_{i,\varphi,\tau}^{\text{net}}$、$Q_{i,\varphi,\tau}^{\text{net}}$ 分别为节点净有功和无功；$P_{i,\varphi,\tau}^{\text{LD}}$、$Q_{i,\varphi,\tau}^{\text{LD}}$ 代表节点负荷的有功和无功。

以上有功输出以及储能 SOC 的变化应该满足设备限制，即

$$-P_{R,i,\varphi}^{\text{ESS}} \leqslant P_{i,\varphi,\tau}^{\text{ESS}} \leqslant +P_{R,i,\varphi}^{\text{ESS}} \tag{7-50}$$

$$\underline{SOC} \leqslant SOC_{i,\varphi,\tau} \leqslant \overline{SOC} \tag{7-51}$$

式中：$\underline{SOC}$、$\overline{SOC}$ 分别为储能 SOC 变化范围上限和下限；$P_{R,i,\varphi}^{\text{ESS}}$ 为储能的额定功率输出。

同时，光伏无功输出还应满足无功容量限制，即

$$-Q_{i,\varphi}^{\text{PV}_{\max}} \leqslant Q_{i,\varphi,\tau}^{\text{PV}} \leqslant +Q_{i,\varphi}^{\text{PV}_{\max}} \tag{7-52}$$

（4）PCC 有功无功可调范围。在执行下一次中压集中优化控制前，低压配电网应上传 PCC 处的负荷和光伏净功率（$P_{\varphi,i}^{\text{est}}$ 和 $Q_{\varphi,i}^{\text{est}}$），同时限定 PCC 的有功无功可调范围（$P_{\varphi,i}^{\text{PCC-UL}}$、$P_{\varphi,i}^{\text{PCC-LL}}$、$Q_{\varphi,i}^{\text{PCC-UL}}$ 和 $Q_{\varphi,i}^{\text{PCC-LL}}$）。对于任意 $\forall i \in \Theta_{\text{PCC}}^{\text{MV}}$，设 φ 相 PCC 有功、无功测量值为 $P_{\varphi,i}^{\text{PCC-m}}$ 和 $Q_{\varphi,i}^{\text{PCC-m}}$，负荷和光伏有功无功净功率（$P_{\varphi,i}^{\text{est}}$ 和 $Q_{\varphi,i}^{\text{est}}$）应除去低压储能有功和逆变器无功，即

$$\begin{cases} P_{\varphi,i}^{\text{est}} = P_{\varphi,i}^{\text{PCC-m}} - \sum\limits_{l \in \Theta_{\text{ESS},\varphi}^{\text{LV}}} P_{l,\varphi}^{\text{ESS}} \\ Q_{\varphi,i}^{\text{est}} = Q_{\varphi,i}^{\text{PCC-m}} - \sum\limits_{l \in \Theta_{\text{ESS},\varphi}^{\text{LV}}} Q_{l,\varphi}^{\text{PV}} \end{cases} \tag{7-53}$$

PCC 处的有功可调范围 $[P_{\varphi,i}^{\mathrm{PCC\text{-}LL}}, P_{\varphi,i}^{\mathrm{PCC\text{-}UL}}]$ 由低压全体储能的额定功率和 SOC 状态共同决定，即

$$
\begin{cases}
P_{\varphi,i}^{\mathrm{PCC\text{-}LL}}=P_{\varphi,i}^{\mathrm{est}}+\sum_{l\in\Theta_{\mathrm{ESS},\varphi}^{\mathrm{LV}}}\max\left[-\dfrac{E_{l,\varphi}^{\mathrm{ESS}}(\overline{SOC}-SOC_{l,\varphi,\tau})}{\eta_{\mathrm{ch}}\Delta t},-P_{R,l,\varphi}^{\mathrm{ESS}}\right]\\
P_{\varphi,i}^{\mathrm{PCC\text{-}UL}}=P_{\varphi,i}^{\mathrm{est}}+\sum_{l\in\Theta_{\mathrm{ESS},\varphi}^{\mathrm{LV}}}\min\left[-\dfrac{\eta_{\mathrm{dis}}E_{l,\varphi}^{\mathrm{ESS}}(SOC_{l,\varphi,\tau}-\underline{SOC})}{\Delta t},+P_{R,l,\varphi}^{\mathrm{ESS}}\right]
\end{cases}
\tag{7-54}
$$

式中：Δt 为中压集中控制时间间隔。

PCC 处无功可调范围 $[Q_{\varphi,i}^{\mathrm{PCC\text{-}LL}}, Q_{\varphi,i}^{\mathrm{PCC\text{-}UL}}]$ 由低压全体光伏逆变器无功调节容量决定，即

$$
\begin{cases}
Q_{\varphi,i}^{\mathrm{PCC\text{-}LL}}=Q_{\varphi,i}^{\mathrm{est}}+\sum_{l\in\Theta_{\mathrm{PV},\varphi}^{\mathrm{LV}}}(-Q_{i,\varphi}^{\mathrm{PV_{max}}})\\
Q_{\varphi,i}^{\mathrm{PCC\text{-}UL}}=Q_{\varphi,i}^{\mathrm{est}}+\sum_{l\in\Theta_{\mathrm{PV},\varphi}^{\mathrm{LV}}}(+Q_{i,\varphi}^{\mathrm{PV_{max}}})
\end{cases}
\tag{7-55}
$$

7.5.3 变电站与多馈线协同优化模型

变电站与多馈线协同优化策略基于量化指标体系和安全运行约束，通过集中优化调度实现变电站级的全局优化调度，在维持电压稳定的情况下最小化网络损耗及调压成本。针对装有高渗透率分布式光伏和用户侧储能（energy storage system，ESS）的增量配电网日前调度问题，本书综合考虑配电站有载调压变压器抽头和静止无功补偿装置，以及用户侧光伏变流器无功功率和储能装置充、放电等调控手段，最小化配电网运营商日前运行总费用，基于支路潮流模型建立了二次约束二次优化问题。

高渗透率分布式光伏单元和用户侧储能系统接入后，增量配电网仍然以辐射状方式运行。配电站内装有有载调压变压器和静止无功补偿装置（static var compensator，SVC），光伏在用户侧并网，部分用户侧装有储能装置，辐射状配电网中节点 i 和节点 j 之间的模型如图 7-25 所示。

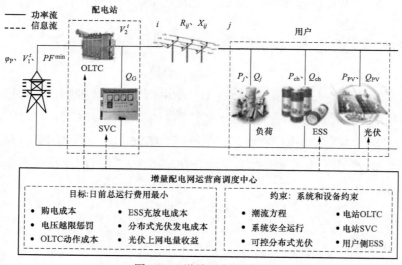

图 7-25　增量配电网模型

（1）目标函数。因为分布式光伏和用户侧储能等全部由增量配电网运营商投资，所以增量配电网调度问题的目标函数是最小化运营商总运行费用。总运行费用为成本减去收益，运行成本包括购电成本、电压越限惩罚成本、配电站 OLTC 动作成本、用户侧储能装置充、放电成本，而收益为运营商向配电商售电的光伏上网电量收益。

$$\min f = f_b + f_p + f_c + f_x - f_s \qquad (7\text{-}56)$$

式中：f_b 为网络全天购电成本；f_p 为全天电压越限惩罚成本；f_c 为全天配电站 OLTC 抽头动作成本；f_x 为全天储能装置充放电成本；f_s 为全天售电收益。

增量配电网运营商从配电商买电占供电系统运行成本的最大比例，购电成本可表述为

$$f_b = \sum_{t=1}^{24} c_b^t P_{\text{buy}}^t \qquad (7\text{-}57)$$

式中：t 为调控时刻；c_b^t 为时刻 t 大电网的分时电价；P_{buy}^t 为时刻 t 从配电商购买的电量。

增量配电网向配电网售电收益根据光伏上网电价结算，通过最大化光伏上网电量收益可以降低运行费用，即

$$f_s = c_s \sum_{t=1}^{24} P_{\text{sell}}^t \qquad (7\text{-}58)$$

式中：c_s 为光伏上网电价；P_{sell}^t 为时刻 t 分布式光伏的上网电量，即向配电商卖出的电量。

考虑到可能在部分场景下所有调控手段都采用后仍存在馈线电压越限问题，所以电压上、下限不再以约束条件表示，而是采用浴盆曲线函数表示电压越限后的惩罚函数。

$$f_p = \sum_{t=1}^{24} \left(\frac{1}{|1-U_{\text{th}}|} \left| 1-U_j^t \right| \right)^{\alpha}, \alpha>1 \qquad (7\text{-}59)$$

式中：U_{th} 为电压控制阈值；U_j^t 为时刻 t 节点 j 的电压；α 为惩罚指数，α 越大，电压越限时惩罚成本增大越剧烈。

调节 OLTC 抽头挡位可以改变配电变压器二次侧电压从而改变配电网整体电压水平，但是 OLTC 在整个使用寿命内动作总次数有限，频繁动作会降低使用寿命，所以在调度周期内要最小化抽头动作次数以降低成本。

$$f_c = c_{\text{tap}} \sum_{t=1}^{24} \left| N_u^t - N_u^{t-1} \right| \qquad (7\text{-}60)$$

式中：c_{tap} 为每次调节抽头的成本；N_u^t 为时刻 t 配电站 OLTC 抽头挡位。

用户侧 ESS 充放电策略，一方面利用电价差降低成本；另一方面在光伏功率渗透率较高时保证馈线电压在安全范围内不越限，充、放电成本用 ESS 的投资成本和充放电次数折算表示，即

$$f_x = c_{\text{ch}} \sum_{t=1}^{24} \sum_{j \in N} P_{\text{ch}j}^t \qquad (7\text{-}61)$$

式中：N 为增量配电网中的节点总数；c_{ch} 为 ESS 的度电成本；P_{chj}^t 为时刻 t 节点 j 的 ESS 充电功率。

增量配电网运营商的运行成本除了上述目标函数中包含的成本以外，还包括分布式光伏发电成本。因为本书的调度架构不涉及光伏出力的削减等控制，所以这部分成本根据预测值设定为常量，不体现在目标函数中。

$$f_{PV} = (c_c - c_{sub})\sum_{t=1}^{24}\sum_{j\in N} P_{Gj}^t \tag{7-62}$$

式中：c_c 为光伏发电的度电成本；c_{sub} 表示光伏补贴电价；P_{Gj}^t 为时刻 t 节点 j 光伏的有功功率。

（2）约束条件。约束条件既包含对增量配电网潮流分析的通用约束条件，也包含新型供电交易模式下高渗透率分布式光伏接入后各种调控手段的运行约束条件。调控约束既包含静态约束，也包含因时序特性而相互耦合的动态约束。

1）潮流方程约束。基于 Distflow 算法和 BFM 模型，建立配电网潮流方程如式（4-9）所示。

$$\sum_{i:i\to j}[P_{ij}^t - R_{ij}(I_{ij}^t)^2] - P_j^t = \sum_{k:j\to k} P_{jk}^t \tag{7-63}$$

$$\sum_{i:i\to j}[Q_{ij}^t - X_{ij}(I_{ij}^t)^2] - Q_j^t = \sum_{k:j\to k} Q_{jk}^t \tag{7-64}$$

$$(U_j^t)^2 = (U_i^t)^2 - 2(R_{ij}P_{ij}^t + X_{ij}Q_{ij}^t) + (R_{ij}^2 + X_{ij}^2)(I_{ij}^t)^2 \tag{7-65}$$

$$(I_{ij}^t)^2 = \frac{(P_{ij}^t)^2 + (Q_{ij}^t)^2}{(U_i^t)^2} \tag{7-66}$$

$$P_j^t = P_{Lj}^t - P_{Gj}^t + P_{chj}^t - P_{disj}^t \tag{7-67}$$

$$Q_j^t = \begin{cases} Q_{Lj}^t - Q_{Gj}^t, & j \neq 2 \\ -Q_{SVC}^t, & j = 2 \end{cases} \tag{7-68}$$

式中：$i\to j$ 为节点 i 和节点 j 相连；R_{ij} 为支路 ij 的电阻值；X_{ij} 为支路 ij 的电抗值；P_{ij}^t、Q_{ij}^t 为时刻 t 从节点 i 到节点 j 传输的有功和无功功率；P_j^t 和 Q_j^t 为时刻 t 节点 j 净负荷的有功和无功功率；I_{ij}^t 为时刻 t 支路 ij 的电流；U_i^t 为时刻 t 节点 i 的电压；Q_{Gj}^t 为时刻 t 节点 j 光伏的无功功率；P_{Lj}^t 和 Q_{Lj}^t 为时刻 t 节点 j 负荷的有功和无功功率；P_{disj}^t 为时刻 t 节点 j 的 ESS 放电功率；Q_{SVC}^t 为时刻 t 的 SVC 补偿容量。

2）系统运行约束。为了降低对上级电网的功率波动，增量配电网的变电站入口处受到系统运行约束，包括上级电网对其功率因数和功率传输量的限制。

$$Q_{12}^t \leqslant \left|P_{12}^t\right|\tan\alpha \tag{7-69}$$

$$P_{12}^{\min} \leqslant P_{12}^t \leqslant P_{12}^{\max} \tag{7-70}$$

$$Q_{12}^{\min} \leqslant Q_{12}^t \leqslant Q_{12}^{\max} \tag{7-71}$$

$$P_{\text{buy}}^t = \begin{cases} P_{12}^t, & P_{12}^t \geqslant 0 \\ 0, & P_{12}^t < 0 \end{cases} \tag{7-72}$$

$$P_{\text{sell}}^t = \begin{cases} 0, & P_{12}^t \geqslant 0 \\ -P_{12}^t, & P_{12}^t < 0 \end{cases} \tag{7-73}$$

式中：P_{12}^t 为时刻 t 增量配电网变电站与大电网接口的传输功率，购电时取值为正，售电时取值为负；$\alpha = \arccos PF_1^{\min}$ 为变电站变压器一次侧的最小功率因数 $PF_1^{\min}$ 限制；$P_{12}^{\max}$ 和 $P_{12}^{\min}$ 分别为有功功率传输量的上、下限值；$Q_{12}^{\max}$ 和 $Q_{12}^{\min}$ 分别为无功功率传输量的上、下限值。

3）分布式光伏运行约束。调节光伏逆变器可以在功率因数范围内改变光伏系统的无功功率输出，即

$$Q_{Gj}^t = (P_{Gj}^t - P_{ctlj}^t) \tan\theta \tag{7-74}$$

式中：$\theta = \arccos PF_{\text{PV}}^{\min}$，为光伏输出功率的最小功率因数 $PF_{\text{PV}}^{\min}$ 限制。

4）有载调压变压器约束。OLTC 抽头应在挡位上、下限和调度周期的总动作次数范围内动作，即

$$U_2^t = \frac{1.05}{1 + N_u^t U^{\text{step}}} \tag{7-75}$$

$$\underline{N_u} \leqslant N_u^t \leqslant \overline{N_u} \tag{7-76}$$

$$\sum_{t=1}^{24} \left| N_u^t - N_u^{t-1} \right| < N_u^{\text{total}} \tag{7-77}$$

式中：$\underline{N_u}$ 和 $\overline{N_u}$ 分别为变压器抽头挡位的下限和上限；U^{step} 为电压最小调节量；U_2^t 为时刻 t 变压器二次侧出口电压标幺值；N_u^{total} 为一天内抽头动作次数限制。

5）静止无功补偿装置约束。高渗透率分布式光伏接入增量配电网后，在光伏出力和负荷相近时，配变关口有功功率很低，而分组投切电容器每组容量较大，无法有效补偿无功功率，导致电站功率因数严重下降，因此需要可以连续调节的 SVC。

$$Q_{SVC}^{\min} \leqslant Q_{SVC}^t \leqslant Q_{SVC}^{\max} \tag{7-78}$$

式中：$Q_{SVC}^{\min}$ 和 $Q_{SVC}^{\max}$ 分别为 SVC 最小和最大补偿容量。

6）分布式储能装置约束。ESS 分布装设在用户处，约束包括充放电功率约束，充、放电状态约束和电量约束。

$$0 \leqslant P_{\text{ch}j}^t \leqslant \max(P_{Gj}^t, P_{\text{ch}j}^{\max}) \eta_{\text{ch}} \mu_{\text{ch}j}^t \tag{7-79}$$

$$0 \leqslant P_{\text{dis}j}^t \leqslant P_{\text{dis}j}^{\max} \eta_{\text{dis}} \mu_{\text{dis}j}^t \tag{7-80}$$

$$\mu_{\text{ch}j}^t + \mu_{\text{dis}j}^t \leqslant 1 \tag{7-81}$$

$$E_j^t = E_j^{t-1} + P_{\text{ch}j}^t - P_{\text{dis}j}^t \tag{7-82}$$

$$E_j^{\min} SOC_{\text{bat}}^{\min} \leqslant E_j^t \leqslant E_j^{\max} SOC_{\text{bat}}^{\max} \tag{7-83}$$

$$\sum_{t=1}^{24}(P_{\mathrm{ch}j}^{t} - P_{\mathrm{dis}j}^{t}) = 0 \qquad\qquad (7\text{-}84)$$

式中：$P_{\mathrm{ch}j}^{\max}$ 和 $P_{\mathrm{dis}j}^{\max}$ 分别为节点 j 的 ESS 充电和放电功率最大值；η_{ch} 和 η_{dis} 分别为 ESS 充电和放电效率；$\mu_{\mathrm{ch}j}^{t}$ 和 $\mu_{\mathrm{dis}j}^{t}$ 分别为节点 j 的 ESS 充电和放电标志的逻辑变量；E_{j}^{t} 为时刻 t 节点 j 的 ESS 电量；$E_{j}^{\max}$ 和 $E_{j}^{\min}$ 分别为节点 j 的 ESS 电量最大值和最小值；$SOC_{\mathrm{bat}}^{\max}$ 和 $SOC_{\mathrm{bat}}^{\min}$ 分别为节点 j 的 ESS 电量限制的最大和最小百分比。

7.5.4 高-中压配电网分层分布式优化模型

高-中压配电网分层分布式优化策略利用多 35kV 变电站与上层高压配电网间的无功电压相互支撑，避免高渗透分布式光伏配电网的光伏发电损失，并实现多电压等级配电网的全局经济优化运行。图 7-26 所示为高、中压配电网的分层控制体系。以 35kV 变电站的出口母线为边界，将 110、35kV 和 10kV 电压等级配电网划分为上层配电网和多个下层配电网，并配置智能多代理。两层配电网的代理间通过有限的数据交换实现整体优化模型的分布式迭代求解。相对于集中优化控制架构，分布式优化控制架构能够显著降低上层配电网与多个下层配电网间的数据通信量和优化计算维度，有利于提高计算效率和控制速度。

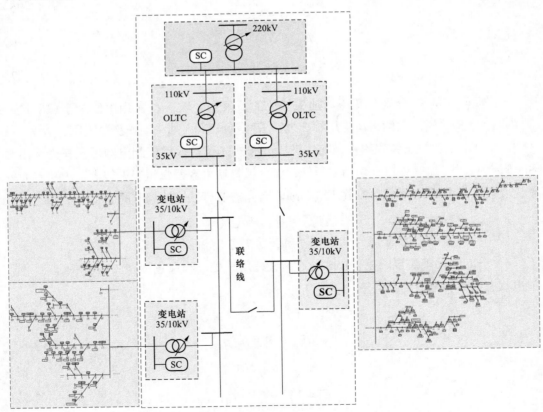

图 7-26 多电压等级配电网的分布式优化控制体系

图 7-26 所示的配电网由一个 220kV 变电站、多个 110kV 变电站和 35kV 变电站，以及中压配电网络组成。高渗透率分布式光伏接入中压配电网易引起电压越限，有时将不可避免地缩减分布式光伏的有功功率。因此，多电压等级配电网的全局优化目标为配电网的有功损耗成本、离散无功调压设备动作成本、分段开关动作成本以及分布式光伏有功缩减成本最小。上层高压配电网为无功电压优化模型，调度对象包括 220、110kV 和 35kV 变电站内的无功调压设备和联络线开关状态。下层中压配电网涉及分布式光伏的有功缩减，为有功和无功电压的联合优化调度模型，调度对象为分布式光伏的有功和无功输出功率。上、下层配电网间基于有限的数据交换和独立优化计算，实现全局优化模型的分层分布式求解。上、下层协调的分布式优化模型可以显著降低集中控制器的通信负担和计算规模。

7.5.4.1 高压配电网的优化模型

（1）目标函数：网络有功损耗成本、离散无功调压设备动作成本，以及分段开关动作成本最小。

$$\min f_{\mathrm{HV}} = \left(\begin{array}{l} c_{\mathrm{T}} \sum\limits_{\forall ij} \left| K_{ij,t} - K_{ij,t-1} \right| + c_{\mathrm{CB}} \sum\limits_{\forall j} \left| n_{j,t}^{\mathrm{CB}} - n_{j,t-1}^{\mathrm{CB}} \right| \\ + c_{\mathrm{S}} \sum\limits_{\forall ij} \left| u_{ij,t}^{\mathrm{S}} - u_{ij,t-1}^{\mathrm{S}} \right| + c_{\mathrm{P}} \sum\limits_{j \in N_{\mathrm{H}}, \forall i:i \to j} I_{ij}^2 R_{ij} \end{array} \right) \tag{7-85}$$

式中：$K_{ij,t}$ 为 t 时刻支路 ij 上有载调压变压器的抽头挡位；$n_{j,t}^{\mathrm{CB}}$ 为 t 时刻节点 j 的电容器投入组数；$u_{ij,t}^{\mathrm{S}}$ 为 t 时刻线路 ij 的开关状态，其值为 1 表示联络线开关闭合，0 为断开；c_{T}、c_{CB} 和 c_{S} 分别为抽头单档调节、电容器单组投切和单次联络线开关操作的动作成本；c_{P} 为有功功率上网电价；N_{H} 为高压配电网的节点集合；I_{ij} 为线路 ij 的电流值；R_{ij} 为节点 i 和节点 j 间线路的电阻值。

（2）约束条件。

1）Distflow 支路潮流等式约束。

$$\begin{cases} P_{ij}^2 + Q_{ij}^2 = V_i^2 I_{ij}^2 \\ \sum\limits_{i:i \to j} (P_{ij} - R_{ij} I_{ij}^2) - P_j = \sum\limits_{l:j \to l} P_{jl} \\ \sum\limits_{i:i \to j} (Q_{ij} - X_{ij} I_{ij}^2) - Q_j = \sum\limits_{l:j \to l} Q_{jl} \\ V_j^2 = V_i^2 - 2(R_{ij} P_{ij} + X_{ij} Q_{ij}) + (R_{ij}^2 + X_{ij}^2) I_{ij}^2 \end{cases} \tag{7-86}$$

且

$$\begin{cases} P_j = P_{\mathrm{L},j} \\ Q_j = Q_{\mathrm{L},j} - Q_{\mathrm{C},j} - Q_{\mathrm{CB},j} \end{cases} \tag{7-87}$$

式中：P_{ij} 和 Q_{ij} 分别为从上游节点 i 向节点 j 流出的有功和无功功率值，节点间关系可表示为 $i \to j$；V_i 为节点 i 的电压幅值；P_j 和 Q_j 为节点 j 净负荷的有功和无功功率值；X_{ij} 为节点 i 和节点 j 间线路的电抗值；$P_{\mathrm{L},j}$ 和 $Q_{\mathrm{L},j}$ 分别为节点 j 净负荷的有功和无功功率值；$Q_{C,j}$ 和 $Q_{CB,j}$ 分别为节点 j 连续无功补偿装置和离散电容器组的输出无功功率。

2）配电网安全运行约束。

$$V_{\min}^2 \leqslant V_i^2 \leqslant V_{\max}^2 \tag{7-88}$$

$$I_{ij}^2 \leqslant I_{ij,\max}^2 \tag{7-89}$$

式中：$V_{\min}$ 和 $V_{\max}$ 分别为节点电压的安全运行上限和下限；$I_{ij,\max}$ 为支路 ij 的最大传输电流。

3）连续无功补偿设备的运行约束和离散无功补偿设备的运行约束。

$$\underline{Q_{C,j}} \leqslant Q_{C,j} \leqslant \overline{Q_{C,j}} \tag{7-90}$$

式中：$\underline{Q_{C,j}}$ 和 $\overline{Q_{C,j}}$ 分别为节点 j 连续无功补偿装置输出无功功率的下限和上限。

$$Q_{CB,j} = n_{j,t}^{CB} Q_{CB,j}^{step} \tag{7-91}$$

式中：$Q_{CB,j}^{step}$ 为节点 j 单组电容器的无功功率。

4）有载调压变压器的运行约束。

$$
\begin{aligned}
V_i &= k_{ij,t} V_j \\
k_{ij,t} &= k_{ij,0} + K_{ij,t} \Delta k_{ij} \\
-\overline{K_{ij}} &\leqslant K_{ij,t} \leqslant \overline{K_{ij}}, K_{ij,t} \in Z
\end{aligned}
\tag{7-92}
$$

式中：$k_{ij,t}$ 为支路 ij 中 OLTC 的可调变比；$k_{ij,0}$ 和 Δk_{ij} 分别为支路 ij 中 OLTC 的标准变比和调节步长；$\overline{K_{ij}}$ 为支路 ij 中 OLTC 上调或下调的最大挡位。

5）联络线开关运行约束。

联络线开关状态应使任意母线不断电且线路不环网运行。为保证这两点，对于构成一个环的沿线支路，这些支路的开关状态应只有一个为断开状态。

$$\sum_{ij \in O} u_{ij,t}^S = L - 1 \tag{7-93}$$

式中：O 为构成一个环网的沿线支路集合；L 为集合 O 中联络线开关总数量。

7.5.4.2　中压配电网的优化模型

下层配电网基于中压变电站出口信息和光伏、负荷的功率数据，通过光伏有功和无功功率的联合优化调度解决高渗透率分布式光伏引起的电压越限问题并最小化网络损耗和光伏发电损失。

（1）优化目标：网络有功损耗成本和光伏有功发电损失最小。

$$\min f_{MV,m} = M_{PV} \sum_{j \in N_m} P_{dec,j} + c_P \sum_{j \in N_m, \forall i:i \to j} I_{ij}^2 R_{ij} \tag{7-94}$$

式中：$P_{dec,j}$ 为节点 j 光伏的有功功率缩减量；M_{PV} 为光伏的光伏发电收益（含政府补贴）；N_m 为中压配电网 m 的节点集合。

（2）约束条件。

1）支路潮流等式约束。

$$\begin{cases} P_j = P_{L,j} - (P_{G,j}^{av} - P_{dec,j}) \\ Q_j = Q_{L,j} - Q_{G,j} \end{cases}$$（7-95）

式中：$P_{G,j}^{av}$ 为节点 j 光伏的最大有功输出功率；$Q_{G,j}$ 为节点 j 光伏的无功输出功率。

2）光伏的运行约束。

$$PV : \begin{cases} 0 \leqslant P_{dec,j} \leqslant P_{G,j}^{av} \\ |Q_{G,j}| \leqslant (P_{G,j}^{av} - P_{dec,j}) \tan\theta \\ Q_{G,j}^2 \leqslant S_{G,j}^2 - (P_{G,j}^{av} - P_{dec,j})^2 \end{cases}$$（7-96）

式中：$\theta = \arccos PF_{min}$ 为光伏输出功率的功率因数 PF_{min} 限制，功率因数最小值设定为 0.95；$S_{G,j}$ 为节点 j 光伏逆变器的容量。

3）双层配电网的边界等式约束：上、下层配电网的边界约束为边界母线电压、边界线路传输有功和无功功率的等式约束。

$$\begin{aligned} V_{root,m}^{MV} - V_{\tau(m)}^{HV} &= 0 \\ P_{root,m}^{MV} - P_{\tau(m)}^{HV} &= 0 \\ Q_{root,m}^{MV} - Q_{\tau(m)}^{HV} &= 0 \end{aligned}$$（7-97）

式中：$V_{root,m}^{MV}$ 为配电网 m 的根节点电压幅值；$P_{root,m}^{MV}$ 和 $Q_{root,m}^{MV}$ 分别为根节点有功和无功注入功率的值；$\tau(m)$ 为中压配电网 m 接入的高压母线标号；$V_{\tau(m)}^{HV}$ 为高压配电网中配电网 m 接入母线的电压幅值；$P_{\tau(m)}^{HV}$ 和 $Q_{\tau(m)}^{HV}$ 分别为高压母线 $\tau(m)$ 向配电网 m 供给的净负荷功率。

双层配电网的全局优化目标为上层高压配电网与多个下层中压配电网的优化目标之和，约束条件包括高中压配电网的所有约束。多电压等级配电网的集中优化模型可简化表示为

$$\min \sum_{m=1}^{N_{MV}} f_{MV,m}(x_m) + f_{HV}(y)$$

$$\text{s.t. } m = 1, \cdots, N_{MV}$$

$$x_m \in X_m, G_{MV,m}(x_m) \leqslant 0$$（7-98）

$$y \in Y, G_{HV}(y) \leqslant 0$$

$$H_m(x_m, y) = 0$$

式中：x_m 和 y 分别为中层配电网 m 的优化向量和高压配电网的优化向量；N_{MV} 为下层中压配电网的数量；$G_{MV,m}(x_m)$ 和 $G_{HV}(y)$ 分别为对应中压配电网和高压配电网的运行约束，两者分别仅为变量 x_m 和 y 的函数；$H_m(x_m, y) = 0$ 为对应中压配电网 m 和高压配电网的边界等式约束，对应上述，$H_m(x_m, y)$ 仅与变量 $x_{root,m} = \{v_{root,m}^{MV}, P_{root,m}^{MV}, Q_{root,m}^{MV}\}^T$ 和

$$y_{\tau(m)} = \left\{ v_{\tau(m)}^{HV}, P_{\tau(m)}^{HV}, Q_{\tau(m)}^{HV} \right\}^T 相关。$$

7.6 多电压等级配电网协同优化求解算法

针对已建立的馈线层分区分布式优化模型、变电站与多馈线协同优化模型，以及高-中压配电网分层分布式优化模型，本书分别提出相应的求解算法，包括不同层级配电网的独立优化求解算法和不同层级配电网间的分解协调优化算法。针对每一种优化模型，分别介绍了优化模型的凸化方法和优化求解算法，并通过仿真算例验证所提优化方法的有效性。

7.6.1 馈线层分区分布式优化算法

馈线层分区分布式优化模型为混合整数的非凸非线性优化模型。本节首先通过线性化变换和二阶锥松弛（second-order conic relaxation，SOCR）将其转化为混合整数二阶锥优化模型，然后采用交替方向乘子法和分支定界算法实现混合整数优化模型的分区分布式优化计算。

（1）优化模型凸化。由于存在电压和功率注入的二次关系和 SVR 挡位与电压的乘积项，馈线层分区分布式优化模型是非凸的，不能直接应用于 ADMM。将电压平方项 U_i^2 用 u_i 代替，电流平方项 I_{ij}^2 用 l_{ij} 代替，则式（7-22）～式（7-27）转化为

$$f_K = \min_{Q_{Cj},P_{decj},Q_{Gj}} \left(M_{PV} \sum_{j \in N} P_{decj} + M_P \sum_{j \in N, \forall i:i \to j} R_{ij}l_{ij} \right) \tag{7-99}$$

$$\begin{cases} \sum_{i:i \to j}(P_{ij} - R_{ij}l_{ij}) - P_j = \sum_{l:j \to l} P_{jl} \\ \sum_{i:i \to j}(Q_{ij} - X_{ij}l_{ij}) - Q_j = \sum_{l:j \to l} Q_{jl} \\ u_j = u_i - 2(R_{ij}P_{ij} + X_{ij}Q_{ij}) + (R_{ij}^2 + X_{ij}^2)l_{ij} \end{cases} \tag{7-100}$$

$$l_{ij} = \frac{P_{ij}^2 + Q_{ij}^2}{u_i} \tag{7-101}$$

$$(1-\varepsilon)^2 U_{ref}^2 \leqslant u_j \leqslant (1+\varepsilon)^2 U_{ref}^2 \tag{7-102}$$

由于存在变量的乘积，式（7-101）仍然为非凸项，经二阶锥松弛，可将其凸化为式（7-103），即

$$\left\| \begin{matrix} 2P_{ij}^2 \\ 2Q_{ij}^2 \\ l_{ij} - u_i \end{matrix} \right\| \leqslant l_{ij} + u_i \tag{7-103}$$

在光伏高渗透率运行条件下，目标函数式（7-20）会使得松弛约束式（7-103）不再满足松弛精度，因此需要加入割平面约束以保证锥松弛的有效性。

$$\sum_{i:i \to j} R_{ij}l_{ij}^{k+1} \leqslant \sum_{i:i \to j} R_{ij}L_{ij}^k \tag{7-104}$$

$$L_{ij}^k = \frac{(P_{ij}^k)^2 + (Q_{ij}^k)^2}{u_i^k} \qquad (7\text{-}105)$$

式中：上标 k 表示第 k 次迭代计算。

经过以上处理，原始优化模型转化为模型，即式（7-24）、式（7-26）、式（7-28）、式（7-29）、式（7-99）、式（7-100）、式（7-102）～式（7-105），该模型为混合整数二阶锥松弛模型，可以由求解凸优化问题的方法快速精确求解。

（2）分区分布式优化算法。

1）ADMM 求解最优潮流。区域控制器具备区域内数据采集、计算和区域间通信的功能。区域协调控制器在自治优化模型基础上，区域间分布式协调优化需要增加边界节点电压和区域间线路功率的等式一致性约束，以便各个区域可以进行独立并行优化并确保区域间分布式优化的收敛性。式（7-106）对应相邻区域间 SVR 约束，式（7-107）和式（7-108）对应相邻区域间线路传输功率等式约束，即

$$U_a = U_d / (1 + n_{\text{tap}} \cdot d_{\text{step}}) \qquad (7\text{-}106)$$

$$P_{\text{ab}}^* = y_{\text{ab}}, y_{\text{ab}} = P_{\text{ab}} \qquad (7\text{-}107)$$

$$Q_{\text{ab}}^* = z_{\text{ab}}, z_{\text{ab}} = Q_{\text{ab}} \qquad (7\text{-}108)$$

式中：U_d 为 SVR 一次侧电压；U_a 为 SVR 二次侧电压；n_{tap} 为线路调压器挡位；d_{step} 为每一挡位调节量；P_{ab}^* 和 Q_{ab}^* 分别为上游区域边界节点 j 的虚拟负荷有功和无功功率；P_{ab} 和 Q_{ab} 分别为表示区域间线路 ab 传输的有功和无功功率；y_{ab} 和 z_{ab} 分别为区域间线路 ab 传输有功和无功功率的全局值。

采用 ADMM 实现区域间的分布式协调优化。由于相邻区域间线路调压器约束[见式（7-106）]使得问题仍然是非凸的，不满足 ADMM 收敛的条件，先去掉约束[见式（7-106）]，不考虑相邻区域的边界节点电压等式约束，得到原问题的松弛问题 RP。ADMM 算法通过对偶迭代使得等式一致性约束得到满足，从而由协调子问题的解得到全局问题的解。令 λ_{ab}^P 与 λ_{ab}^Q、$\lambda_{jl}^{P^*}$ 与 $\lambda_{jl}^{Q^*}$ 分别表示区域 C_K 的区域间线路 ab 传输有功与无功功率、边界节点 j 的虚拟负荷有功与无功功率的拉格朗日乘子，则式（7-20）的增广拉格朗日函数可表示为

$$L_K^{\text{ADMM}} = f_K + \sum_{\text{ab} \in L^B, b \in C_K} \left[\begin{array}{l} \frac{\rho}{2}(y_{\text{ab}} - P_{\text{ab}})^2 + \lambda_{\text{ab}}^P(y_{\text{ab}} - P_{\text{ab}}) \\ + \frac{\rho}{2}(z_{\text{ab}} - Q_{\text{ab}})^2 + \lambda_{\text{ab}}^Q(z_{\text{ab}} - Q_{\text{ab}}) \end{array} \right] + \sum_{jl \in L^B, j \in C_K} \left[\begin{array}{l} \frac{\rho}{2}(P_{jl}^* - y_{jl})^2 + \lambda_{jl}^{P^*}(P_{jl}^* - y_{jl}) \\ + \frac{\rho}{2}(Q_{jl}^* - z_{jl})^2 + \lambda_{jl}^{Q^*}(Q_{jl}^* - z_{jl}) \end{array} \right]$$

$$(7\text{-}109)$$

式中：变量 $\rho > 0$ 为惩罚系数，用于确保相邻区域边界数据的收敛性。

用原始残差和对偶残差两个指标判断求解过程是否收敛。原始残差表示区域边界信息的偏差，区域 C_K 边界数据的原始残差 r_K^{k+1} 为区域边界数据 B_{up}^{k+1}、B_{dn}^{k+1} 与其全局值

$X_{ab}^{k+1}=\{y_{ab}^{k+1},z_{ab}^{k+1}\}$、 $X_{jl}^{k+1}=\{y_{jl}^{k+1},z_{jl}^{k+1}\}$ 偏差的绝对值之和，而 r^{k+1} 为所有区域原始残差组成的列向量。对偶残差表示相邻两次迭代中区域边界信息的振动偏差，区域 C_K 边界数据的对偶残差 s_k^{k+1} 定义为区域边界数据全局值相邻两次求解结果 X_{ab}^{k+1}、 X_{jl}^{k+1} 与 X_{ab}^{k}、 X_{jl}^{k} 偏差的绝对值之和，而 s^{k+1} 为所有区域对偶残差组成的列向量。惩罚系数极大地影响收敛速度，惩罚系数过大会增大区域交互参数的对偶残差，惩罚系数过小则会增大区域交互参数的原始残差。因此，在迭代过程中，各个区域的惩罚系数应该根据原始残差和对偶残差的相对大小进行调整，对偶残差明显大于原始残差时减小惩罚系数，原始残差明显大于对偶残差时增大惩罚系数，如式（7-110）所示。

$$\rho_K^{k+1}=\begin{cases}0.5\rho_K^k, & \|s_K^{k+1}\|\geqslant10\|r_K^{k+1}\|\\2\rho_K^k, & \|r_K^{k+1}\|\geqslant10\|s_K^{k+1}\|\\\rho_K^k, & 其他\end{cases}\qquad(7\text{-}110)$$

基于 ADMM 的区域之间分布式协调优化的具体步骤说明如下：

①初始化。根据配电网的实测数据设定区域边界数据全局变量的初值 $\{y_{am}^1,z_{am}^1\}$，并设定所有区域边界数据的拉格朗日乘子初值为零。

②每个区域内独立并行优化。各区域进行区域内独立优化，求得区域内光伏变流器和无功补偿设备输出功率的最优解 $\Gamma=\{P_{decj},Q_{Cj},Q_{Gj}\}$，如式（7-102）所示，以及与相邻上游和下游区域间的区域边界数据 $B_{up}=\{P_{ab},Q_{ab}\}$ 和 $B_{dn}=\{P_{jl}^*,Q_{jl}^*\}$。区域内独立优化的约束条件包括式（7-24）、式（7-26）、式（7-28）、式（7-29）、 式（7-99）、式（7-100）、式（7-102）～式（7-105）。

$$\{\Gamma^{(k+1)},B_{up}^{(k+1)},B_{dn}^{(k+1)}\}=\arg\ \min\ L_K^{ADMM}\qquad(7\text{-}111)$$

③相邻区域交换区域边界数据。区域 C_K 分别向上游和下游相邻区域发送区域边界数据 $B_{up}^{k+1}=\{P_{ab}^{k+1},Q_{ab}^{k+1}\}$ 和 $B_{dn}^{k+1}=\{P_{jl}^{*(k+1)},Q_{jl}^{*(k+1)}\}$，同时接收上游区域发送的区域边界数据 $\{P_{ab}^{*(k+1)},Q_{ab}^{*(k+1)}\}$ 和下游区域发送的区域边界数据 $\{P_{jl}^{k+1},Q_{jl}^{k+1}\}$。

④基于接收的区域边界数据信息，各区域就地更新区域边界数据的全局变量。区域 C_K 分别利用式（7-112）和式（7-113）更新与上游和下游区域间的区域边界数据全局值。

$$\begin{cases}y_{ab}^{(k+1)}=[P_{ab}^{*(k+1)}+P_{ab}^{(k+1)}]/2\\z_{ab}^{(k+1)}=[Q_{ab}^{*(k+1)}+Q_{ab}^{(k+1)}]/2\end{cases}\qquad(7\text{-}112)$$

$$\begin{cases}y_{jl}^{(k+1)}=[P_{jl}^{(k+1)}+P_{jl}^{*(k+1)}]/2\\z_{jl}^{(k+1)}=[Q_{jl}^{(k+1)}+Q_{jl}^{*(k+1)}]/2\end{cases}\qquad(7\text{-}113)$$

⑤基于接收的区域边界数据信息，各区域就地更新区域边界数据的拉格朗日乘子。区域 C_K 分别利用式（7-114）和式（7-115）更新与上游和下游区域间区域边界数据的拉格朗日乘子。

$$\begin{cases} \lambda_{ab}^{P(k+1)} = \lambda_{ab}^{P(k)} + \rho[y_{ab}^{(k+1)} - P_{ab}^{(k+1)}] \\ \lambda_{ab}^{Q(k+1)} = \lambda_{ab}^{Q(k)} + \rho[z_{ab}^{(k+1)} - Q_{ab}^{(k+1)}] \end{cases} \tag{7-114}$$

$$\begin{cases} \lambda_{jl}^{P*(k+1)} = \lambda_{jl}^{P*(k)} + \rho[P_{jl}^{*(k+1)} - y_{jl}^{(k+1)}] \\ \lambda_{jl}^{Q*(k+1)} = \lambda_{jl}^{Q*(k)} + \rho[Q_{jl}^{*(k+1)} - z_{jl}^{(k+1)}] \end{cases} \tag{7-115}$$

⑥各区域计算区域间边界数据的原始残差和对偶残差，并利用分布式通信获得其他区域的边界数据残差。

⑦重复步骤②～⑥直至区域边界数据原始残差 $r^{(k+1)}$ 和对偶残差 $s^{(k+1)}$ 的无穷范数均小于设定的阈值 δ_d。

2）BBM 确定 SVR 挡位。用 ADMM 进行分布式协调优化迭代收敛后，得到最优目标函数 f_0 和各个区域的边界电压值 U_d 和 U_a，按照图 7-24 的通信方式进行边界信息交互，每个区域分别向上、下游区域发送本区域边界电压，同时接受上下游区域的边界电压，据此得到相邻区域边界理想的 SVR 挡位 $\tilde{n}_{tap}$。

$$\tilde{n}_{tap} = \frac{U_d/U_a - 1}{d_{step}} \tag{7-116}$$

基于 BBM 的区域之间分布式协调优化的具体步骤说明如下。

（1）分支。挡位 $\tilde{n}_{tap}$ 往往是实数值，不满足挡位的整数约束，从中任选一个 $\tilde{n}_{tap}^{C_\kappa}$，不妨选从上游起第一个不满足整数约束的挡位，构造两个约束条件

$$n_{tap}^{C_\kappa} \leqslant [\tilde{n}_{tap}^{C_\kappa}] \tag{7-117}$$

$$n_{tap}^{C_\kappa} \geqslant [\tilde{n}_{tap}^{C_\kappa}] + 1 \tag{7-118}$$

在式（7-117）和式（7-118）中，$[\tilde{n}_{tap}^{C_\kappa}]$ 是不超过 $\tilde{n}_{tap}^{C_\kappa}$ 的最大整数。将这两个约束条件转化为相邻区域边界电压的约束，即

$$u_d^{k+1} \leqslant (1 - [\tilde{n}_{tap}^{C_\kappa}] \cdot d_{step})^2 u_a^k \tag{7-119}$$

$$u_d^{k+1} \geqslant (1 - ([\tilde{n}_{tap}^{C_\kappa}] + 1) \cdot d_{step})^2 u_a^k \tag{7-120}$$

$$u_d^k / (1 - [\tilde{n}_{tap}^{C_\kappa}] \cdot d_{step})^2 \leqslant u_a^{k+1} \tag{7-121}$$

$$u_d^k / ([\tilde{n}_{tap}^{C_\kappa}] + 1)^2 \geqslant u_a^{k+1} \tag{7-122}$$

将式（7-119）～式（7-122）分别加入松弛问题 RP，将 RP 分成两个后继问题 RP1 和 RP2，不考虑整数条件要求，分别求解 RP1 和 RP2。根据需要各后继问题可用类似的方法进行分支，如此不断继续，直到获得各整数挡位的最优解。

（2）定界。以每个后继子问题为一分支并标明求解的结果，与其他问题的解的结果一道，找出最优目标函数值中的最小者作为新的下界，替换 f_0。从已符合挡位整数条件的各分支中，找出目标函数值中的最小者作为新的上界 f^*，即有 $f^* \geqslant f \geqslant f_0$。

（3）比较与剪支。各分支的最优目标函数中若有大于 f^* 者，则剪掉这一支；若小于 f^*，且不符合整数条件，则重复步骤（1），一直到最后得到最优目标函数值 $f^* = f$ 为

止，从而得到挡位最优整数解 n_{tap}^{Cj*}。

各区域之间的通信数据和决策逻辑总结如图 7-27 所示，虚线框中是用 ADMM 求解最优潮流的过程。

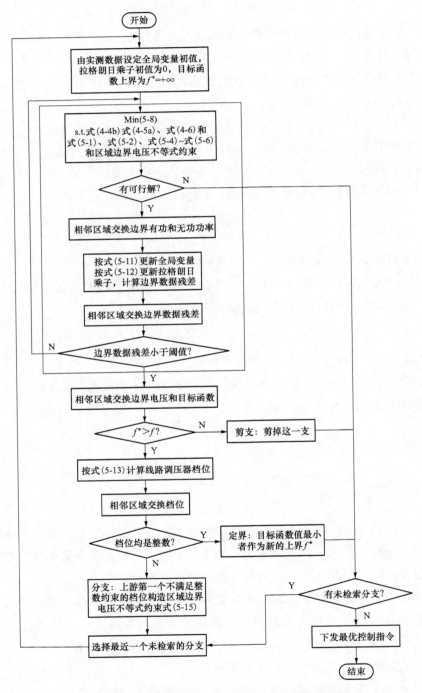

图 7-27　各区域之间的通信数据和决策逻辑流程图

（4）仿真算例。选取某 30 节点电网一条含高渗透率分布式光伏的 10kV 线路对所提区域电压控制策略进行验证。首端节点电压为 1.0p.u.，无光照满负荷运行时，节点 6 处电压为 0.9433p.u.，节点 22 处电压为 0.9503p.u.，电压损失率均约为 5%，设置线路调压器，将配电网分为三个区域，区域划分结果如图 7-28 所示。

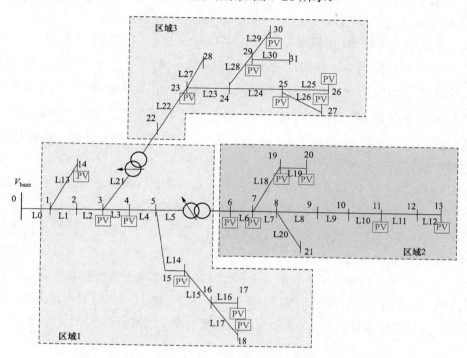

图 7-28　某馈线的区域划分情况和分布式区域电压协调控制架构

　　光伏装机总容量约为 2.22MVA，分布于 18 个节点。其中 12 个节点的光伏变流器功率可控，而无功补偿设备安装节点有 4 个，具体参数如表 7-3 所示。该条线路上的光伏安装容量虽不大，但因为地处农村负荷功率较小，所以在正午时刻普遍存在功率倒送情况。根据该地的历史运行数据，2016 年 11 月 4 日 12:30，该条线路上发生严重的电压越限，所有节点的净负荷功率为 1.23MW，光伏输出有功功率约为安装容量的 75%，配电站出口母线 0 的电压约为 1.03p.u.。此时网络中节点电压幅值高于 1.05p.u.的比例高达 64.5%。

表 7-3　　　　　　　　　　　可控光伏变流器和无功补偿设备参数

可控资源	节点	可控容量（MVA）
无功补偿设备	7、13、17、27	±0.1
光伏变流器	4、18、19、29	0.05
	13、23、27	0.1
	3、15、25	0.2
	11、17	0.3

线路调压器的电压调节范围是 32 个挡位调压，每挡调压幅度为目标电压的 0.625%。电压损失率不超过 5%。设置初始惩罚参数 $\rho = 10^6$。求解过程如下：

（1）求松弛问题 RP 得节点 3 和 22 之间以及节点 5 和 6 之间的线路调压器挡位最优实数解为 $\tilde{n}_{\text{tap}}^0 = [-0.3105, 0.3027]$，目标函数为 $f_0 = 11.4639$。按条件 $n_{\text{tap}}^{C_{1-3}} \leqslant -1$ 和 $n_{\text{tap}}^{C_{1-3}} \geqslant 0$ 将问题 RP 分解成子问题 RP1 和 RP2，并赋它们的下界为 11.4639。

（2）求松弛子问题 RP1 得到 $\tilde{n}_{\text{tap}}^1 = [-1, -0.1183]$，$f_1 = 54.4851$；求松弛子问题 RP2 得到 $\tilde{n}_{\text{tap}}^2 = [0, 0.3027]$，$f_2 = 11.4691$；$\min\{f_1, f_2\} = f_2$。$\tilde{n}_{\text{tap}}^2$ 中 $n_{\text{tap}}^{C_{1-2}} = 0.3027$，所以按条件 $n_{\text{tap}}^{C_{1-2}} \leqslant 0$ 和 $n_{\text{tap}}^{C_{1-2}} \geqslant 1$ 将问题 RP2 分解成子问题 RP3 和 RP4，并赋它们的下界为 11.4691。

（3）求松弛子问题 RP3 得到 $\tilde{n}_{\text{tap}}^3 = [0, 0]$，$f_3 = 36.6984$；求松弛子问题 RP4 得到 $\tilde{n}_{\text{tap}}^4 = [0, 1]$，$f_4 = 11.5744$；$\min\{f_3, f_4\} = f_4$。由于 $\tilde{n}_{\text{tap}}^3$ 和 $\tilde{n}_{\text{tap}}^4$ 是满足线路调压器挡位整数约束的可行解，所以置 $f^* = 11.5744$ 为上界。

（4）因为 $f_1 > f^*$，所以 RP1 没有继续分支求解的必要，至此求得线路调压器的整数最优解为 $n_{\text{tap}}^* = n_{\text{tap}}^4 = [0, 1]$，最优目标函数值为 $f = f_4 = 11.5744$。

区域 1 与区域 2 之间的线路调压器挡位为+1，区域 1 与区域 3 之间的线路调压器挡位为 0。在区域间分布式协调优化过程中，各区域会不断调整区域内光伏和无功补偿设备的有功和无功输出功率，最终收敛到全局最优解。区域间分布式协调优化后，各光伏和无功设备的无功补偿量如图 7-29 所示，各节点电压如图 7-30 所示。光伏的有功缩减总量为 0，无功补偿总量为 398.1187kvar，而系统最高电压幅值位于节点 17 为 1.05p.u.。

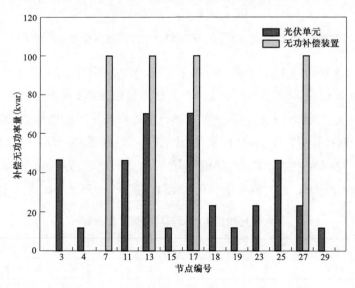

图 7-29　32 节点案例区域协调优化后的无功补偿量

与集中优化对比的结果如表 7-4 所示，可见区域协调优化能达到与集中优化相近的控制效果，保证了控制精度。网络最高电压、光伏变流器有功削减功率、线路调压器挡位等相同，目标函数、光伏变流器无功功率和无功设备无功功率等较大，这是由原始残差和对偶残差导致的。残差大小跟收敛速度有关，受惩罚参数影响极大。惩罚参数的选择有待进一步研究。

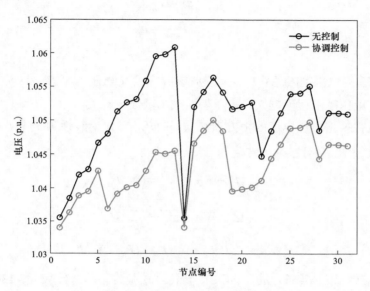

图 7-30　32 节点案例区域协调优化后的电压

表 7-4　　　　　　　32 节点案例区域协调与集中优化结果对比

调控结果	集中优化	区域协调
目标函数（元）	11.5558	11.5744
光伏变流器有功削减功率（kW）	0	0
光伏变流器无功功率（kvar）	351.7304	398.1187
无功设备无功功率（kvar）	381.5035	400
最高电压（p.u./节点）	1.05/17	1.05/17
线路调压器挡位（区域1~3/区域1~2）	0/+1	0/+1

7.6.2　变电站与多馈线协同优化算法

变电站与多馈线协同优化模型为基于支路潮流模型的混合整数非凸非线性优化模型。本节通过线性化和二阶锥松弛，将原始 NP 难问题转化为混合整数二阶锥规划模型。为了保证二阶锥松弛精度，提出计算配电网最优潮流的多时段割平面约束，迭代收敛后将其加入新一轮迭代优化中求解，直至 SOCR 误差减小到预定范围。

（1）优化模型凸化。上述模型的非线性是由电压的平方项和负二次项、OLTC 抽头挡位的绝对值项等导致的，非凸性是由电压、电流乘积项等导致的。通过对目标函数和约束条件进行线性化和 SOCR，能将其转化为 MISOCP，进而可以用优化算法包在多项式时间内完成求解。

电压惩罚成本函数（7-59）可线性化为

$$f_p = M \cdot U_{dvt} \tag{7-123}$$

$$U_{dvt} \geqslant u_i^t - U_{thmax}^2 \tag{7-124}$$

$$U_{dvt} \geqslant U_{thmin}^2 - u_i^t \tag{7-125}$$

$$U_{dvt} \geqslant 0 \tag{7-126}$$

式中：U_{dvt} 为电压越限惩罚项；u_i^t 为时刻 t 节点 i 电压的平方；M 为一个很大的常数惩罚因子，电压越限程度越大，电压惩罚成本函数也越大。

通过变量替换将电压电流的平方项 $(U_i^t)^2$ 和 $(I_{ij}^t)^2$ 转化为线性项 u_i^t 和 l_{ij}^t，则含平方项的式（7-127）～式（7-129）可转化为

$$\sum_{i:i \to j} [P_{ij}^t - R_{ij} l_{ij}^t] - P_j^t = \sum_{k:j \to k} P_{jk}^t \tag{7-127}$$

$$\sum_{i:i \to j} [Q_{ij}^t - X_{ij} l_{ij}^t] - Q_j^t = \sum_{k:j \to k} Q_{jk}^t \tag{7-128}$$

$$u_j^t = u_i^t - 2(R_{ij} P_{ij}^t + X_{ij} Q_{ij}^t) + (R_{ij}^2 + X_{ij}^2) l_{ij}^t \tag{7-129}$$

将二次等式约束（7-66）进行 SOCR 转化，松弛为不等式约束（7-130），即电压电流功率间关系的旋转二阶锥约束，如式（7-131）所示。

$$(P_{ij}^t)^2 + (Q_{ij}^t)^2 \geqslant l_{ij}^t \cdot u_i^t \tag{7-130}$$

$$\left\| \begin{matrix} 2P_{ij}^t \\ 2Q_{ij}^t \\ u_i^t - l_{ij}^t \end{matrix} \right\| \leqslant u_i^t + l_{ij}^t \tag{7-131}$$

锥松弛精度由电流平方向量误差的无穷范数表示，即

$$gap = \max_t \left\| l_{ij}^t - \frac{(P_{ij}^t)^2 + (Q_{ij}^t)^2}{u_i^t} \right\|_\infty \tag{7-132}$$

含绝对值项的调控成本，即式（7-56）可以改写为

$$f = f_b + M \cdot U_{dvt} + c_{tap} \cdot \sum_{t=1}^{24} (N_{u+}^t + N_{u-}^t) + f_x - f_s \tag{7-133}$$

相应地，含绝对值项的约束（7-77）可以改写为

$$\sum_{t=1}^{24} (N_{u+}^t + N_{u-}^t) < N_u^{total} \tag{7-134}$$

式中：N_{u+}^t 和 N_{u-}^t 分别为时刻 t 有载调压变压器 OLTC 抽头上调和下调的挡位，并满足以下约束条件，即

$$N_u^t - N_u^{t-1} = N_{u+}^t + N_{u-}^t \tag{7-135}$$

$$N_{u+}^t \geqslant 0 \tag{7-136}$$

$$N_{u-}^t \geqslant 0 \tag{7-137}$$

含绝对值项的约束条件式（7-69）可改写为

$$Q_{12}^t - P_{12}^t \tan\alpha \leqslant x^t M \tag{7-138}$$

$$Q_{12}^t + P_{12}^t \tan\alpha \leqslant (1-x^t)M \tag{7-139}$$

式中：x^t 为逻辑型变量，取 0 时表示时刻 t 增量配电网对上级电网无有功倒送；取 1 时表示时刻 t 增量配电网对上级电网存在有功倒送。

二次约束式（7-75）可改写为

$$u_2^t = K^T d^t \tag{7-140}$$

$$K(i) = \frac{1.05^2}{[1+(\overline{N_u}-i)U^{step}]^2} \tag{7-141}$$

$$N_u^t = \overline{N_u} - \sum_{i=0}^{2\overline{N_u}} d(i) \cdot i \tag{7-142}$$

$$\sum_{i=0}^{2\overline{N_u}} d^t(i) = 1 \tag{7-143}$$

式中：$i \in \{0, 1, 2, \cdots, 2\overline{N_u}\}$；$K$ 为变压器二次侧电压与一次侧电压比例平方常数向量，对应 $2\overline{N_u}+1$ 个挡位；d^t 为逻辑型变量向量，取 1 的元素对应时刻 t 有载调压变压器 OLTC 抽头的挡位。

（2）割平面约束法。调度模型的目标函数为除去光伏发电成本的运行成本，在分布式光伏高渗透率接入的场景下用锥松弛思想求解最优潮流时 SOCR 不再精确。现将 SOCR 与整数规划松弛进行类比，在上述优化模型的第 n 次求解之后，如果表示 SOCR 误差的 gap_n 足够小，那么可以认为满足求解精度，否则在第 $n+1$ 次求解时加入割平面约束。下面推导多时段最优潮流的割平面约束形式。

增量配电网购电量为负荷加网损，售电量为光伏出力减去负荷、储能电量和网损，目标函数式（7-56）的购电成本和光伏上网收益中包含了网损成本，因而目标函数可以写为

$$\min f = f_l + f_r \tag{7-144}$$

式中：f_l 表示网损成本；f_r 表示其余成本。

首先，考察第 n 次求解后网损成本的大小。设 x 表示优化变量，S 表示原问题解集，$\dot{x}$ 表示最优解，x_n 表示第 n 次求解后的非精确解，S_n 表示第 n 次求解后的解集。假设 $f_l(\dot{x}) \geqslant f_l(x_n)$，则 $x_n = \arg\min f_l(x) \in S_n$，而原问题与其凸包的功率注入区间有相同的帕累托前沿，所以 $x_n \in S$，但是 x_n 是非精确解，应被割去，即 $x_n \notin S$，二者矛盾，所以

$$f_l(\dot{x}) < f_l(x_n) \tag{7-145}$$

因为 x_n 是最小化问题第 n 次求解的解，所以有 $f_l(\dot{x})+f_r(\dot{x})>f_l(x_n)+f_r(x_n)$，即 $f_r(\dot{x})-f_r(x_n)>f_l(x_n)-f_l(\dot{x})$，结合式（7-145），得到

$$f_r(\dot{x})>f_r(x_n) \tag{7-146}$$

由定义可知，若令

$$f_l(x)=\sum_{t\in T_{\text{buy}}}c_b^t\cdot\left(\sum_{i:i\to j}R_{ij}l_{ij}^t\right)+c_s\sum_{t\in T_{\text{sell}}}\sum_{i:i\to j}R_{ij}l_{ij}^t \tag{7-147}$$

$$f_g(x)=\sum_{t\in T_{\text{buy}}}c_b^t\cdot\left\{\sum_{i:i\to j}R_{ij}\left[l_{ij}^t-\frac{(P_{ij}^t)^2+(Q_{ij}^t)^2}{u_i^t}\right]\right\}+c_s\sum_{t\in T_{\text{sell}}}\sum_{i:i\to j}R_{ij}\left[l_{ij}^t-\frac{(P_{ij}^t)^2+(Q_{ij}^t)^2}{u_i^t}\right] \tag{7-148}$$

式中：T_{buy} 和 T_{sell} 分别为购电时段和售电时段，则 $f_l(x)=f_L(x)+f_g(x)$，所以 $\dot{x}$ 和 x_n 是向量值函数的帕累托最优解。

$$g=\begin{bmatrix}f_L\\f_g\\f_r\end{bmatrix} \tag{7-149}$$

由目标函数最优解的性质可得

$$f_g(\dot{x})<f_g(x_n) \tag{7-150}$$

由帕累托最优解的非支配性可知 $\dot{x}$ 和 x_n 无法进行帕累托改进，所以结合式（7-146）和（7-150）可得

$$f_l(\dot{x})=f_L(\dot{x})<f_L(x_n) \tag{7-151}$$

即多时段最优潮流的割平面约束为

$$\sum_{t\in T_{\text{b}}}c_b^t\cdot\left(\sum_{i:i\to j}R_{ij}l_{ij}^t\right)+c_s\sum_{t\in T_{\text{sell}}}\sum_{i:i\to j}R_{ij}l_{ij}^t\leqslant$$
$$\sum_{t\in T_{\text{b}}}c_b^t\cdot\left[\sum_{i:i\to j}R_{ij}\frac{(P_{ij,n}^t)^2+(Q_{ij,n}^t)^2}{u_{i,n}^t}\right]+c_s\sum_{t\in T_{\text{sell}}}\sum_{i:i\to j}R_{ij}\frac{(P_{ij,n}^t)^2+(Q_{ij,n}^t)^2}{u_{i,n}^t} \tag{7-152}$$

式中：$P_{ij,n}^t$ 和 $Q_{ij,n}^t$ 分别为第 n 次计算得到的时刻 t 支路 ij 之间传输的有功和无功功率；$u_{i,n}^t$ 为第 n 次计算得到的时刻 t 节点 i 的电压平方。

在每次迭代计算后加入式（7-152）继续优化，直至

$$gap_n<\varepsilon \tag{7-153}$$

式中：ε 为预先设定的误差范围。

求解模型的详细流程如图 7-31 所示。

Step 1：读入增量配电网各项参数，以及日前负荷需求和光伏出力的预测数据；

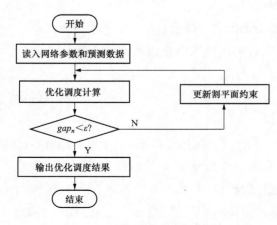

图 7-31　优化调度计算流程

Step 2：根据搭建的优化调度模型计算各项调控手段的调控量和各项运行成本；

Step 3：判断 SOCR 误差是否小于误差限，若是则输出优化调度结果，否则更新割平面约束，将其加入调度模型中继续下一次优化。

（3）仿真算例。为验证上述优化调度方法的有效性，选择某增量配电网 35kV 变电站下的放射状配电网线路进行案例分析，线路拓扑如图 7-32 算例配电网拓扑所示。在图 7-32 中，黑色（实线）方框表示负荷，红色（虚线）方框表示光伏，蓝色（点划线）方框表示用户侧 ESS。配电站 OLTC 抽头挡位为 –3～+3，每档调节量为 0.025p.u.；SVC 容量范围为 –200～200kvar；10kV 馈线电压的安全范围为 0.93～1.07p.u.。增量配电网的运行参数如图 7-33 和表 7-5 所示。

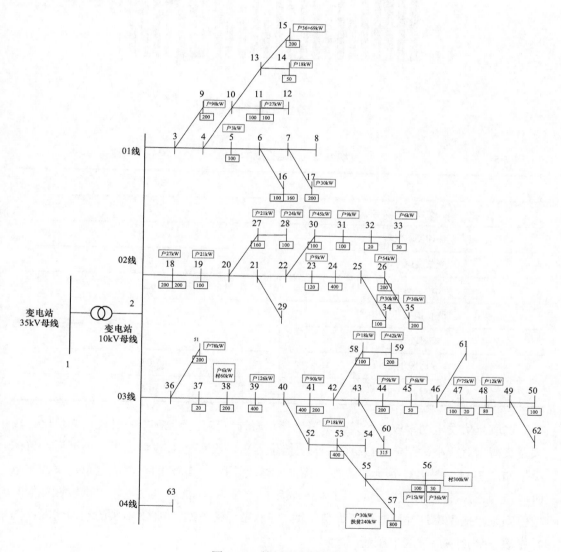

图 7-32　算例配电网拓扑

119

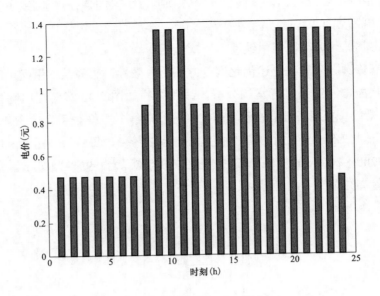

图 7-33 配电网日前分时电价

表 7-5   增量配电网运行成本参数

项目	金额（元）
抽头动作一次成本	10
储能度电成本	0.7
光伏度电成本	0.7
光伏上网电价	0.35
光伏国家补贴	0.42
峰时段电价	1.35
平时段电价	0.9
谷时段电价	0.47

选取光伏发电功率较高的某典型日进行仿真计算和分析。在中午时段，光伏出力较大而负荷相对较小，配电站 OLTC 抽头的挡位为+1，没有 SVC 投运。优化调度后，调控结果如图 7-34～图 7-37 所示。其中，图 7-34 表示用户侧 ESS 的充、放电总功率，充电时取值为正，放电时取值为负；图 7-35 表示配电站 SVC 的补偿容量，提供容性补偿时取值为正，提供感性补偿时取值为负；图 7-36 表示配电站 OLTC 抽头的动作情况；图 7-37 表示调控前后馈线电压情况。

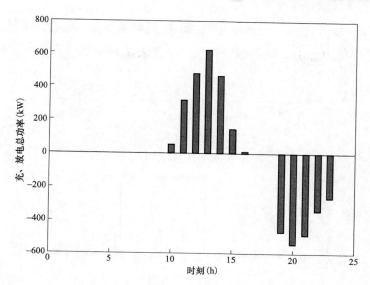

图 7-34　用户侧储能装置充、放电总功率

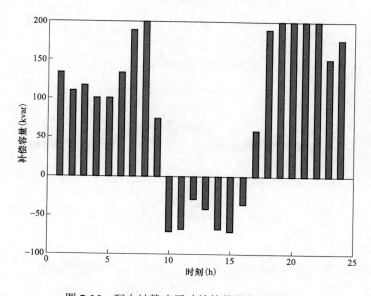

图 7-35　配电站静止无功补偿装置的补偿容量

由图 7-34 可知，在分时电价机制下，ESS 在 10～16h 进行充电，在 19～24h 进行放电。中午时段，用分布式光伏进行供电的度电成本为 0.7-0.42=0.28 元（低于峰时段，电价 1.35 元；平时段，电价 0.9 元），多余上网电量的净收益为 0.42+0.35-0.7=0.07 元，但潮流倒送容易引起馈线电压越上限现象；晚间时段，用 ESS 进行供电的度电成本为 0.7 元，不仅低于峰时段电价 1.35 元，也低于两时段电价差 1.35-0.28=1.07 元。因此，用户侧 ESS 在白天将较便宜的分布式光伏发出的部分电能储存起来，在晚间峰电价时段放出，降低了在峰电价时段需要购买的电能，同时有利于改善中午电压越限。

由图 7-36 可知，SVC 在 1～9h 和 17～24h 提供容性补偿，这是为了降低网损从而减小购电量；SVC 在 10～16h 提供感性补偿，这是为了减小逆向潮流从而降低电压越限程度。

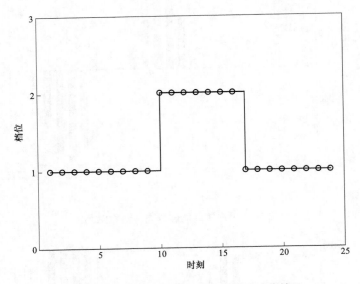

图 7-36　配电站有载调压变压器抽头动作情况

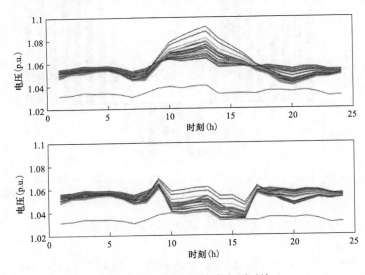

图 7-37　调控前后馈线电压对比

由图 7-36 可知，10h 开始 OLTC 抽头挡位从 +1 档提高至 +2 档，这是为了保证中午时段出现潮流倒送时电压不会越限；17h 开始 OLTC 抽头挡位又从 +2 档调回至 +1 档，这是为了提高系统整体电压水平，降低网损从而减小购电量。

由图 7-37 可知，如果没有调度，增量配电网部分馈线电压在中午时刻超出电压上限 1.07，主要由于 OLTC 的调控作用，在 10～16h 时段馈线电压明显降低，降至安全范围以内。

综合上述结果，增量配电网在新型供电模式与传统供电模式下的总运行费用对比如表 7-6 所示。从表 7-6 的数据对比中可以看出，新型供电方式下购电成本大大降低，在本算例中降低程度达到 66.8%，分布式光伏发电上网后有一定收益，而且调控成本增加，但是总运行成本大大降低，在本算例中降低程度达 42.8%。

表 7-6   总 运 行 费 用 对 比

项目	传统供电成本（元）	新型供电成本（元）
购电成本	14916.94	4955.23
光伏发电成本	0	4297.27
光伏收益	0	2193.98
储能充、放电成本	0	1456.00
抽头动作成本	0	20
总运行成本	14916.94	8534.52

7.6.3　高、中压配电网分层分布式优化算法

高、中压配电网分层分布式优化模型为混合整数优化模型。常规的分布式优化算法无法实现含离散变量优化模型的分布式计算，因而采用了广义 Benders 算法的主从计算架构，将高压配电网优化模型转化为主问题，各个中压配电网优化模型转化为子问题。通过主问题和子问题的交替迭代计算，实现高、中压配电网优化模型的分层分布式计算。为保证广义 Benders 算法的收敛性，本章首先将高压和中压优化模型转化为凸问题，然后再介绍基于广义 Benders 算法的分层分布式优化算法，最后通过仿真算例验证所提算法的有效性。

7.6.3.1　优化模型凸化

（1）高压配电网优化模型的二阶锥松弛。上述中的绝对值项和变量平方项是高压配电网优化模型非凸的主要原因。

通过引入辅助变量 n_{CB}^{+}、n_{CB}^{-} 及以下约束，可将上述电容器投切挡位转化为线性形式，即

$$\min \ \left|n_{\mathrm{CB}j,t} - n_{\mathrm{CB}j,t-1}\right| = \min \ n_{\mathrm{CB}}^{+} + n_{\mathrm{CB}}^{-} \tag{7-154}$$

$$\begin{cases} n_{\mathrm{CB}j,t} - n_{\mathrm{CB}j,t-1} = n_{\mathrm{CB}}^{+} - n_{\mathrm{CB}}^{-} \\ n_{\mathrm{CB}}^{+} \geqslant 0, n_{\mathrm{CB}}^{-} \geqslant 0 \end{cases} \tag{7-155}$$

类似地，联络线开关的动作次数和变压器挡位的调节挡位可做相同变换，即

$$\min \ \left|u_{ij,t}^{S} - u_{ij,t-1}^{S}\right| = \min \ u_{ij}^{+} + u_{ij}^{-} \tag{7-156}$$

$$\begin{cases} u_{ij,t}^{S} - u_{ij,t-1}^{S} = u_{ij}^{+} + u_{ij}^{-} \\ u_{ij}^{+} \geqslant 0, u_{ij}^{-} \geqslant 0 \end{cases} \tag{7-157}$$

$$\min \left| K_{ij,t} - K_{ij,t-1} \right| = \min \, K_{ij}^{+} + K_{ij}^{-} \tag{7-158}$$

$$\begin{cases} K_{ij,t} - K_{ij,t-1} = K_{ij}^{+} + K_{ij}^{-} \\ K_{ij}^{+} \geqslant 0, K_{ij}^{-} \geqslant 0 \end{cases} \tag{7-159}$$

通过引入中间变量 v_j 和 l_{ij} 分别表示电压幅值和线路电流的平方项，可有效消除潮流等式方程中变量平方项，即

$$\begin{cases} v_j = V_j^2 \\ l_{ij} = I_{ij}^2 = \dfrac{P_{ij}^2 + Q_{ij}^2}{v_i} \end{cases} \tag{7-160}$$

利用上述变量替换目标函数和约束中的相关项，则目标函数和潮流等式方程转化为

$$f_{\text{HV}} = \begin{bmatrix} c_T \sum\limits_{\forall ij} (K_{ij}^{+} + K_{ij}^{-}) + c_{\text{CB}} \sum\limits_{\forall j} (n_{\text{CB}}^{+} + n_{\text{CB}}^{-}) \\ + c_S \sum\limits_{\forall ij} (u_{ij}^{+} + u_{ij}^{-}) + c_P \sum\limits_{j \in N_H, \forall i:i \to j} l_{ij} R_{ij} \end{bmatrix} \tag{7-161}$$

$$\sum_{i:i \to j} (P_{ij} - R_{ij} l_{ij}) - P_j = \sum_{l:j \to l} P_{jl}$$

$$\sum_{i:i \to j} (Q_{ij} - X_{ij} l_{ij}) - Q_j = \sum_{l:j \to l} Q_{jl} \tag{7-162}$$

$$v_j = v_i - 2(R_{ij} P_{ij} + X_{ij} Q_{ij}) + (R_{ij}^2 + X_{ij}^2) l_{ij}$$

$$V_{\min}^2 \leqslant v_i \leqslant V_{\max}^2 \tag{7-163}$$

$$l_{ij} \leqslant I_{ij,\max}^2 \tag{7-164}$$

进一步利用二阶锥松弛，将 l_{ij}、v_i 和 $P_{ij}^2 + Q_{ij}^2$ 的关系式进行凸松弛。已有文献证明当目标函数是 l_{ij} 的严格增函数且节点负荷无上界时，二阶锥松弛变换可保证原模型的准确性。

$$\left\| [2P_{ij} \quad 2Q_{ij} \quad l_{ij} - v_i]^T \right\|_2 \leqslant l_{ij} + v_i \tag{7-165}$$

（2）中压配电网优化模型的 LinDistFlow 转化。当线路上的有功和无功功率损耗相较于线路上传输的有功和无功功率很小，且节点间电压偏差相较于节点电压幅值也较小时，LinDistFlow 约分方程可被用于凸化中压配电网优化模型和降低优化求解的计算量。

基于 LinDistFlow 约分方程的中压配电网优化目标和潮流等式方程可表达为

$$\min f_{\text{MV},m} = M_{\text{PV}} \sum_{j \in N_M} P_{\text{dec},j} + c_P \sum_{j \in N_M, \forall i:i \to j} R_{ij} \frac{P_{ij}^2 + Q_{ij}^2}{v_{\text{root},m}^{\text{MV}}} \tag{7-166}$$

$$\sum_{i:i \to j} P_{ij} - P_j = \sum_{l:j \to l} P_{jl}$$

$$\sum_{i:i \to j} Q_{ij} - Q_j = \sum_{l:j \to l} Q_{jl} \tag{7-167}$$

$$v_j = v_i - 2(R_{ij} P_{ij} + X_{ij} Q_{ij})$$

式中，$v_j = V_j^2$，$v_{\text{root},m}^{\text{MV}} = (V_{\text{root},m}^{\text{MV}})^2$，并假设 $I_{ij}^2 \approx \dfrac{P_{ij}^2 + Q_{ij}^2}{v_{\text{root},m}^{\text{MV}}}$。

7.6.3.2 分层分布式优化算法

利用广义 Benders 分解对双层配电网进行分布式优化计算的基本过程如下所述。

Step 1 初始化参数：设定 $k=1$，$p_m=0$，$q_m=0$，$L_{B0}=-\infty$，$U_{B0}=+\infty$，选取高压配电网与各中压配电网边界变量的可行初值 $\hat{y}_{\tau(m)} = \{\hat{v}_{\tau(m)}^{\text{HV}}, \hat{P}_{\tau(m)}^{\text{HV}}, \hat{Q}_{\tau(m)}^{\text{HV}}\}^T$。

Step 2 求解子问题：因上述的全局优化目标函数中仅 $f_{\text{MV},m}(x_m)$ 与变量 x_m 相关，故配电网 m 的优化目标为 $f_{\text{MV},m}(x_m)$。以配电网 m 为例，基于高压配电网的边界变量 $\hat{y}_{\tau(m)}$，求解优化模型如下

$$\min f_{\text{MV},m}(x_m)$$
$$\text{s.t. } x_m \in X_m$$
$$G_{\text{MV},m}(x_m) \leqslant 0 \tag{7-168}$$
$$H_m[x_{\text{root},m}, \hat{y}_{\tau(m)}] = 0$$

Step 2 a) 若上述优化模型有可行解：则 p_m 增加 1，求解边界等式约束 $H_m[x_{\text{root},m}, \hat{y}_{\tau(m)}] = 0$ 对应的拉格朗日乘子 $\mu^{m,p} = \{\mu_V^{m,p}, \mu_P^{m,p}, \mu_Q^{m,p}\}^T$，利用目标函数值 $f_{\text{MV},m}(x_m)$ 更新中压配电网 m 的目标函数 $UB_{\text{MV},m}$，并构建优化割平面回补主问题。优化割平面约束的表达式应为

$$\inf_{x_m \in X_m} \left\{ f_{\text{MV},m}(x_m) + (\mu^{m,p})^T H_m[x_{\text{root},m}, y_{\tau(m)}] \right\}$$
$$= UB_{\text{MV},m} + \mu_V^{m,p}(v_{\text{root},m}^{\text{MV}} - v_{\tau(m)}^{\text{HV}}) \tag{7-169}$$
$$+ \mu_P^{m,p}[P_{\text{root},m}^{\text{MV}} - P_{\tau(m)}^{\text{HV}}] + \mu_Q^{m,p}[P_{\text{root},m}^{\text{MV}} - P_{\tau(m)}^{\text{HV}}]$$

为减少上、下层配电网间的通信数据量，可定义 $L_{m,p}^*$ 为

$$L_{m,p}^* = UB_{\text{MV},m} + \mu_V^{m,p} v_{\text{root},m}^{\text{MV}} + \mu_P^{m,p} P_{\text{root},m}^{\text{MV}} + \mu_Q^{m,p} Q_{\text{root},m}^{\text{MV}}$$
$$= UB_{\text{MV},m} + (\mu^{m,p})^T \hat{y}_{\tau(m)} \tag{7-170}$$

则优化割平面约束为 $L_{m,p}^* - (\mu^{m,p})^T y_{\tau(m)}$。

Step 2 b) 若上述优化模型不存在可行解：则 q_m 增加 1，引入松弛变量，形成如下松弛优化问题，即

$$\min_{x_m \in X_m} \sum_{i=1}^{6} \alpha_i$$
$$\text{s.t. } v_{\text{root},m}^{\text{MV}} - \hat{v}_{\tau(m)}^{\text{HV}} - \alpha_1 \leqslant 0, \quad -v_{\text{root},m}^{\text{MV}} + \hat{v}_{\tau(m)}^{\text{HV}} - \alpha_2 \leqslant 0$$
$$P_{\text{root},m}^{\text{MV}} - \hat{P}_{\tau(m)}^{\text{HV}} - \alpha_3 \leqslant 0, \quad -P_{\text{root},m}^{\text{MV}} + \hat{P}_{\tau(m)}^{\text{HV}} - \alpha_4 \leqslant 0 \tag{7-171}$$
$$Q_{\text{root},m}^{\text{MV}} - \hat{Q}_{\tau(m)}^{\text{HV}} - \alpha_5 \leqslant 0, \quad -Q_{\text{root},m}^{\text{MV}} + \hat{Q}_{\tau(m)}^{\text{HV}} - \alpha_6 \leqslant 0$$
$$\alpha_i \geqslant 0, i = 1, 2, \cdots, 6$$

求解相应的最优解 $x_{\text{root},m}$ 和边界松弛约束对应的乘子 $\lambda_1 \sim \lambda_6$，并令 $\lambda_V^{m,q} = \lambda_1 - \lambda_2$，$\lambda_P^{m,q} = \lambda_3 - \lambda_4$，$\lambda_Q^{m,q} = \lambda_5 - \lambda_6$，$\lambda^{m,q} = \{\lambda_V^{m,q}, \lambda_P^{m,q}, \lambda_Q^{m,q}\}^T$，中压配电网 m 的目标函数上界 $UB_{\text{MV},m}$ 不变，并构建可行割平面回补给主问题。可行割平面约束的表达式应为

$$\inf_{x \in X}\left\{(\lambda^{m,q})^T H_m[x_{\text{root},m}, y_{\tau(m)}]\right\} = \lambda_V^{m,p}[v_{\text{root},m}^{\text{MV}} - v_{\tau(m)}^{\text{HV}}] \tag{7-172}$$

$$+ \lambda_P^{m,p}[P_{\text{root},m}^{\text{MV}} - P_{\tau(m)}^{\text{HV}}] + \lambda_Q^{m,p}[P_{\text{root},m}^{\text{MV}} - P_{\tau(m)}^{\text{HV}}]$$

为减少上、下层配电网间的通信数据量，可定义 $L_*^{m,q}$ 为

$$L_*^{m,q} = \lambda_V^{m,q} v_{\text{root},m}^{\text{MV}} + \lambda_P^{m,q} P_{\text{root},m}^{\text{MV}} + \lambda_Q^{m,q} Q_{\text{root},m}^{\text{MV}} = \lambda^{m,q} x_{\text{root},m} \tag{7-173}$$

则可行割平面约束为 $L_*^{m,q} - (\lambda^{m,p})^T y_{\tau(m)}$。

Step 3 求解主问题。

首先，高压配电网基于所有边界变量 $\hat{y}_{\tau(m)}$ 和各中压配电网的目标函数值 $UB_{\text{MV},m}$ 通过上层最优潮流计算和加和，更新全局目标函数的上界 UB。

然后，基于所有中压配电网传输的变量 p_m、$\mu^{m,p}$、$L_{m,p}^*$ 和 q_m、$\lambda^{m,q}$、$L_*^{m,q}$，高压配电网求解如下主问题

$$\min \sum_{m=1}^{N_{\text{MV}}} \text{LBD}_m + f_{\text{HV}}(y)$$

$$\text{s.t. } y \in Y$$

$$g_{\text{HV}}(y) \leqslant 0 \tag{7-174}$$

$$m = 1, \cdots, N_{\text{MV}}$$

$$\text{LBD}_m \geqslant L_{m,j}^* - (\mu^{m,p})^T y_{\tau(m)}, j = 1, \cdots, p_m$$

$$L_*^{m,j} - (\lambda^{m,j})^T y_{\tau(m)} \leqslant 0, j = 1, \cdots, q_m$$

利用求得的目标函数值更新全局目标函数的下界 LB，并根据边界变量最优值为 $\hat{y}_{\tau(m)} = \left\{\hat{v}_{\tau(m)}^{\text{HV}}, \hat{P}_{\tau(m)}^{\text{HV}}, \hat{Q}_{\tau(m)}^{\text{HV}}\right\}^T$ 赋值，用于中压配电网的下轮迭代计算。

Step 4 重复 Step 2 和 Step 3，直至全局目标函数的上、下界偏差小于预设值 δ。

在多等级配电网的分层分布式优化迭代过程中，双层配电网间的交互数据如表 7-7 所示。

表 7-7　　　　　　　　　　　　　双层配电网间的交互数据

高压配电网向中压配电网 m 通信数据	中压配电网 m 向高压配电网的通信数据
边界节点的电压和传输功率数据 $\hat{y}_{\tau(m)}[\hat{v}_{\tau(m)}^{\text{HV}}, \hat{P}_{\tau(m)}^{\text{HV}}, \hat{Q}_{\tau(m)}^{\text{HV}}]$	优化割参数 p_m、$\mu^{m,p}$、$L_{m,p}^*$ 可行割参数 q_m、$\lambda^{m,q}$、$L_*^{m,q}$ 配电网 m 的目标函数 $UB_{\text{MV},m}$

7.6.3.3 仿真算例

选取我国某地 220kV 变电站下的高、中压配电网（见图 7-38）对所提基于广义 Benders 分解的分层分布式优化策略进行验证。区域配电网共包含一座 220/110/35kV 变电站、6 座 110/35/10kV 变电站、数十个 35kV 变电站以及 11 个联络线开关。其中，220kV 和 110kV 变压器只有高压侧挡位可调，各变电站的无功补偿装置容量为其变压器容量的 20%，正常运行工况下配电网不环网运行，仅 32、33、34 节点的配电网内接入分布式光伏发电系统。

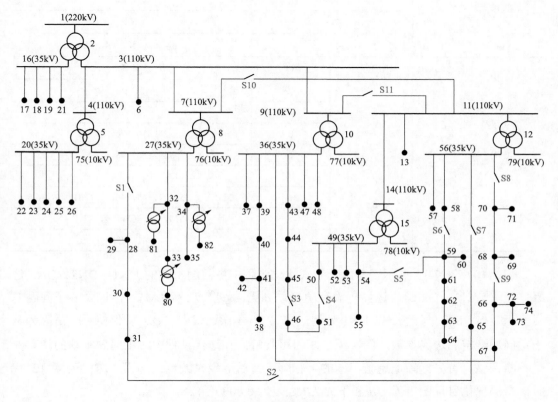

图 7-38　某地高压配电网拓扑图

设置基准容量为 100MVA，基准电压为各电压等级网络的额定电压；首节点电压幅值设为 1.03p.u.，电压安全运行上、下界分别为 V_{max}=1.05p.u. 和 V_{min}=0.95p.u.；光伏有功缩减成本 c_{PV}=700 元/MWh，网络有功损耗成本 c_P=400 元/MWh，联络线开关单次动作成本为 c_S=10 元/次，0.5Mvar 电容器组投切成本为 c_{CB}=1.39 元/次，0.2Mvar 电容器组投切成本为 c_{CB}=0.55 元/次，各有载调压变压器的动作成本 c_T 如表 7-8 所示；可控无功补偿装置的参数如表 7-9 所示。联络线开关的初始状态为 S2、S4、S5、S7、S9 和 S10 闭合，其余断开。

表 7-8 有载调压变压器的动作成本

容量（MVA）	180	63	40	31.5	10	6.3
接入母线	1	4	7，9	11，14	34	32，33
c_T（元/次）	172.31	60.31	38.28	30.15	9.57	6.03

表 7-9 可控无功补偿装置参数

	可控容量（Mvar）		分布节点
连续无功装置	$-4\sim4$		21，22
	$-2\sim2$		57
	$-1\sim1$		40，52，58，64，71
	单组容量	组数	分布节点
离散无功装置	0.5	36	3，16
		12	20，75
		8	27，36，76，77
		6	49，56，78，79
	0.2	10	17，30，34，65，66
		6	32，33，35，37，45，46，47，51，59，67
		5	19，38，63，69，72
		3	41，42

表 7-10～表 7-12 展示了分层分布式优化过程中主问题求解的 DN1、DN2、DN3 边界电压平方 $v_{\tau(m)}^{\mathrm{HV}}$（p.u.）、边界传输有功 $P_{\tau(m)}^{\mathrm{HV}}$ 和无功 $Q_{\tau(m)}^{\mathrm{HV}}$ 功率（MW），以及各子问题的目标函数值 $UB_{\mathrm{MV},m}$（元）。以 DN1 为例，在第 2～4 次迭代中，$UB_{\mathrm{MV},1}$ 保持不变是因为基于主问题给定的边界参数，DN1 无法求得可行解。在迭代过程中，主问题求解的边界变量不断调整，首先渐渐逼近子问题的可行解，然后逐步收敛至最优解。迭代至第 12 代时，全局优化目标的上界 UB 和下界 LB 之差为 0.0099 元。

表 7-10 迭代过程中 DN1 的边界变量和目标函数

k	v_{80}^{HV}	P_{80}^{HV}	Q_{80}^{HV}	$UB_{\mathrm{MV},1}$
1	1.077	-1.000	0.300	143.74
2	1.103	-6.300	-0.343	143.74
3	0.950	-6.300	0.568	143.74
4	1.053	-1.197	4.908	143.74
5	1.020	-1.197	0.602	11.69
6	1.082	-1.197	0.602	11.69
7	1.078	-1.197	0.541	11.69

续表

k	v_{80}^{HV}	P_{80}^{HV}	Q_{80}^{HV}	$UB_{MV,1}$
8	1.072	−1.197	0.602	11.12
9	1.072	−1.197	0.602	11.12
10	1.070	−1.197	0.602	11.14
11	1.072	−1.197	0.602	11.12
12	1.072	−1.197	0.602	11.12

表 7-11　　　　　　　　　迭代过程中 DN2 的边界变量和目标函数

k	v_{81}^{HV}	P_{81}^{HV}	Q_{81}^{HV}	$UB_{MV,2}$
1	1.029	−1.500	−0.010	218.88
2	1.102	−6.300	3.440	218.88
3	0.954	−6.300	2.818	218.88
4	1.049	−6.300	−4.334	218.88
5	0.903	−3.790	−1.824	218.88
6	0.991	−2.185	−0.219	218.88
7	1.034	−1.797	−0.209	218.88
8	1.027	−1.797	0.058	218.88
9	1.026	−1.797	0.093	19.86
10	1.024	−1.797	0.169	19.89
11	1.026	−1.797	0.110	19.72
12	1.026	−1.797	0.127	19.67

表 7-12　　　　　　　　　迭代过程中 DN3 的边界变量和目标函数

k	v_{82}^{HV}	P_{82}^{HV}	Q_{82}^{HV}	$UB_{MV,3}$
1	1.040	4.229	1.657	20.13
2	1.000	−10.000	1.342	20.13
3	0.934	−10.000	15.886	20.13
4	1.103	−1.698	7.584	20.13
5	0.987	4.195	1.691	20.13
6	1.025	4.229	1.657	20.41
7	1.025	4.229	1.657	20.42
8	1.024	4.229	1.657	20.45
9	1.024	4.229	1.657	20.44
10	1.023	4.229	1.657	20.46
11	1.024	4.229	1.657	20.45
12	1.024	4.229	1.657	20.44

表 7-13～表 7-15 所示为分层分布式优化过程中 DN1、DN2、DN3 的优化割和可行割参数。p_m 列参数为具体数值而 q_m 列参数为 "–" 表明配网 m 在 k 次迭代中存在可行解，后四列参数对应为子问题 m 的优化割参数 $\mu_V^{m,p}$，$\mu_P^{m,p}$，$\mu_Q^{m,p}$，$L_{m,p}^*$。反之，配网 m 在本次迭代中不存在可行解，后四列对应为子问题的可行割参数 $\lambda_V^{m,q}$，$\lambda_P^{m,q}$，$\lambda_Q^{m,q}$，$L_*^{m,q}$。

表 7-13 迭代过程中 DN1 的优化割和可行割参数

k	p_1	q_1	$\mu_V^{1,p}/\lambda_V^{1,q}$	$\mu_P^{1,p}/\lambda_P^{1,q}$	$\mu_Q^{1,p}/\lambda_Q^{1,q}$	$L_{1,p}^*/L_*^{1,q}$
1	1	—	−59.6	−68211.1	−123.4	761.3
2	—	1	−0.3608	1	1	−0.400
3	—	2	0	1	0	−0.012
4	—	3	0	−0.3287	−1	−0.002
5	2	—	11.5	−67436.6	1158.7	837.4
6	—	4	−0.1302	1	−1	−0.158
7	—	5	−0.0838	1	0.2324	−0.100
8	3	—	10.4	−67561.9	1102.1	837.4
9	4	—	10.4	−67561.4	1102.3	837.4
10	5	—	10.4	−67557.5	1104.1	837.4
11	6	—	10.4	−67560.6	1102.7	837.4
12	7	—	10.4	−67560.2	1102.8	837.4

表 7-14 迭代过程中 DN2 的优化割和可行割参数

k	p_2	q_2	$\mu_V^{2,p}/\lambda_V^{2,q}$	$\mu_P^{2,p}/\lambda_P^{2,q}$	$\mu_Q^{2,p}/\lambda_Q^{2,q}$	$L_{2,p}^*/L_*^{2,q}$
1	1	—	9.8	−67656.2	−3.2	1243.8
2	—	1	−1	1	−1	−1.071
3	—	2	0	1	−1	−0.020
4	—	3	−0.2749	1	1	−0.304
5	—	4	0	1	1	−0.024
6	—	5	7.7E−16	1	0	−0.018
7	—	6	−0.1318	1	0.4907	−0.153
8	—	7	−0.1348	1	0.3737	−0.156
9	2	—	−307.4	−64049.6	971.0	856.3
10	3	—	19.4	−66652.7	−512.3	1236.7
11	4	—	−100.4	−65631.8	330.5	1096.6
12	5	—	19.2	−66657.3	−371.2	1236.8

表 7-15 迭代过程中 DN3 的优化割和可行割参数

k	p_3	q_3	$\mu_V^{3,p} / \lambda_V^{3,q}$	$\mu_P^{3,p} / \lambda_P^{3,q}$	$\mu_Q^{3,p} / \lambda_Q^{3,q}$	$L_{3,p}^* / L_*^{3,q}$
1	1	—	19.4	−70428.9	−133.5	−2940.7
2	—	1	−1.4E-15	1	1	0.059
3	—	2	1	1	−1	1.010
4	—	3	0	1	−1	0.025
5	—	4	−7.7E-16	1	−4.4E-16	0.042
6	2	—	19.9	−70435.0	−135.4	−2940.4
7	3	—	19.9	−70435.1	−135.5	−2940.4
8	4	—	20.0	−70435.7	−135.6	−2940.4
9	5	—	20.0	−70435.6	−135.6	−2940.4
10	6	—	20.0	−70436.0	−135.7	−2940.4
11	7	—	20.0	−70435.7	−135.6	−2940.4
12	8	—	20.0	−70435.7	−135.6	−2940.4

为验证所提分层分布式优化方法的准确性，本书进一步搭建了金寨区域配电网的全局集中优化和独立优化仿真模型并开展优化计算。

表 7-16 对比了全局集中优化结果和分层分布式优化结果的目标函数值，具体包括网络损耗、离散设备动作次数和光伏有功缩减量等参数。两种优化方法下，高压配电网和三个中压配电网的网络损耗稍有偏差；离散无功调压设备的动作方式完全相同，均为 33 母线有载调压变抽头上调一挡，34 母线电容器组投入一组，馈线开关均不动作；各中压配电网的光伏有功缩减量均为零；全局目标函数值相差 0.21 元，偏差率为 0.063%。

表 7-16 不同优化计算方法的目标函数对比

方法		全局集中优化	分层分布式优化	独立优化
网络损耗（MW）	高压配电网	0.6883	0.6877	0.6540
	DN1	0.0273	0.0273	0.0265
	DN2	0.0463	0.0463	0.0089
	DN3	0.0539	0.0550	0.0546
OLTC 挡位调节次数	高压变电站	0	0	0
	35kV 变电站	1	1	0
电容器动作次数	高压变电站	0	0	0
	35kV 变电站	1	1	7
光伏有功缩减量（MW）	DN1	0	0	0.0119
	DN2	0	0	0.7444
	DN3	0	0	0
全局目标函数值（元）		332.89	333.10	828.92

表 7-17 对比了全局集中优化结果和分层分布式优化结果的边界变量值。两种优化方法下，边界电压最大偏差为 0.001p.u.，偏差率为 0.126%；边界传输有功功率最大偏差为 0.003MW，偏差率为 0.263%；边界传输无功功率最大偏差为 0.017MVar，偏差率为 1.058%。由表 7-16 和表 7-17 可以看出，所提分层分布式优化方法的计算结果与全局集中优化方法十分接近。

表 7-17 　　　　　　　　　　　不同优化计算方法的边界变量对比

方法	全局集中优化	分层分布式优化	独立优化
v_{80}^{HV}	1.072	1.072	1.073
P_{80}^{HV}	−1.194	−1.197	−1.183
Q_{80}^{HV}	0.607	0.602	0.603
v_{81}^{HV}	1.026	1.026	1.077
P_{81}^{HV}	−1.797	−1.797	−1.090
Q_{81}^{HV}	0.125	0.127	0.001
v_{82}^{HV}	1.025	1.024	1.031
P_{82}^{HV}	4.227	4.229	4.228
Q_{82}^{HV}	1.639	1.657	1.646

独立无协调优化方法下，上层配电网和三个中压配电网分别基于边界变量的量测值开展独立优化计算。其中，上层配电网将量测的边界传输功率作为母线 80～82 接入负荷的净功率，而中压配电网将量测的边界节点电压作为平衡节点电压。

独立优化方法的目标函数值和边界变量值分别如表 7-16 和表 7-17 所示的最后一列。上层配电网的有功损耗有所下降；有载调压变抽头均不动作，5 座 35kV 变电站内的 7 组电容器组投入，馈线开关均不动作；DN1 和 DN2 共缩减光伏有功功率 0.7563MW 以解决配网内过电压；因光伏有功功率大幅缩减，全局目标函数值升至 828.92 元。

独立优化方法虽能有效降低高-中压配电网的网络损耗和解决过电压问题，但因忽略不同电压等级配电网间的电压支撑能力，造成较大的光伏发电损失。而所提分层分布式优化方法通过高-中压配电网间的分解协调，实现全局优化目标的分布式计算，有效降低了光伏发电损失和网络运行成本。

采用三种电压优化方法与无控制时的配电网电压分布图如图 7-39 所示。无控制时，高压配电网和中压配网 DN1、DN2 均存在过电压问题；而采用三种电压优化方法后，配电网的过电压问题均有效解决，且集中优化方法和所提分层分布式优化的电压分布十分接近。

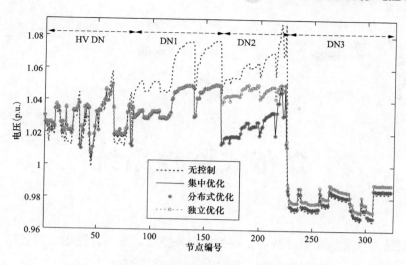

图 7-39 不同优化方法下的配电网电压分布图

仿真结果表明，所提分层分布式优化方法针对混合整数优化模型具有全局收敛能力；分层分布式优化方法与全局集中优化方法的计算结果基本一致，且相较于独立优化方法，所提分层分布式优化方法能够充分发挥高-中压配电网间的相互电压支撑能力，有效降低分布式光伏的发电损失和网络运行成本。

8

分布式监控系统

监控系统的信息传输需要基于一定的协议来完成，目前常见的协议包括 Modbus 协议、IEC 61850 协议、IEC 60870 协议和 IEC 61970 协议。

8.1 Modbus 通信协议

当今世界，Modbus 通信协议是工业领域最通用的通信协议，Modbus 技术已成为一种工业标准。它为用户提供了一种开放、灵活和标准的通信技术，降低了开发和维护成本。其通信主要采用 RS232、RS485、以太网等其他通信媒介。而在光伏逆变器监控系统中，因为采用了串口通信和网口通信的方式，所以符合 Modbus 通信协议的传输媒介。

Modbus 通信协议主要包括 Modbus/RTU 通信协议和 Modbus/TCP 通信协议。Modbus/RTU 通信协议主要用于光伏逆变器和工控机之间，因为是现场控制，所以通过串行口进行通信，采用通信协议。各台逆变器总线驱动芯片 SP485 连接到总线，再经过 RS232/485 转换器连接到工控机。而 Modbus/TCP 通信协议主要用于工控机和远程监控级之间，即中控机和工控机之间。中控机通过对工控机进行远程监控，采用网口通信技术和多线程技术完成对该通信过程的软件实现。工控机和中控机的都是基于实现通信程序和监控界面的。采用 Modbus 通信规约，能够将以往使用的功能码规范简化，而且又将整个系统软件的兼容性提高。

Modbus 通信协议的通信原理包括两方面，一方面是该协议采用的是请求应答的方式；另一方面是通过提供功能码的方式来完成相关的通信工作。

其通信的具体过程为：

在客户端方面：因为协议的启动方式为客户机请求的格式，所以先启动客户端的通信帧，通过设定具体的功能码来表示其期望得到的服务。

功能码域，作为 Modbus 数据帧中重要的组成部分，由 8 位二进制数构成，按照十进制来计算的话，其有效的取值范围就是1～255，从但是其中的高位取值部分，即为128～255，是专门为异常响应设置的。在具体的操作过程中，为了实现多项操作，可以增加一些子功能码在功能码中。

接下来讨论帧中的数据域单元，服务器在解析功码能域后，再解析数据域来完成具体的操作，这个数据域常用的包括设备的ID号（离散项目号），寄存器的起始地址和实际需要操作的数据长度等。

当然数据域的长度也可为0，即在帧中就不存在数据域，这样的服务器就仅按照功能码来执行相关的操作。

接下来，讨论在服务器端的通信过程：当分析服务器正确地接收了客户端的Modbus ADU后，服务器将会解析功能码和数据域来执行相关的操作，并根据情况来封装一个用于应答的响应帧。而在响应中，又分为两种情况，正常响应（无差错响应）和异常响应（差错响应）。在解析Modbus ADU中，如果未发现异常，则用相应的应答数据来封装应答帧，此为正常响应。如果发现了异常，则通过分析这个异常的具体情况，再在响应帧的数据域中，包括一个异常码，以便后续的处理。

在无差错响应中，服务器根据接收到的数据帖，按照帖中的功能码来响应。其处理过程如图8-1所示。

对于异常响应而言，在回复帧中封装功能码时只需将原始的功能码最高有效位置1即可。图8-2为异常事务处理过程。

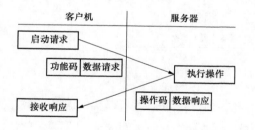

图8-1　Modbus事务处理（无差错）

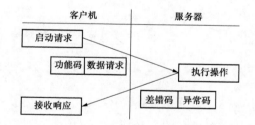

图8-2　Modbus事务处理（异常响应）

8.2　IEC 61850 协议

IEC 61850系列标准是电力系统领域内唯一的国际通用标准。该标准经过在变电站领域内的成功推广和应用，目前正逐步拓展到新能源、配电网、需求侧管理等领域；其定义了标准化的信息数据、不受通信规约限制的通信操作和面向设备的自描述文件，该标准通过解决微网系统内通信规约种类繁多、操作系统各异、网络结构复杂、效率低下、后期维护困难等问题，从而实现快速、高可靠的通信。

IEC 61850标准有以下4个主要特点：

（1）分层的变电站自动化架构。IEC 61850 将变电站自动化系统分为 3 层，即变电站层、间隔层、过程层。在变电站层和间隔层之间的网络采用抽象通信服务接口映射到制造报文规范（MMS）、传输控制协议/网际协议（TCP/IP）以太网或光纤网。在间隔层和过程层之间的网络采用单点向多点的单向传输以太网。

IEC 61850 中没有继电保护管理机，变电站内的 IED 均采用统一的协议，通过网络进行信息交换。

（2）面向对象的数据建模技术。IEC 61850 采用面向对象的分层建模方法，每个 IED 包含一个或多个服务器，每个服务器本身又包含一个或多个逻辑设备。如图 8-3 所示，自底部向上分别为数据、逻辑节点、逻辑设备。其中，逻辑设备根据物理设备的实际功能进行划分，抽象为逻辑功能，由可实现该功能的一组逻辑节点构成。逻辑节点是一组预先定义的数据组成的集合，用于描述特定的功能。数据承载着 IED 中各种功能的具体意义，是结构化的信息。它可读、可写、可取代。数据由数据对象、公用数据类、公共属性和标准数据类型构成，通过不同的手段从不同的方面对逻辑节点中所包含的信息进行规范化定义。从通信而言，IED 同时也扮演客户的角色。任何一个客户可通过抽象通信服务接口（ACSI）和服务器通信可访问数据对象。

图 8-3　信息模式的对象层次结构

（3）数据自描述。IEC 61850 定义了采用设备名、逻辑节点名、实例编号和数据类名建立对象名的命名规则：采用面向对象的方法，定义了对象之间的通信服务，比如，获取和设定对象值的通信服务，取得对象名列表的通信服务，获得数据对象值列表的服务等。面向对象的数据自描述在数据源就对数据本身进行自我描述，传输到接收方的数据都带有自我说明，不需要再对数据进行工程物理量对应、标度转换等工作。因为数据本身带有说明，所以传输时可以不受预先定义限制，简化了对数据的管理和维护工作。

（4）网络独立性。信息模型仅仅是 IED 中信息的载体，而 IED 之间信息如何实现具体交互需要信息服务模型来实现。IEC 61850 总结了变电站内信息传输所必需的通信服务，设计了独立于所采用网络和应用层协议的 ASCI。在 IEC 61850-7-2 中，建立了标准兼容服务器所必须提供的通信服务的模型，包括服务器模型、逻辑设备模型、逻辑节点模型、数据模型和数据集模型。ACSI 对信息操作（如读、写、设置、报告、定义、删除）进行标准化定义，并且 ACSI 与下层的通信系统相独立，可以通过特殊通信服务映射到不同的协议上，实现设备之间的通信，以此提高设备之间的互操作性能。IEC 61850 标准使用 ACSI 和 SCSM 技术，解决了标准的稳定性与未来网络技术发展之间的矛盾，即当网络技术发展时只要改动 SCSM，而不需要修改 ACSI。

8.3　IEC 60870 协议

IEC 60870-5 系列通信规约主要包括 9 个部分分别是：IEC 60870-5-1（传输帧格式）；IEC 60870-5-2（链路传输规则）；IEC 60870-5-3（应用数据的一般结构）；IEC 60870-5-4（应用信息元素的定义和编码）；IEC 60870-5-5（基本应用功能）；IEC 60870-5-101（基本远动任务配套标准）；IEC 60870-5-102（电力系统电能累计量传输配套标准）；IEC 60870-5-103（继电保护信息接口配套标准）；IEC 60870-5-104（采用标准传输协议子集的 IEC 60870-5-101 网络访问）。

IEC 60870-5 系列标准涵盖了各种网络配置（点对点、多个点对点、多点共线、多点环型、多点星形），各种传输模式（平衡式、非平衡式），网络的主从传输模式和网络的平衡传输模式，电力系统所需要的应用功能和应用信息，是一个完整的集，与 IEC 61334、配套标准 IEC 60870-5-101、IEC 60870-5-104、IEC 60870-5-102 一起，既可以用于变电站和控制中心之间交换信息，也可以用于变电站和配电控制中心之间交换信息、各类配电远方终端和变电站控制端之间交换信息，并可以适应电力自动化系统中各种调制方式、各种网络配置和各种传输模式的需要。配套 IEC 60870-5-103 用于在变电站或厂站中不同继电保护设备（或间隔单元）和控制系统之间达到互换的目的。

IEC 60870 协议主要用于通信管理机将发电设备的信息经光纤环网接入主站监控。在主站监控系统与调度的通信中，为了满足高数据容量、高速率数据通信，普遍采用基于 TCP/IP 的 IEC 60870-5-104 通信方式。IEC 104 基本规约格式应用协议数据单元（APDU）是由应用规约控制信息（APCI）加上应用服务数据单元（ASDU）构成。

IEC 60870-5-101/104 通信规约在对设备互操作性较高的智能配电网中使用会存在一定的弊端，主要表现为以下几点：

（1）由于配电网设备装置众多，不同厂家对 IEC 60870 通信协议的认识和理解也有所不同，各个厂家乃至同一厂家的不同批次产品设备之间无法完全做到兼容使用，导致配电网中所使用的各个设备之间不能实现真正意义上的互操作。

（2）系统可拓展性差。系统扩建或更新时，由于 IEC 60870 通信协议对设备功能数据描述的局限性使得调试工作量巨大，随之而来的运行维护成本也会大大增加，不利于未来智能配电网的发展。

（3）信息量大，信息共享差。随着配电自动化的发展，系统对各项应用的要求逐渐增加，而各厂家或各个地方系统针对自身的优势特点对 IEC 60870 通信协议进行研发应用，导致"信息孤岛"想象的发生，可能损害电网的整体运行安全。

8.4 IEC 61970 协议

IEC 61850 主要面向变电站创建模型，与 IEC 61850 相比，IEC 61970 主要面向调度、配电自动化等领域进行建模，更用于光伏电站监控系统的通信。IEC 61970 系列标准由国际电工委员会 57 技术委员会（电力系统控制及其通信委员会）制定，定义了能量管理系统的应用程序接口（EMS-API）。IEC 61970 系列标准主要包括公共信息模型（CIM）和组件接口规范（CIS）两方面内容。其目的和意义在于：便于来自不同厂家的 EMS 系统内部各种应用的集成；便于 EMS 系统与调度中心内部其他系统的互联；以及便于不同调度中心 EMS 系统之间的模型交换。因此，遵循 IEC 61970，实现异构环境下软件产品的即插即用，使 EMS 系统与其他系统能互联互通互操作。

CIM 中描述的对象本质上是抽象的，可以用于各种应用。CIM 的使用远远超出了它在 EMS 中应用的范围。应当把本标准理解为一种能够在任何一个领域实行集成的工具，只要该领域需要一种公共电力系统模型来帮助在几种应用和系统之间实现互操作和插入兼容性，而与任何具体实现无关。CIM 分为三部分，301 是 CIM 的基本部分；302 是 CIM 用于能量计划、检修和财务的部分；303 是 CIM 用于 SCADA 的部分。CIM 由包组成，包是将相关模型元件人为分组的方法。301 包括 Core、Topology、Wires、Outage、Protection、Meas、Load Model、Generation 和 Domain 共 9 个包。CIM 中每一个包是一组类的集合，每个类包括类的属性和与此类有关系的类，在 CIM 中，有继承、简单关联和聚合三种类之间的关系。聚合是一种整体和局部特殊的关联。继承关系是隐式表示的，简单关联和聚合是要显式表示的，CIM 模型可保存在 ROSE 的模型文件（.mdl）中，可以用 Xpetal 等工具输出为以 XML RDF 表示的定义。实际上，WG13 使用 ROSE 的模型文件维护 CIM 模型，然后使用 Rational So DA 生成 IEC 61970-3xx CIM 文档。

8.5 分布式监控系统组成

（1）光伏监控系统功能主要包括：

1）光伏发电设备信息的监测和控制。采集逆变器、汇流箱、箱变的电气数据，并对逆变器进行启停控制和功率调节。

2）升压站保护及测控信息接入。接入变压器测控及保护信息、高低压线路测控及保护信息、直流电源的监测控制信息等，并进行开关的遥控操作。

3）五防信息交互。监控系统向五防系统转发升压站内相关断路器、开关及刀闸的遥信信息，并获取五防系统的操作判断数据。

4）AGC/AVC 控制调节。根据调度下发的目标值进行逆变器、SVG 的有功功率和无功功率输出的调节。

5）光功率预测信息交互。监控系统向光功率预测系统转发预测相关数据。

6）直流系统监测。监控系统对升压站内直流电源系统信息进行监测和控制。

7）调度数据转发。监控系统向上级调度系统转发升压站的相关遥测、遥信信息。

（2）系统架构。依照以上功能分析，将光伏电站分布式监控系统分为四层，其软件架构如图 8-4 所示。系统软件的四层结构包括数据采集层、网络传输层、业务层、终端应用层。

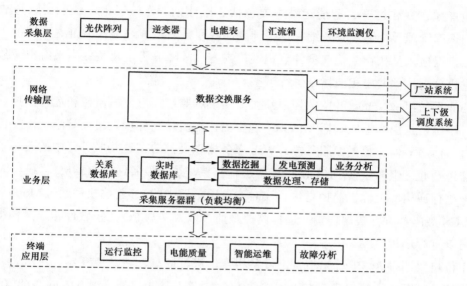

图 8-4　分布式光伏发电监控系统的软件架构

1）数据采集层。主要负责与数据库交互，将采集的设备数据存储于数据库中，同时将最终数据结果反馈至业务逻辑层，并为终端应用层提供历史数据和报警数据，以及用户设置和系统配置的记录等。数据采集层为监控体系架构的最底层，这一层与各个光伏电站联系密切，负责收集各个分布式光伏电站需要监测的现场设备数据，设备一般包括光伏阵列、逆变器、电能表、汇流箱与环境监测仪等。因为各个电站的建站设备选型与设备类型在大类上相似，小类上存在差别，所以需要综合考虑适用于分布式光伏电站的设备数据采集项和采集方式。

2）网络传输层。主要负责光伏数据层、厂站系统，以及上下级调度系统之间的信息交互，传递相应的指令。

3）业务层。主要负责将采集到的各个光伏电站的数据进行处理、整合，包括将原始数据集中地接收存储、对各个光伏设备的数据进行解析、数据整合处理及数据传输；数据存储主要包括实时数据的存储和历史数据的存储。实时数据是指从设备采集的即时数据，可用于判断当前设备的运行状态。历史数据指设备前 5min 的运行状态，用户可根据历史数据判断前一时刻设备的运行状态。除此之外，还包括光伏发电预测，可依据当天的光照强度及前 25 天光伏电站的发电功率对发电功率进行预测，并描绘出预测曲线。

4）终端应用层。主要负责整个系统的协调运行、数据交互，包括运行监控功能、电能质量分析、智能运维和故障分析等。实时数据监视包括设备监视和曲线监视。用户可查看设备的运行状态及运行参数，同时用户可依据监控界面的数值和曲线判断设备是否运行正常。电能质量监测通过监测 10kV 及以上电压等级并网的电能质量信息，掌握整体电能质量变化情况。智能运维主要包括巡检计划、巡检工单、巡检记录、故障报修、知识库管理等，通过系统编制巡检计划，经审核后生成巡检任务推送到巡检人员的手机上，巡检人员执行巡检任务并登记巡检内容。故障分析主要负责当系统出现故障时对其进行分析，并发出相应指令进行调整。

（3）系统组成。光伏并网监控系统主要由现场监控、上位机监控和远程监控三部分组成。下位机是由本地控制器 MCGS、逆变器、汇流箱、环境采集仪等组成。上位机包括实时通信服务器、数据库服务器、Web 服务器以及部署在这些服务器中的应用软件。现场监控是通过组态软件 MCGS 对设备进行监控，这些设备通过 RS485 总线与 MCGS 液晶屏进行通信；上位机监控是位于实时通信服务器中的 PC 监控软件通过 Modbus 协议与 MCGS 液晶屏进行数据传输；远程监控是通过以太网与 PC 监控软件相连，使得操作人员可以进行远程监控。

下位机采用 RS485 总线与各个设备相连，进行监测，将从逆变器、汇流箱、环境采集仪等设备采集的数据显示在组态软件 MCGS 液晶屏上，再通过 Modus-TCP/IP 协议传给通信管理机，然后通信管理机再传到光端机，光端机再通过电缆将信号传送到远端的光端机上，将其转化为电信号传送给交换机，再传给数据库服务器，本地服务器与Web 服务器可以访问数据库，再将数据按照 IEC 61850/61970 规约重新组织报文，以便与电力调度中心通信。

下位机中现场设备上装有 RS485 通信接口，采用 Modbus-RTU 协议，MCGS 显示屏作为主站，逆变器、汇流箱、环境采集仪等设备作为从站，其通信规约信息帧由地址码（8 位）、功能码（8 位）、数据区（N×8 位）和错误校验码（16 位）组成，采集的数据通过 RS485 总线传到 MCGS 液晶屏上。MCGS 显示屏与网络远程控制之间采用的是Modbus-TCP/IP 转发协议打包发送数据包，具有可靠性强、传输距离长、组网灵活等优点，通过交换机更能灵活组网。由于协议简单易用，得到广大工业自动化仪器仪表企业的采纳与支持，实际上已成为该业界的标准。

调度中心与光伏电站之间的通信协议采用的是 IEC 61850 协议，由于调度中心的应用软件是基于 IEC 61970 定义的 CIM，与 IEC 61850 定义的 SCL 模型之间存在差异，因此不能直接进行识别。调度中心采用基于扩展的 IEC 61850 协议经由通信网关与电站进行通信，这样就不需要经过协议转换，调度中心可以直接访问 IEC 61850 模型转换为 IEC 61970 的模型，互操作性更好，可以减少调试、维护的工作。扩展的 IEC 61850 协议新增加了调度中心这个层次。另外，还增加了 Substation 类模型，其结构：属性 Server 标识在整个变电站中由通信网关所代理的全部 IED 装置。属性 File 标识通信网关包含的文件，属性 TPAppAssociation 标识客户，其和通信网关维持双边应用关联。

要实现调度中心与电站之间的通信还要完成将电站 SCL 的模型向 CIM 模型的转换，将基于 CIM 的模型提供给调度中心。这里模型的转换主要涉及一次设备的转换、设备连接模型的转换、量测模型转换，以及保护相关模型的转换。

一次设备及设备连接模型的转换：SCL 模型中的 Conducting Equipment 需要根据其设备类型转换为 CIM 模型中导电设备 Conducting-Equipment 的子类 Breaker、Disconnector、Compensator、Energy Comsumer、Synchronus Machine 等；对于 IEC 61850 中 CON、FAN、PSH、BAT、BSH、RRC、TCR 等 SCL 中的类型，没有合适的 CIM 类与之对应。可以直接转换成 Conducting Equipment 对象，同时在关联的 PSR Type 对象中标识出该对象的类型；在 IEC 61850 中母线没有单独建模，是一种特殊的间隔，可称为母线间隔，在此间隔中没有导电设备，只有连接点的定义，可以从这种特殊的母线间隔来生成母线的 CIM 模型。

量测模型的转换：这里用到 IEC 61850 的数据集模型，以 DATASET 中的 FCDA 来映射到 CIM 模型中的 Measurement 类。首先规定了 SCD 文件中上送数据集的命名规则，根据 FCDA 中的 DoName 确定量测类型，量测描述在 LN 结构中查找，根据 IED 所处间隔与主设备来确定量测所关联的设备端子。

保护相关模型的转换：IEC 61850 中保护模型分解转换为 CIM 模型的保护装置模型、保护测量测模型、保护定值模型。保护类型在 CIM 型通过扩展一个自定义的类预先定义，通过分析 SCD 文件中 IED 所处间隔和信息，可以得到 IED 装置型号、描述、生产厂家、间隔、所保护一次设备，生成经过扩展的 CIM 模型中 Protection Equipment 类。

采用扩展的 IEC 61850 协议和 SCL 模型向 CIM 模型转换的方法，可以使电站和调度中心间准确快捷地进行信息交互。

9

含高比例分布式光伏的电网仿真分析技术

9.1 分布式光伏与配电网运行交互影响分析

常规配电网线路潮流基本是单向流动，即从变电站低压侧母线流向各负荷节点。但是，当光伏发电系统接入配电网后，从根本上改变了传统的系统潮流流向，使系统潮流变为双向流动。光伏发电系统输出容量具有较大的波动性，这种波动性给电网潮流带来极大困难，对配电网产生多方面的影响，同时配电网故障也可能造成光伏脱网。因此，需要开展分布式光伏与配电交互影响研究，研究高比例分布式光伏发电消纳能力，解决光伏接入容量问题；研究高比例分布式光伏下电网电压波动影响因素，提出电压波动抑制方法；研究多场景下高比例分布式光伏接入电网的暂态稳定问题，制定提高电压稳定性的策略。

9.1.1 分布式光伏接入配电网接入容量分析

配电网的分布式光伏消纳能力通常是通过分布式光伏的最大渗透率，或光伏极限接入量，或最大准入容量等进行衡量的。目前，国内外对分布式光伏接入极限容量的确定方法主要有两种：

（1）基于多次仿真校验的模拟法，通过搭建分布式光伏并网的配电网仿真模型，通过仿真软件对分布式光伏接入后配电网的运行状态进行模拟，并对安全约束进行逐一校验，因此该方法实施简单，但耗时大。

（2）基于数学规划的优化法。基于数学规划的优化法是以分布式光伏并网容量最大化为目标，以配电网的各种安全约束、潮流方程约束等为约束条件，并采用不同的数学规划方法求解。该方法的优点是建立的分布式光伏并网容量优化模型准确，优化结果可靠，但不同的约束条件下产生不同的结果。因此，需要精确建立优化模型。

传统的确定性分布光伏并网容量优化模型并未考虑分布式光伏出力的波动性，难以适用于分布式光伏并网容量评估。为此，随机规划模型、鲁棒规划模型、机会约束规划模型分别被引入到分布式光伏并网容量评估。随机规划模型需要建立光伏出力的概率模型，这对于实际的光伏出力建模精度要求较高；鲁棒规划模型则不需要建立精确的概率模型，而仅需要获取光伏出力的区间集合，但鲁棒规划结果较为保守，不利于最大化消纳分布式光伏。机会约束规划模型是指允许分布式光伏并网容量不满足配电网的某些不等式约束条件，但是必须使得满足配电网约束条件的概率不低于事先设定的置信水平。机会约束规划模型虽然比较接近实际，但仍然需要对分布式光伏出力或者预测误差进行精确概率描述，因此机会约束规划模型均需对分布式光伏出力概率模型进行了经验性的假设。

为此，建立基于 Kullback-Leibler 散度的配电网光伏并网容量分布鲁棒规划模型，通过 Kullback-Leibler 散度来量化分布式光伏出力精确概率模型与经验性概率模型的距离，克服了经验性概率分布模型的不足，并考虑了配电网支路传输功率机会约束、节点电压偏差机会约束等约束条件，采用样本平均近似法求解。

9.1.1.1 分布式光伏接入容量优化模型

分布式光伏并网容量优化模型是考虑配电网中各种运行约束而所能接纳的分布式光伏并网最大容量，因此，其目标函数是最大化配电网中所有接入分布光伏电站的容量之和，可采用式（9-1）描述，即

$$Obj \ \max_{S_i \geq 0} \sum_{i \in \Psi_{PV}} S_i \tag{9-1}$$

式中：S_i 为节点 i 处的分布式光伏并网容量；Ψ_{PV} 为分布式光伏电站接入点集合。

配电网中的各种约束条件包括分布式光伏输出功率约束、节点功率平衡约束、潮流方程约束、短路电流约束、支路传输容量约束、节点电压约束。

（1）分布式光伏输出功率约束。

$$\begin{cases} P_{i,t}^{PV} = \bar{\omega}_{i,t} S_i \\ Q_{i,t}^{PV} = \tan \varphi_{i,t} P_{i,t}^{PV} \\ \forall i \in \Psi_{PV}, t \in T \end{cases} \tag{9-2}$$

式中：$P_{i,t}^{PV}$、$Q_{i,t}^{PV}$ 分别为节点 i 在 t 时刻分布式光伏实际输出有功、无功功率；$\bar{\omega}_{i,t} \in [0,1]$ 为节点 i 在 t 时段分布式光伏功率转换系数；$\tan \varphi_{i,t}$ 为节点 i 在 t 时段分布式光伏的功率因数。

（2）节点功率平衡约束。

$$\begin{cases} P_{i,t}^{PV} - \bar{P}_{i,t}^{L} = \sum_{j \in i} p_{ij,t} \\ Q_{i,t}^{PV} - \bar{Q}_{i,t}^{L} = \sum_{j \in i} q_{ij,t} \\ \forall i \in \Psi_n, t \in T \end{cases} \tag{9-3}$$

式中：$\bar{P}_{i,t}^{L}$、$\bar{Q}_{i,t}^{L}$ 为节点 i 在 t 时刻负荷实际有功、无功需求；$p_{ij,t}$、$q_{ij,t}$ 分别表示支路 ij 在 t 时刻从节点 i 流向节点 j 的有功、无功功率；Ψ_n 为配电网节点集合。

（3）潮流方程约束。

$$\begin{cases} U_{i,t} = (V_{i,t})^2, \forall i \in \Psi_n, t \in T \\ U_{i,t} - U_{j,t} = 2(r_{ij}p_{ij,t} + x_{ij}q_{ij,t}) + (r_{ij}^2 + x_{ij}^2)\dfrac{p_{ij,t}^2 + q_{ij,t}^2}{U_{i,t}} \\ \forall(ij) \in \Psi_b, t \in T \end{cases} \tag{9-4}$$

式中：$V_{i,t}$ 为节点 i 在 t 时刻的电压幅值；Ψ_b 为配电网中所有支路集合；r_{ij} 和 x_{ij} 分别为支路 ij 的电阻和电抗值。

由于二次项网损的计算，潮流方程约束式（9-4）是一个非凸约束，忽略掉相对来说较小的网损，线性化潮流方程约束为

$$\begin{cases} U_{i,t} = (V_{i,t})^2, \forall i \in \Psi_n, t \in T \\ U_{i,t} - U_{j,t} = 2(r_{ij}p_{ij,t} + x_{ij}q_{ij,t}) \\ \forall(ij) \in \Psi_b, t \in T \end{cases} \tag{9-5}$$

（4）短路电流约束。

$$\begin{cases} I_{i,t} \leqslant I_{i,\max} \\ \forall(i) \in \Psi_n, t \in T \end{cases} \tag{9-6}$$

式中：$I_{i,t}$ 为配电网中变电站母线节点的短路电流；$I_{i,\max}$ 为节点开关额定遮断电流。

（5）支路传输容量约束。

$$\begin{cases} p_{ij,t}^2 + q_{ij,t}^2 \leqslant s_{ij,\max}^2 \\ \forall(ij) \in \Psi_b, t \in T \end{cases} \tag{9-7}$$

式（9-7）是一个二次循环约束，其需要线性化以便于后面分布鲁棒优化模型的推导。这里采用二次约束线性化方法，可以使用两个平方约束替代圆形约束，如图 9-1 所示，可用式（9-8）描述。

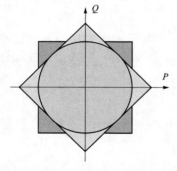

$$\begin{cases} -s_{ij,\max} \leqslant p_{ij,t} \leqslant s_{ij,\max} \\ -s_{ij,\max} \leqslant q_{ij,t} \leqslant s_{ij,\max} \\ -\sqrt{2}s_{ij,\max} \leqslant p_{ij,t} + q_{ij,t} \leqslant \sqrt{2}s_{ij,\max} \\ -\sqrt{2}s_{ij,\max} \leqslant p_{ij,t} - q_{ij,t} \leqslant \sqrt{2}s_{ij,\max} \\ \forall(ij) \in \Psi_b, t \in T \end{cases} \tag{9-8}$$

（6）节点电压约束。

$$\begin{cases} U_{i,\min} \leqslant U_{i,t} \leqslant U_{i,\max} \\ \forall(i) \in \Psi_n, t \in T \end{cases} \tag{9-9}$$

图 9-1　支路传输容量约束线性化示意图

式中：$U_{i,\max}$、$U_{i,\min}$ 分别为节点电压幅值的上、下界。

因此，确定性的分布式光伏并网容量优化模型以式（9-1）为优化目标，式（9-2）、式（9-3）、式（9-5）、式（9-6）、式（9-8）、式（9-9）为约束条件，这是一个典型的线性规划模型。因为分布式光伏出力和负荷需求的不确定性，所以需要在确定性的分布式

光伏并网容量优化模型基础上，建立不确定性分布式光伏并网容量优化模型。

9.1.1.2 光伏接入配电网容量分布鲁棒优化

不确定性优化数学模型的一般表达为

$$\min f(\boldsymbol{x}, \boldsymbol{\xi})$$
$$s.t \quad h(\boldsymbol{x}, \boldsymbol{\xi}) \leqslant 0, \boldsymbol{\xi} \in U \tag{9-10}$$

式中：$\boldsymbol{\xi}$ 为不确定参数；U 为不确定参数的集合。

不确定性分布式光伏并网容量优化模型通常采用经验性概率分布模型来描述分布式光伏出力和负荷需求的不确定性，通常假设分布式光伏出力服从贝塔分布，负荷需求服从正态分布。然而对于实际数据不足的情况，很难获取精确的概率分布系数，这也是随机规划方法最大的不足之处。分布鲁棒优化（distributionally robust optimization，DRO）是通过寻找不确定参数最恶劣概率分布下的决策方法，其结合了随机优化和鲁棒优化的优点，其结果在经济性和保守性方面表现出良好的性能。基于 Kullback-Leibler 散度的分布鲁棒优化方法采用 Kullback-Leibler 散度来描述实际概率分布密度函数 f 与经验性概率分布密度函数 f_0 之间的距离 d_{KL}，即为 Kullback-Leibler 散度，可用式（9-11）描述，即

$$d_{KL}(fPf_0) = \int_{R^K} \log \frac{f(\xi)}{f_0(\xi)} f(\xi) \mathrm{d}\xi \tag{9-11}$$

式中：$\xi \in R^K$ 为随机变量；$d_{KL}(fPf_0)$ 为概率分布密度函数 f 与经验性概率分布密度函数 f_0 之间的 Kullback-Leibler 散度。因此，可以通过 Kullback-Leibler 散度来定义与经验性分布的距离，从而描述实际的精确概率分布，即

$$D = \left\{ C \,\middle|\, d_{KL}(f \parallel f_0) \leqslant d_{KL}, f = \frac{\mathrm{d}C}{\mathrm{d}\boldsymbol{\xi}} \right\} \tag{9-12}$$

式中：C 为实际概率分布密度函数 f 的累积分布函数；d_{KL} 为 Kullback-Leibler 散度的容忍值。

在考虑分布式光伏出力和负荷需求为随机输入变量 $\boldsymbol{\xi}$，将上述分布式光伏并网容量规划模型中改写为

$$\max_{\boldsymbol{x}} h(\boldsymbol{x})$$
$$st. \begin{cases} g(\boldsymbol{x}, \boldsymbol{\xi}) = 0 \\ C(\boldsymbol{x}, \boldsymbol{\xi}) \leqslant 0 \end{cases} \tag{9-13}$$

式中：$\boldsymbol{x}$ 为决策变量；$\boldsymbol{\xi}$ 为分布式光伏出力和负荷需求的随机输入变量；g 为线性等式约束条件式（9-2）～式（9-5）；C 为线性不等式约束条件式（9-8）、式（9-9）。随机输入变量 $\boldsymbol{\xi}$ 采用式（9-12）所描述的模糊集模型，对于任意的 $\boldsymbol{\xi} \in D$，则 $C(\boldsymbol{x}, \boldsymbol{\xi}) \leqslant 0$，当存在 $\boldsymbol{\xi}$，$C(\boldsymbol{x}, \boldsymbol{\xi}) \leqslant 0$ 不成立时，即不等式被破坏或者失效，定义不等式约束条件 $C(\boldsymbol{x}, \boldsymbol{\xi}) \leqslant 0$ 失效概率为

$$Pr[C(\boldsymbol{x},\boldsymbol{\xi}) \leqslant 0] \geqslant 1 - \alpha \tag{9-14}$$

式中：Pr（A）为事件 A 发生的概率；α 为不等式约束失效的概率。

通过调整 d_{KL} 参数可以改变实际概率分布密度函数的变化范围。因此，不等式约束条件失效概率变成了一簇概率密度分布函数的失效概率评估。从鲁棒优化的角度来分析，即在所有可能的概率密度分布函数中，最坏的情况下也要满足式（9-14），即

$$\inf_{C \in D} Pr[C(\boldsymbol{x},\boldsymbol{\xi}) \leqslant 0] \geqslant 1 - \alpha \tag{9-15}$$

采用 Kullback-Leibler 散度来建立式（9-12）所示模糊集的等价转化公式，分布鲁棒机会约束式（9-15）可以等价转化为传统的机会约束，即

$$\begin{cases} Pr^0[C(\boldsymbol{x},\boldsymbol{\xi}) \leqslant 0] \geqslant 1 - \alpha_{1+} \\ \alpha_{1+} = \max\{\alpha_1, 0\} \\ \alpha_1 = 1 - \inf_{y \in (0,1)} \left\{ \dfrac{e^{-d_{\mathrm{KL}}} y^{1-\alpha} - 1}{y - 1} \right\} \end{cases} \tag{9-16}$$

式中：Pr^0（A）为事件 A 在经验性概率分布函数发生的概率；α_{1+} 为可靠性修正值。

因此，利用式（9-16），在考虑分布式光伏出力和负荷输入随机不确定性的情况下，分布式光伏并网容量规划式（9-13）可等价转化为

$$\text{s.t.} \begin{cases} \max_{\boldsymbol{x}} h(\boldsymbol{x}) \\ \boldsymbol{g}(\boldsymbol{x},\boldsymbol{\xi}) = 0 \\ Pr^0[C(\boldsymbol{x},\boldsymbol{\xi}) \leqslant 0] \geqslant 1 - \alpha_{1+} \\ \alpha_{1+} = \max\{\alpha_1, 0\} \\ \alpha_1 = 1 - \inf_{y \in (0,1)} \left\{ \dfrac{e^{-d_{\mathrm{KL}}} y^{1-\alpha} - 1}{y - 1} \right\} \end{cases} \tag{9-17}$$

式（9-17）是一个关于经验性概率分布的机会约束线性规划问题，其实际概率分布通过系数 α_{1+} 来校正。接下来将推导基于风险值的机会约束规划求解方法。

风险值（value at risk，VaR）被广泛应用于金融风险控制领域，是主流的风险度量框架。对于含决策变量 $\boldsymbol{x}$ 和随机变量 $\boldsymbol{\xi}$ 的函数 $C(\boldsymbol{x},\boldsymbol{\xi})$ 的 VaR 定义为

$$VaR_\beta[C(\boldsymbol{x},\boldsymbol{\xi})] = \min\{Pr[C(\boldsymbol{x},\boldsymbol{\xi}) \leqslant 0] \geqslant \beta\} \tag{9-18}$$

式中：$Pr[C(\boldsymbol{x},\boldsymbol{\xi}) \leqslant 0] \geqslant \beta$ 是函数 $C(\boldsymbol{x},\boldsymbol{\xi})$ 的值不超过 0 的概率；β 为风险厌恶程度；VaR 为在给定一个置信水平 β 时，函数 $C(\boldsymbol{x},\boldsymbol{\xi})$ 遭受的最大损失。

根据式（9-18），式（9-17）中的机会约束不等式可等价为

$$VaR_{(1-\alpha_{1+})}[C(\boldsymbol{x},\boldsymbol{\xi})] \leqslant 0 \tag{9-19}$$

换言之，所有可能导致 $C(\boldsymbol{x},\boldsymbol{\xi}) \geqslant 0$ 的输入随机变量的情景数比例不应超过 α_{1+}。通过抽取随机变量的 q 个场景：$\boldsymbol{\xi}^1, \boldsymbol{\xi}^2, \cdots, \boldsymbol{\xi}^q$，定义 0-1 辅助变量 $z_c(1), z_c(2), \cdots, z_c(q)$ 来表征所有可能使得机会约束不等式失效的场景，当 $z_c(k) = 1$ 表示场景 $\boldsymbol{\xi}^k$ 机会约束不等式失

效。因此，式（9-19）可等价为

$$C(\boldsymbol{x}, \boldsymbol{\xi}^k) \leqslant M z_c(k) \qquad (9\text{-}20)$$

式中：M 为一个足够大的数。

当 $z_c(k) = 0$ 则表示场景 $\boldsymbol{\xi}^k$ 下 $C(\boldsymbol{x}, \boldsymbol{\xi}) \leqslant 0$ 成立；反之，不成立。因此，机会约束不等式失效的概率由所有 $z_c(k)$ 的和占场景总数 q 的比值来确定，则式（9-20）的样本平均逼近等价形式为

$$\text{s.t.} \begin{cases} \max\limits_{\boldsymbol{x}} h(\boldsymbol{x}) \\ g(\boldsymbol{x}, \boldsymbol{\xi}^k) = 0 \\ C(\boldsymbol{x}, \boldsymbol{\xi}^k) \leqslant M z_c(k) \\ \sum\limits_{k=1}^{q} z_c(k) \leqslant q\alpha_{1+}, z_c(k) \in \{0,1\} \\ \alpha_{1+} = \max\{\alpha_1, 0\} \\ \alpha_1 = 1 - \inf\limits_{y \in (0,1)} \left\{ \dfrac{e^{-d_{\text{KL}}} y^{1-\alpha} - 1}{y - 1} \right\} \end{cases} \qquad (9\text{-}21)$$

式（9-21）是一个经典的混合整数线性规划模型，可以基于 Matlab 的工具箱 Yalmip 进行建模。在 Yalmip 中直接将约束和目标函数显式写出，同时利用 Yalmip 调用商业求解器 Cplex 12.7 求得相应的分布式光伏接入容量优化结果。

9.1.1.3 仿真验证

本节采用含分布式光伏的改进 IEEE-33 节点标准配电网作为算例系统，以验证本书所提出的分布式光伏并网容量分布鲁棒规划模型的有效性。如图 9-2 所示，选取节点15、22、25 和 32 作为接入分布式光伏的备选节点。电压约束取基准电压的 1.1 和 0.95 倍作为节点电压的上、下限，线路容量约束参考标准 IEEE-33 节点算例，并假设分布式光伏和负荷的功率因数恒定。

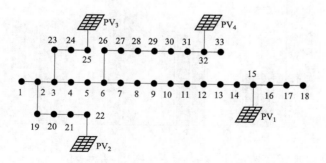

图 9-2　含分布式光伏的改进 IEEE-33 节点配电网

假设分布式光伏出力和负荷有功需求相对参考值的误差服从正态分布，其均值为0，并假定其预测误差的标准差 σ 为参考值的 5%。本书利用蒙特卡洛方法随机产生了

分布式电源配电网运行控制技术

5000 个场景，机会约束的失效概率为 0.05，即节点电压和线路传输容量越限的概率为 0.05。d_{KL} 的值根据历史数据可以准确估计，历史数据越多，则估计出来的参考分布与真实分布越近，d_{KL} 可以采用如下选取方法

$$d_{\mathrm{KL}} = \frac{1}{2M}\chi^2_{N-1,\alpha^*} \tag{9-22}$$

式中：χ^2_{N-1,α^*} 为 $N-1$ 自由度的卡方分布 α^* 上分位数，保证了真实分布以不小于 α^* 的概率包含在集合 D 中。

根据式（9-22），在置信水平 α^*=0.90 的情况下选择 d_{KL}=0.0118。将所提出的分布式光伏并网容量的分布鲁棒模型（DRO）和传统的随机规划（SO）、鲁棒优化（RO）进行对比，分布式光伏并网总容量如表 9-1 所示，各分布式光伏接入点并网容量如图 9-3 所示。从表 9-1 和图 9-3 不难发现，基于 DRO 模型得到的光伏并网总容量比 SO 模型更加保守，但相比 RO 模型其保守性则大大降低。造成上述差异的原因在于，SO 仅仅考虑经验性分布下的情况而忽略了概率分布参数的不确定性，而 RO 则完全没有利用概率分布信息而只考虑了最坏情况，从而导致了非常保守的结果。此外，与 SO 相比，DRO 考虑了分布参数的不确定性从而获得了更加鲁棒的结果，仅减少了分布式光伏并网总容量 0.41MW。

表 9-1　　　　　　　　　　　三类优化分布式光伏并网总容量

方法	总并网容量（MW）
SO	3.571
RO	3.161
DRO	3.496

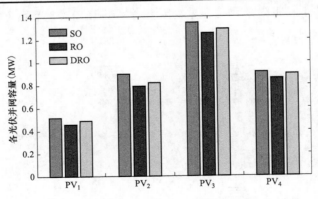

图 9-3　各分布式光伏接入点并网容量

参数 d_{KL} 决定了实际概率分布与经验概率分布的相似度，也反映了决策者的风险偏好。d_{KL} 越大，实际概率分布越偏离经验性分布，决策的风险容许度也越大，配电网应对不确定性的能力越强，所能接纳分布式光伏的容量也越大。根据式（9-22），本节研究

了不同的样本数 M 和不同的置信水平 α^* 下产生的不同的 d_{KL} 对改进的 IEEE-33 节点系统分布式光伏并网总容量结果的影响。如表 9-2～表 9-4 所示，在同样样本数 M 的情况下，分布式光伏并网总容量随着 d_{KL} 的增大而缓慢增大，表明不确定概率密度函数集合大小的扩大直接导致了配电网接纳分布式光伏的能力增加。同样可以看到，样本数 M 对结果的影响明显大于置信水平 α^*，因此获取更多的历史数据有助于减小不确定集合，从而显著降低系统储能配置结果的保守性。

表 9-2　　　　　　　　0.90 置信水平下的分布式光伏总并网容量

M	置信水平 α^*=0.90	
	d_{KL}	总并网容量（MW）
5000	0.011 8	3.496
2000	0.029 6	3.566
1000	0.059 2	3.635
500	0.118 5	3.782
100	0.592 5	3.912

表 9-3　　　　　　　　0.95 置信水平下的分布式光伏总并网容量

M	置信水平 α^*=0.95	
	d_{KL}	总并网容量（MW）
5000	0.012 4	3.498
2000	0.031 1	3.569
1000	0.062 2	3.638
500	0.124 3	3.784
100	0.621 7	3.915

表 9-4　　　　　　置信水平下的分布式光伏总并网容量（0.99）

M	置信水平 α^* = 0.99	
	d_{KL}	总并网容量（MW）
5000	0.013 6	3.499
2000	0.034 0	3.570
1000	0.067 9	3.639
500	0.135 8	3.789
100	0.679 0	3.918

进一步对分布式光伏出力和负荷有功需求的预测误差的标准差 σ 和机会约束不等式失效概率对分布式光伏并网总容量结果的影响进行了分析。图 9-4 给出分布式光伏并网容量随机会约束不等式失效概率的变化曲线。如图 9-4 所示，在标准差 σ 一定的情况

下，随着机会约束不等式失效概率的增加，分布式光伏并网总容量逐渐增加，这是因为机会约束不等式失效概率越大，即允许节点电压和线路传输容量越限的概率越大，显然削弱约束条件限制使得配电网光伏并网容量增大。另外，预测误差的标准差越大，模糊集中包含的概率分布函数集范围越大，DRO 从这些概率分布函数集中选择出一个最坏的概率分布进行决策。因此，预测误差的标准差变大，反而使得配电网的光伏并网总量结果更保守。

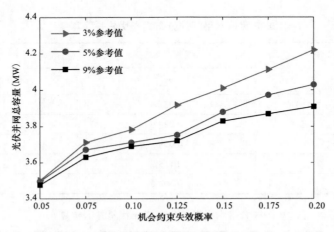

图 9-4　各分布式光伏接入点并网容量 2

最后，得出了配电网 IEEE-33 中各个节点的分布式光伏最大并网容量，结果如图 9-5 所示，假设此时系统中每次仅有一个节点接入分布式光伏，其他设置一样。从图 9-5 中给出了基于 DRO 模型给出改进 IEEE-33 节点系统中各节点单独接入分布式光伏的最大并网容量可以看出，支路首端节点 2、19、23、26 的最大光伏并网容量为该支路中所有节点中最大。这表明，越靠近首端节点的更利于分布式光伏并网。此外，支路首端节点 2 最为靠近主网，因为该节点能从主网获得最大的有功功率支援和无功补偿而使得该节点的分布式光伏并网容量最大，达到了 4.12MW。

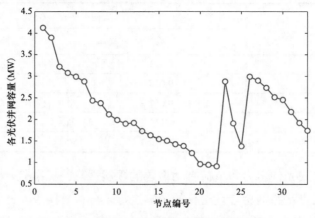

图 9-5　单节点分布式光伏接入最大容量

9.1.2 含分布式光伏的配电网电压波动抑制分析

大规模集中开发光伏会带来消纳难题，分布式光伏并网形式可以缓解弃光限电问题。发挥分布式光伏提供无功功率的能力，为配电网提供无功支撑、电压波动抑制等辅助服务是未来智能电网的发展趋势。分布式光伏并网后，馈线中的双向潮流会加剧配电网电压波动，直接影响电能质量。因此，需要深入分析分布式光伏对配电网电压波动的影响原理和抑制策略。

光伏的间歇性和时变性导致分布式光伏电站产生电压波动。电压波动抑制方法分为配电网侧和光伏电站侧两类。配电网侧抑制方法通过外部设备辅助光伏电站改善并网点（point of common coupling，PCC）电能质量，采用电容器组、柔性交流输电系统（如静止无功补偿器、无功功率发生器、静止同步补偿器）和储能设备等电能质量治理装置快速补偿无功功率，维持分布式光伏电站并网点电压稳定是目前的研究热点。当前相关的研究仍存在以下不足：

（1）鲜有针对分布式光伏特点，深入研究依靠分布式光伏电站自身无功功率抑制电压波动的原理和方法；

（2）虽然分布式光伏电站具备调节无功能力，但通常要求分布式光伏电站不参与系统电压调节，无法发挥其无功调节能力，且多基于恒功率因数控制。

针对以上问题，本节提出利用分布式光伏无功功率输出能力抑制电压波动的策略，定量分析分布式光伏电站多种控制方式对电压波动的影响，揭示不同控制方式对电压波动的作用规律，并提出基于预算不确定性集（budget of uncertainty）的分布式光伏仿射可调鲁棒无功优化方法。通过将分布式光伏的有功出力描述为预算不确定性集，建立分布式光伏无功调节的配电网无功鲁棒优化模型，通过二阶锥的多面体近似将有功网损和节点偏差约束条件转化为一系列线性不等式约束；考虑分布式光伏出力不确定性情况下，通过对偶变换将配电网无功鲁棒优化模型转化为二次规划求解。

9.1.2.1 分布式光伏接入后配电网电压波动影响因素

（1）分布式光伏的控制方式对电压波动的影响。为了研究电压波动产生的原理及分布式光伏电站控制方式对电压波动的影响，建立如图 9-6 所示辐射型配电网网架进行仿真分析。图 9-6 中：（$U_{P_{cc}}$）为 P_{CC} 电压；$R_{P_{cc}}$ 和 $X_{P_{cc}}$ 分别为上级变电站到 PCC 的戴维南等效电阻和电抗；R_{B_i} 和 X_{B_i} 分别为上级变电站到第 $B_i(i=1,2,3,4)$ 节点母线的戴维南等效电阻和电抗。图9-6中，分布式光伏电站由4个1.5MW光伏阵列组成，通过12km馈线连接到变电站低压侧。在传输线路上 T 接有 4 组负荷，并由变压器降压到市电，负荷 L1、L2、L3 和 L4 分别为 1、2、3MW 和 5MW，配电网馈线中分布式光伏可以满足部分负荷用电需求，但上级电网仍需为馈线其余负荷传输电能。本节将短时间闪变值 P_{st} 作为衡量电压波动的参数，利用电压变动近似分析分布式光伏的控制方式、配电网阻抗角、短路容量比对电压波动的影响。

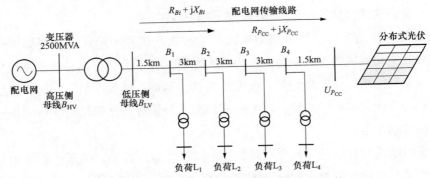

图 9-6 含有分布式光伏的中压配电网网架拓扑

当分布式光伏 PCC 电流、有功和无功功率波动已知时，PCC 电压变动近似为

$$\Delta U'_{\mathrm{PCC}} = \Delta I_{\mathrm{PCC}}(R_{\mathrm{PCC}}\cos\theta + X_{\mathrm{PCC}}\sin\theta) \tag{9-23}$$

式中：U'_{PCC} 为电压波动后的 PCC 电压；ΔI_{PCC} 为发电机产生的波动电流；θ 为发电机有功功率波动 ΔP_{PCC} 和无功功率波动 ΔQ_{PCC} 功率因数角。

式（9-23）左右两端同时除以并网点电压得到 PCC 相对电压变动近似为

$$\left|\frac{\Delta U_{\mathrm{PCC}}}{U_{\mathrm{PCC}}}\right| \approx \left|\frac{\Delta P_{\mathrm{PCC}}R_{\mathrm{PCC}} + \Delta Q_{\mathrm{PCC}}X_{\mathrm{PCC}}}{U_{\mathrm{PCC}}^2}\right| \tag{9-24}$$

可见，光照强度的变化会引起分布式光伏有功功率波动，进而引起 PCC 电压波动。有功输出功率受光照强度影响，不能人为控制，而无功功率可通过变流器解耦控制。因此，抑制电压波动可由控制无功输出功率入手，采用合适的控制方法使无功功率的变化与有功功率引起的电压波动在 PCC 处相互抵消。

目前，分布式光伏有恒功率因数、恒电压和恒无功功率 3 种控制方式。

1）恒功率因数控制。恒功率因数控制通过控制无功功率随有功功率的变化而变化，使发电机平均功率因数维持在固定值。无功功率的变化为

$$\Delta Q_{\mathrm{PCC}} = \Delta P_{\mathrm{PCC}}\tan\theta \tag{9-25}$$

将式（9-25）代入式（9-24）得到恒功率因数控制下的电压变动为

$$\left|\frac{\Delta U_{\mathrm{PCC}}}{U_{\mathrm{PCC}}}\right| \approx \left|\frac{\Delta P_{\mathrm{PCC}}(R_{\mathrm{PCC}} + \tan\theta X_{\mathrm{PCC}})}{U_{\mathrm{PCC}}^2}\right| \tag{9-26}$$

进而可得第 i 个 T 接点 B_i（$i=1$，2，3，4）处的电压相对变动为

$$\left|\frac{\Delta U_{B_i}}{U_{B_i}}\right| \approx \left|\frac{\Delta P_{B_i}(R_{B_i} + \tan\theta X_{B_i})}{B_i U_{\mathrm{PCC}}}\right| \tag{9-27}$$

式（9-27）说明由 PCC 到馈线中第 i 条母线的电压波动传播程度取决于分布式光伏电站的运行功率因数。

2）恒电压控制。恒电压控制侧重于提高 PCC 电压稳定性，通过闭环控制维持 PCC 电压波动为零，相对电压波动为

$$\left|\frac{\Delta U_{\text{PCC}}}{U_{\text{PCC}}}\right| \approx \left|\frac{\Delta P_{\text{PCC}}R_{\text{PCC}} + \Delta Q_{\text{PCC}}X_{\text{PCC}}}{U_{\text{PCC}}^2}\right| \approx 0 \qquad (9\text{-}28)$$

为了维持 PCC 电压稳定，跟随有功功率变动的无功功率变动近似为

$$\Delta Q_{\text{PCC}} = -\Delta P_{\text{PCC}}\frac{R_{\text{PCC}}}{X_{\text{PCC}}} \qquad (9\text{-}29)$$

将式（4-29）代入式（4-27）可得 T 接点 B_i 处电压变动为

$$\left|\frac{\Delta U_{B_i}}{U_{B_i}}\right| \approx \left|\Delta P_{\text{PCC}}\frac{\left(R_{B_i} - \dfrac{R_{\text{PCC}}}{R_{B_i}}\right)X_{B_i}}{B_i U_{\text{PCC}}}\right| \qquad (9\text{-}30)$$

可见，该控制方式下电压变动由有功功率变动和电网阻抗条件决定，其控制参数根据 PCC 电压波动最小的目标选取，在强光照条件下分布式光伏会产生大幅功率波动。因此，在强光照条件下恒电压控制并不能完全消除 PCC 电压波动。

3）恒无功率控制。恒无功功率控制方式下，分布式光伏需要按照调度要求发出恒定无功功率以支撑电网电压，$\Delta Q_{P_{\text{CC}}} = 0$。因此，电压变动仅由有功功率引起，其外部特性和静止同步补偿器相似，PCC 电压相对变动为

$$\left|\frac{\Delta U_{\text{PCC}}}{U_{\text{PCC}}}\right| \approx \frac{\Delta P_{\text{PCC}}R_{\text{PCC}}}{U_{\text{PCC}}^2} \qquad (9\text{-}31)$$

（2）配电网参数对电压波动的影响仿真分析。在含有分布式光伏电站的配电网中，光照强度、短路比和阻抗角是影响电压波动的主要因素。下面采用图 9-6 网架结构分析配电网参数对电压波动的影响。采用不同的电网参数，建立图 9-6 配电网模型，仿真分析三种控制方式下各变量对电压波动的影响。

并网点短路比和馈线阻抗角是影响电网中闪变的主要因素。通过设定不同的短路比和阻抗比验证各因素对闪变的影响趋势。图 9-7 为三种控制方式下短路比对短时间闪变值的影响，图 9-8 为三种控制方式下阻抗比对短时间闪变的影响。由图 9-7 可以看出，随着短路比增大，分布式光伏渗透率逐渐减小，分布式光伏对配电网的影响逐渐减弱。三种控制方式下，分布式光伏的短时间闪变均会随着短路比的增大而减小。其中，恒功率因数控制方式短时间闪变最大。

分布式光伏有功功率波动是造成 PCC 电压波动的直接原因，阻抗比的增大会导致电压对分布式光伏有功功率的敏感度降低。由图 9-8 可以看出，在阻抗比 X/R 小于 6 的范围内，三种控制方式电压短时间闪变值显著减小，在大于 6 的范围内，短时间闪变值均趋于 0.014。

为了分析三种控制方式对短时间闪变在馈线上的传播影响，分别设定恒功率因数超前 0.95、恒电压 PCC 电压 1.05p.u.和恒无功功率为 0Mvar 比较，结果如图 9-9 所示。

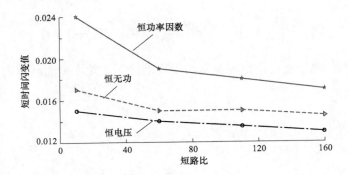

图 9-7　三种控制方式下短路比对短时间闪变值的影响

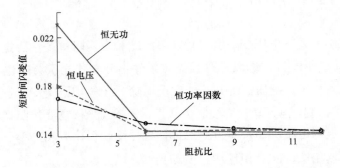

图 9-8　三种控制方式下阻抗比对短时间闪变值的影响

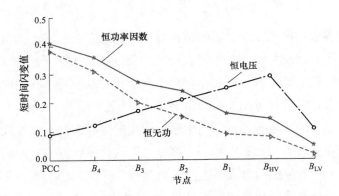

图 9-9　三种控制方式下短时间闪变对馈线不同节点的影响对比

如图 9-9 所示，恒功率因数和恒无功功率控制方式下闪变影响趋势一致，短时间闪变值均以 P_{cc} 为起点沿着馈线逐渐减小。恒电压控制方式下短时间闪变沿着馈线到变电站低压侧逐渐增大。由此可见，恒电压方式虽然可以有效稳定 P_{cc} 闪变值，但对配电网其他节点的影响随着电气距离的增大而增大。恒功率因数和恒无功功率控制方式对配电网闪变的影响会随着电气距离的增大而逐渐减小，最后消失。因此，不能从单个节点的闪变抑制效果判断控制方式的有效性，需要进一步分析电能传输过程中馈线的闪变影响。

9.1.2.2　含分布式光伏的配电网无功优化模型

（1）节点功率平衡方程。假设配电网有 m 条支路 n 个节点，且第一个节点设置为平衡节点，根据节点注入功率平衡方程（包含平衡节点）可得

$$YV = (S/U)^*$$ （9-32）

式中：Y 为节点导纳矩阵；V 为节点电压列向量；S 为注入功率列向量。

Y 中具体元素如下

$$Y = \begin{bmatrix} 1 & \cdots & 0 & \cdots & 0 \\ Y_{21} & \cdots & Y_{2j} & \cdots & Y_{2n} \\ \vdots & & \vdots & & \vdots \\ Y_{i1} & \cdots & Y_{ij} & \cdots & Y_{in} \\ \vdots & & \vdots & & \vdots \\ Y_{n1} & \cdots & Y_{nj} & \cdots & Y_{nn} \end{bmatrix} ; V = \begin{bmatrix} V_1 \\ \vdots \\ V_j \\ \vdots \\ V_n \end{bmatrix} ; S = \begin{bmatrix} V_{sl} \\ S_2 \\ \vdots \\ S_i \\ \vdots \\ S_n \end{bmatrix}$$ （9-33）

式中：V_{sl} 为平衡节点的节点电压。

其注入功率 S_i 的计算公式为

$$\begin{cases} S_i = P_i + jQ_i \\ P_i = P_i^{PV} - P_i^{D}, & i = 1, 2, \cdots, n \\ Q_i = Q_i^{PV} - Q_i^{D} \end{cases}$$ （9-34）

式中：P_i^{PV}、Q_i^{PV} 分别为分布式光伏的有功、无功出力；P_i^{D}、Q_i^{D} 分别为负荷有功功率、无功功率需求。

进一步将节点功率平衡方程式（4-32）按节点导纳矩阵 Y 的实部和虚部分开可得

$$\begin{bmatrix} Y^{re} & -Y^{im} \\ -Y^{im} & -Y^{re} \end{bmatrix} \begin{bmatrix} V^{re} \\ V^{im} \end{bmatrix} = \begin{bmatrix} P \\ Q \end{bmatrix}$$ （9-35）

其中

$$Y^{re} = \begin{bmatrix} 1 & \cdots & 0 & \cdots & 0 \\ Y_{21}^{re} & \cdots & Y_{2j}^{re} & \cdots & Y_{2n}^{re} \\ \vdots & & \vdots & & \vdots \\ Y_{i1}^{re} & \cdots & Y_{ij}^{re} & \cdots & Y_{in}^{re} \\ \vdots & & \vdots & & \vdots \\ Y_{n1}^{re} & \cdots & Y_{nj}^{re} & \cdots & Y_{nn}^{re} \end{bmatrix}$$ （9-36）

$$Y^{im} = \begin{bmatrix} 0 & \cdots & 0 & \cdots & 0 \\ Y_{21}^{im} & \cdots & Y_{2j}^{im} & \cdots & Y_{2n}^{im} \\ \vdots & & \vdots & & \vdots \\ Y_{i1}^{im} & \cdots & Y_{ij}^{im} & \cdots & Y_{in}^{im} \\ \vdots & & \vdots & & \vdots \\ Y_{n1}^{im} & \cdots & Y_{nj}^{im} & \cdots & Y_{nn}^{im} \end{bmatrix}$$ （9-37）

$$V^{\mathrm{re}} = \begin{bmatrix} V_1^{\mathrm{re}} \\ \vdots \\ V_j^{\mathrm{re}} \\ \vdots \\ V_n^{\mathrm{re}} \end{bmatrix} ; V^{\mathrm{im}} = \begin{bmatrix} V_1^{\mathrm{im}} \\ \vdots \\ V_j^{\mathrm{im}} \\ \vdots \\ V_n^{\mathrm{im}} \end{bmatrix} ; P = \begin{bmatrix} V_{sl} \\ P_2 \\ \vdots \\ P_i \\ \vdots \\ P_n \end{bmatrix} ; Q = \begin{bmatrix} 0 \\ Q_2 \\ \vdots \\ Q_i \\ \vdots \\ Q_n \end{bmatrix} \tag{9-38}$$

（2）配电网损公式推导。根据式（4-35）可求得节点电压的实部和虚部为

$$\begin{bmatrix} V^{\mathrm{re}} \\ V^{\mathrm{im}} \end{bmatrix} = \begin{bmatrix} Y^{\mathrm{re}} & -Y^{\mathrm{im}} \\ -Y^{\mathrm{im}} & -Y^{\mathrm{re}} \end{bmatrix}^{-1} \begin{bmatrix} P \\ Q \end{bmatrix} = \begin{bmatrix} Z_A^{\mathrm{re}} \\ Z_A^{\mathrm{im}} \end{bmatrix} \begin{bmatrix} P \\ Q \end{bmatrix} \tag{9-39}$$

式中，节点导纳矩阵的逆矩阵被分为两个子矩阵 Z_A^{re} 和 Z_A^{im}，分别对应着节点电压的实部 V^{re} 和虚部 V^{im}。

令 M 为节点支路关联矩阵，D_g 为支路阻抗矩阵的对角矩阵，则有功网损为

$$\begin{aligned} P_{\mathrm{Loss}} &= (MV^{\mathrm{re}})^{\mathrm{T}} D_g (MV^{\mathrm{re}}) + (MV^{\mathrm{im}})^{\mathrm{T}} D_g (MV^{\mathrm{im}}) \\ &= (V^{\mathrm{re}})^{\mathrm{T}} L_A (V^{\mathrm{re}}) + (V^{\mathrm{im}})^{\mathrm{T}} L_A (V^{\mathrm{im}}) \end{aligned} \tag{9-40}$$

其中

$$\begin{aligned} L_A &= M^{\mathrm{T}} D_g M \\ &= (D_g^{0.5} M)^{\mathrm{T}} (D_g^{0.5} M) \\ &= L_{Ag}^{\mathrm{T}} L_{Ag} \end{aligned} \tag{9-41}$$

定义 $L_{Ag} = D_g^{0.5} M$，则有功网损进一步可转化为

$$P_{\mathrm{Loss}} = \begin{bmatrix} V^{\mathrm{re}} \\ V^{\mathrm{im}} \end{bmatrix} \begin{bmatrix} L_A & 0 \\ 0 & L_A \end{bmatrix} \begin{bmatrix} V^{\mathrm{re}} \\ V^{\mathrm{im}} \end{bmatrix} = P_A^{\mathrm{T}} P_A \tag{9-42}$$

其中

$$P_A = \begin{bmatrix} L_{Ag} & 0 \\ 0 & L_{Ag} \end{bmatrix} \begin{bmatrix} V^{\mathrm{re}} \\ V^{\mathrm{im}} \end{bmatrix} \tag{9-43}$$

利用式（4-39），P_A 可以进一步改写为

$$P_A = \begin{bmatrix} L_{Ag} Z_A^{\mathrm{re}} \\ L_{Ag} Z_A^{\mathrm{im}} \end{bmatrix} \begin{bmatrix} P \\ Q \end{bmatrix} = \begin{bmatrix} D^{\mathrm{re}} \\ D^{\mathrm{im}} \end{bmatrix} \begin{bmatrix} P \\ Q \end{bmatrix} \tag{9-44}$$

其中，$D^{\mathrm{re}} = L_{Ag} Z_A^{\mathrm{re}}$；$D^{\mathrm{im}} = L_{Ag} Z_A^{\mathrm{im}}$；进一步将 P_A 分割为两个向量为

$$P_A = \begin{bmatrix} u^{\mathrm{re}} \\ u^{\mathrm{im}} \end{bmatrix} ; u^{\mathrm{re}} = D^{\mathrm{re}} \begin{bmatrix} P \\ Q \end{bmatrix} ; u^{\mathrm{im}} = D^{\mathrm{im}} \begin{bmatrix} P \\ Q \end{bmatrix} \tag{9-45}$$

因此，式（9-42）可以改写平方和形式，即

$$P_{\mathrm{Loss}} = \sum_{i=1}^{m} (\mu_i^{\mathrm{re}})^2 + (\mu_i^{\mathrm{im}})^2 \tag{9-46}$$

其中

$$\mu_i^{\mathrm{re}} = \boldsymbol{D}^{\mathrm{re}}(i,:)\begin{bmatrix} \boldsymbol{P} \\ \boldsymbol{Q} \end{bmatrix}; \mu_i^{\mathrm{im}} = \boldsymbol{D}^{\mathrm{im}}(i,:)\begin{bmatrix} \boldsymbol{P} \\ \boldsymbol{Q} \end{bmatrix} \tag{9-47}$$

（3）配电网无功优化模型。分布式光伏的无功出力优化控制的目标是使得配电网网损和节点电压偏差综合目标最小，其表达式为

$$\min KP_{\mathrm{Loss}} + (1-K)\sum_{i=1}^{n}\Delta V_i \tag{9-48}$$

式中：K 为权重系数；P_{Loss} 为系统总网损；ΔV_i 为节点电压偏差；约束条件分布式光伏的运行约束。

节点电压偏差计算式为

$$\Delta V_i = \sqrt{(V_i^{\mathrm{re}} - V_{sl})^2 + (V_i^{\mathrm{im}})^2} \tag{9-49}$$

其中

$$V_i^{\mathrm{re}} = Z_A^{\mathrm{re}}(i,:)\begin{bmatrix} \boldsymbol{P} \\ \boldsymbol{Q} \end{bmatrix}; V_i^{\mathrm{im}} = Z_A^{\mathrm{im}}(i,:)\begin{bmatrix} \boldsymbol{P} \\ \boldsymbol{Q} \end{bmatrix} \tag{9-50}$$

进一步可将网损目标和节点电压偏差松弛为带二阶锥约束的二次规划模型，即

$$\min K\sum_{i=1}^{m} t_i^2 + (1-K)\sum_{i=1}^{n}\Delta V_i$$
$$st\begin{cases} t_i \geqslant \sqrt{(\mu_i^{\mathrm{re}})^2 + (\mu_i^{\mathrm{im}})^2} \\ \Delta V_i \geqslant \sqrt{(V_i^{\mathrm{re}} - V_{sl})^2 + (V_i^{\mathrm{im}})^2} \\ (S_i^{\mathrm{PV}})^{\max} \geqslant \sqrt{(P_i^{\mathrm{PV}})^2 + (Q_i^{\mathrm{PV}})^2} \end{cases} \tag{9-51}$$

在式（9-51）中，约束条件考虑了分布光伏调节能力约束的因素。

9.1.2.3 配电网无功优化的仿射可调鲁棒方法

（1）二阶锥约束的多面体近似方法。式（9-51）中的带二阶锥约束的二次规划模型需要将二阶锥约束线性化为线性不等式约束，以便直接采用商业求解器直接求解。本节采用多面体近似方法来线性化二阶锥约束条件，对于任意一个复数 $\vartheta = \vartheta^{\mathrm{re}} + j\vartheta^{\mathrm{im}}$，其幅值 $|\vartheta|$ 满足以下不等式约束

$$|\vartheta| \geqslant \psi_k(\vartheta) \geqslant \cos\left(\frac{\phi}{2}\right)|\vartheta| \tag{9-52}$$

其中

$$\psi_k(\vartheta) = \max_{l=1,2,\cdots,k} |\vartheta^{\mathrm{re}}\cos(l\phi) + \vartheta^{\mathrm{im}}\sin(l\phi)|, \phi = \frac{\pi}{k} \tag{9-53}$$

因此，$|\vartheta|$ 可以用多面体 $\psi_k(\vartheta)$ 来近似，相对精度为，例如 $k=16$，32 顶点多边形近似 $|\vartheta|$ 的最大误差仅为 0.48%。

利用式（9-52）可以将式（9-51）中的二阶锥约束依次转化为

$$\begin{cases} -t_i \leqslant \left[\cos(l\phi)D^{\mathrm{re}}(i,:) + \sin(l\phi)D^{\mathrm{im}}(i,:)\right]\begin{bmatrix} \boldsymbol{P} \\ \boldsymbol{Q} \end{bmatrix} \leqslant t_i \\ \phi = \dfrac{\pi}{k}, l = 1, \cdots, k \end{cases} \tag{9-54}$$

$$\begin{cases} \Delta V_i \geqslant \left[\cos(l\phi)\boldsymbol{Z}_A^{\mathrm{re}}(i,:) + \sin(l\phi)\boldsymbol{Z}_A^{\mathrm{re}}(i,:)\right]\begin{bmatrix} \boldsymbol{P} \\ \boldsymbol{Q} \end{bmatrix} - \cos(l\phi)V_{sl} \\ \Delta V_i \geqslant -\left[\cos(l\phi)\boldsymbol{Z}_A^{\mathrm{re}}(i,:) + \sin(l\phi)\boldsymbol{Z}_A^{\mathrm{re}}(i,:)\right]\begin{bmatrix} \boldsymbol{P} \\ \boldsymbol{Q} \end{bmatrix} + \cos(l\phi)V_{sl} \\ \phi = \dfrac{\pi}{k}, l = 1, \cdots, k \end{cases} \tag{9-55}$$

$$\begin{cases} -(S_i^{\mathrm{PV}})^{\max} \leqslant \cos(l\phi)P_i^{\mathrm{PV}} + \sin(l\phi)Q_i^{\mathrm{PV}} \leqslant (S_i^{\mathrm{PV}})^{\max} \\ \phi = \dfrac{\pi}{k}, l = 1, \cdots, k \end{cases} \tag{9-56}$$

因此，含分布式光伏的配电网无功优化模型可以改写为规范化二次规划模型，即

$$\min_{q,u} \frac{1}{2}\sum_j a_j u_j^2 + \sum_j c_j u_j \tag{9-57}$$
$$\text{s.t.} \ \sum_j A_{ij}u_j + \sum_j B_{ij}q_j \leqslant \sum_j C_{ij}p_j + b_i, \forall i$$

式中：p_j、q_j 分别为分布式光伏的有功出力和无功出力；u_j 为二次规划目标（式 9-51）中的 t_i、ΔV_i 变量；$(a_j, c_j, A_{ij}, B_{ij}, C_{ij}, b_j)$ 为对应的系数。

（2）基于预算不确定性集的仿射可调鲁棒优化。根据分布式光伏的有功出力 p_j，分布式光伏的无功出力可以根据式（9-57）的二次规划模型求解得到。然而分布式光伏的有功出力存在不确定性，传统的鲁棒优化方法采用区间不确定性集来描述分布式光伏有功出力的不确定性，往往使得优化结果偏保守。为了克服基于区间不确定性集鲁棒优化方法的保守性，本节采用基于预算不确定性集来描述分布式光伏有功出力的不确定性，也就是通过构造分布式光伏有功出力偏离期望点的约束条件来描述，得到

$$\begin{cases} U = \{p : p_j = p_{0j} + \Delta p_j z_j, \forall j, z \in Z\} \\ Z = \{z : |z_j| \leqslant 1, \forall j, \sum_j |z_j| \leqslant \Lambda\} \end{cases} \tag{9-58}$$

式中：p_{0j} 为分布式光伏的期望有功出力；Δp_j 为实际出力偏离期望点的最大偏差，可以定义为 $p_{0j}=\Delta p_j=p_j^{\max}/2$（$p_j^{\max}$ 为分布式光伏的最大有功出力）。

分布式光伏的逆变器通过根据以下线性决策规则来调整无功功率来响应实际有功功率的变化，即

$$q_j = q_{0j} + \beta_j p_j \tag{9-59}$$

式中：q_{0j} 和 β_j 为无功功率调节的决策变量。

分布式光伏无功调节量 q_j 是分布式光伏出力不确定变量 p_j 的仿射线性函数，因此，

通过设置线性决策规则来减少寻优空间的鲁棒优化方法称为仿射可调鲁棒优化（affinely adjustable robust optimization，AARO）。仿射可调鲁棒就是寻找最佳的 q_{0j} 和 β_j，使得目标函数最小化，并且 p_j 满足式（9-57）。因此，式（9-58）中的约束条件可转化为

$$\sum_j A_{ij} u_j + \sum_j B_{ij} q_{0j} + \max_{p \in U} \sum_j (B_{ij}\beta_j - C_{ij}) p_j \leq b_i, \forall i \tag{9-60}$$

进一步可将式（9-60）中的内部最大化目标等效为

$$\begin{cases} \max \sum_j (B_{ij}\beta_j - C_{ij})[p_{0j} + \Delta p_j(z_j^+ - z_j^-)] \\ \text{s.t.} \quad 0 \leq z_j^+ \leq 1, 0 \leq z_j^- \leq 1, z_j^+ + z_j^- \leq 1, \forall j \\ \sum_j (z_j^+ + z_j^-) \leq \Lambda \end{cases} \tag{9-61}$$

通过对式（9-61）进行对偶变换，可以将基于预算不确定性的鲁棒优化模型等价转化为二次规划模型，即

$$\begin{cases} \min_{\beta, \theta^+, \theta^-, \theta^l, \theta^\Lambda, q_0, \mu} \frac{1}{2}\sum_j a_j u_j^2 + \sum_j c_j u_j \\ \text{s.t.} \quad \sum_j A_{ij} u_j + \sum_j B_{ij} q_{0j} + \sum_j (B_{ij}\beta_j - C_{ij})p_{0j} \\ \qquad + \sum_j (\theta_{ij}^+ + \theta_{ij}^- + \theta_{ij}^l) + \Lambda \theta_i^\Lambda \leq b_i, \forall i \\ \theta_{ij}^+ + \theta_{ij}^l + \theta_{ij}^\Lambda \geq (B_{ij}\beta_j - C_{ij})\Delta p_j, \forall i, \forall j \\ \theta_{ij}^- + \theta_{ij}^l + \theta_{ij}^\Lambda \geq (C_{ij} - B_{ij}\beta_j)\Delta p_j, \forall i, \forall j \\ \theta_{ij}^+ \geq 0, \theta_{ij}^- \geq 0, \theta_{ij}^l \geq 0, \forall i, \forall j \\ \theta_{ij}^\Lambda \geq 0, \forall i \end{cases} \tag{9-62}$$

式（9-62）是一个大规模的二次规划模型，可以基于 Matlab 的工具箱 Yalmip 进行建模。在 Yalmip 中直接将约束和目标函数显式写出，同时利用 Yalmip 调用商业求解器 Cplex12.7 求得相应的分布式光伏无功优化调节结果。

9.1.2.4 仿真验证

本节在 IEEE-33、IEEE-123 两个标准配电网算例的基础上，分别在这两个系统中接入不同容量的分布式光伏，接入分布式光伏容量占系统总容量的比例分别设置为 20%、40%、60%，这样就生成了六个算例系统，即为 33_L、33_M、33_H、123_L、123_M、123_H。分别采用本书所提出仿射可调鲁棒优化（AARO）、基于区间集的鲁棒优化（RO）、蒙特卡洛方法（MC）求解分布式光伏无功优化模型，这里认为蒙特卡洛方法采样为 10000 次，每次采样从区间不确定集合中抽取一个分布式光伏实际发电量，然后利用无功功率的线性决策规则，对无功功率进行求解，进而得到全网的电压分布和有功功率损耗，这里可以认为蒙特卡洛方法得到的结果可认为精确解作为参照。33 节点系统 Λ 设置为 5，

而 123 节点系统 Λ 设置为 10；Cplex 求解二次规划问题时为默认设置，如图 9-10 所示。

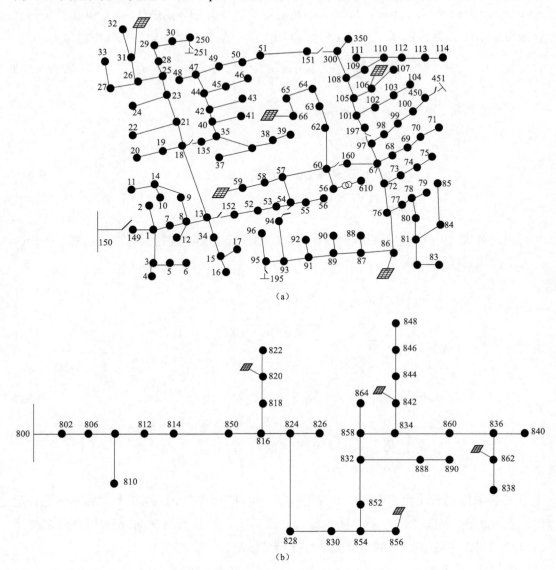

图 9-10　IEEE33 节点和 123 节点仿真算例

（a）IEEE 123 节点；（b）IEEE 33 节点

对六个算例，分别对 K=0、K=0.5、K=1 三种情况进行了分析，图 9-11～图 9-13 分别给出了采用 AARO、RO、MC 三种方法得到的结果相对分布式光伏零无功调节时 $\max|\Delta V|_{\infty}$、$\max P_{\text{Loss}}$、$\text{avg} P_{\text{Loss}}$ 的改进效果对比情况，纵坐标表示相对分布式光伏零无功调节时的提升百分比。从这 3 幅图中不难看出：AARO 方法的提升效果明显优于 RO 方法，并且十分接近 MC 方法，因此，AARO 方法较 RO 方法具有更低的保守性。同时，AARC 方法的 $\max|\Delta V|_{\infty}$ 和 $\max P_{\text{Loss}}$ 的改善效果对 K 值相对不敏感。这是因为，优

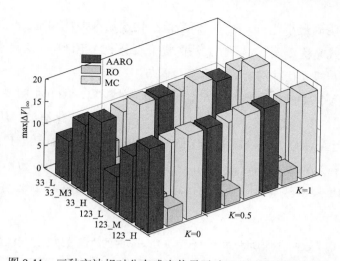

图 9-11　三种方法相对分布式光伏零无功调节时改进效果对比

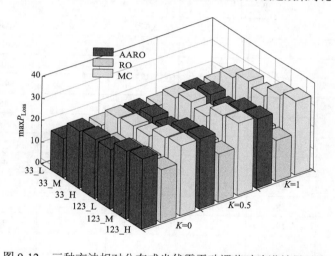

图 9-12　三种方法相对分布式光伏零无功调节时改进效果对比

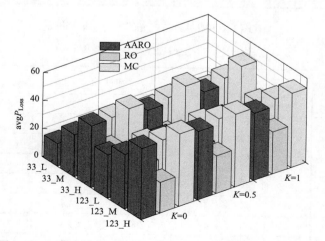

图 9-13　三种方法相对分布式光伏零无功调节时改进效果对比

化目标中并没有明确最小化 avg P_{Loss}，而是最小化了功率损耗和电压偏差的上限。对于不同比例的分布式光伏接入，AARO 方法的提升百分比并不敏感，这表明了 AARO 方法能适应高比例分布式光伏并网的配电网无功调节。

进一步研究预算不确定集的大小 Λ 对优化结果的影响，表 9-5 和表 9-6 分别给出了采用 AARO 方法、RO 方法的 33_H 和 123_H 两个系统的优化结果。从表 9-5 和表 9-6 中可以发现：采用 AARO 方法获得的电压偏差和最大/平均功率损耗的提升效果明显优于 RO 方法，反映了 AARO 的保守性较低；同时，AARC 方法和 RO 方法的提升百分比在不同的预算不确定集中基本上保持不变，这说明预算不确定集可以适当缩小以加速优化求解时间。

表 9-5　AARO 和 RO 方法相对分布式光伏零无功调节时的改进效果对比（IEEE-33_H 系统）

K	Λ	$\max|\Delta V|_{\infty}$		$\max P_{\text{Loss}}$		$\text{avg}\, P_{\text{Loss}}$	
		AARC	RO	AARC	RO	AARC	RO
1	4	18	3	29	7	40	12
1	3	19	4	32	8	41	13
1	2	21	4	34	9	45	13
1	1	20	3	34	9	45	13
0	4	19	6	27	14	44	23
0	3	21	10	31	17	44	22
0	2	22	15	31	21	44	26
0	1	26	14	33	19	48	27
0.5	4	19	6	28	13	41	19
0.5	3	19	5	31	12	41	19
0.5	2	22	4	34	4	45	20
0.5	1	21	5	34	9	48	21

表 9-6　　AARO 和 RO 相对分布式光伏零无功调节时的改进效果对比（IEEE-123_H 系统）

K	Λ	$\max|\Delta V|_{\infty}$		$\max P_{\text{Loss}}$		$\text{avg}\, P_{\text{Loss}}$	
		AARC	RO	AARC	RO	AARC	RO
1	8	18	3	32	19	48	30
1	6	19	3	38	22	48	30
1	4	21	3	44	26	49	30
1	2	20	3	48	29	51	31
0	8	19	4	32	24	51	22
0	6	21	4	38	26	51	22
0	4	22	4	44	27	51	22

续表

K	Λ	$\max\|\Delta V\|_\infty$		$\max P_{\text{Loss}}$		$\text{avg}\,P_{\text{Loss}}$	
		AARC	RO	AARC	RO	AARC	RO
0	2	26	4	39	25	41	23
0.5	8	19	3	32	22	49	27
0.5	6	19	3	38	24	49	27
0.5	4	22	3	44	27	49	27
0.5	2	21	4	48	27	51	28

AARC 和 RO 方法都是从近似于最优潮流公式的凸二次规划模型求解得到节点电压和网损结果，而构成二次规划基础的是多面体近似公式。为了量化每个节点处与实际值（MC 方法中每次都采用精确的潮流计算获得）之间的电压偏差，分别比较了 33_H 系统和 123_H 系统的最大电压偏差结果，如图 9-14 和图 9-15 所示。从这两幅图可以看出，本节采用的 32（$k=16$）顶点多边形的多面体近似方法具有很高的计算精度，33_H 系统和 123_H 系统的最大电压偏差的计算精度都达到了 10^{-3}。

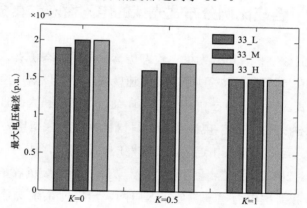

图 9-14 AARO 方法相对 MC 方法的最大电压偏差（33_H 系统）

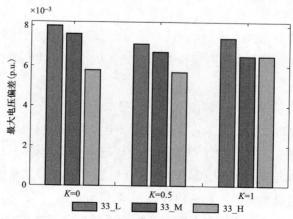

图 9-15 AARO 方法相对 MC 方法的最大电压偏差（123_H 系统）

图 9-11～图 9-13 中的优化结果需要求解 18 组优化问题得到 18 组线性决策规则（6 个网络实例中分别对应 $K=1$、0、0.5 的 3 个问题），其中 12 个是二次规划问题，6 个是线性规划（对应 $K=0$）。表 9-7 给出了 Cplex 求解器的计算时间，表明了 AARO 方法的优化时间不到 1min，能快速得到分布式光伏无功出力的线性决策规则，从而发出逆变器控制指令，这对于快速响应的逆变器来说显然是可以接受的。

表 9-7	AARO 方法的计算时间		单位：s
系统	$K=0$	$K=0.5$	$K=1$
33_L	2.5	3.3	2.9
33_M	2.8	3.7	2.9
33_H	2.6	3.9	3.1
123_L	26.8	46.9	27.3
123_M	26.2	48.8	26.4
123_H	23.1	42.2	25.7

9.2 含高比例分布式光伏的电网暂态仿真分析

传统电力系统的数字仿真可分为机电暂态仿真和电磁暂态仿真。机电暂态仿真规模可达数万节点，仿真步长通常为毫秒级，计算速度快，但难以对快速反应的新型电力电子器件进行准确仿真。而电磁暂态仿真虽建模详细，仿真步长为微秒级，但算例搭建复杂，计算量大，规模受限。机电-电磁混合仿真既能够对于大型电力电子器件的局部网络进行精确仿真，又可以考虑其相连的交流电网的暂态特性，成为认知大电网运行机理特性的强有力工具。2019 年至"十四五"期间，光伏、风电装机容量持续增加。大量光伏、风电等新能源和新型电力电子设备接入电网，给电力系统安全运行带来了新的挑战，成为电网企业和电力客户关注的热点。因此，对含高比例分布式光伏的电力系统进行仿真成为保障电网安全、稳定运行的必然要求。

构建的含高比例分布式光伏的电网仿真平台，可满足含高比例分布式光伏的机电-电磁混合仿真要求，实现了对电网运行实际方式多运行工况的快速仿真，提升了电网精细化仿真分析能力。

如图 9-16 所示电力系统机电暂态过程和电磁暂态过程是在模型处理、积分步长、计算模式上不同的物理过程。为了将大规模复杂电力系统的机电暂态仿真和局部系统的电磁暂态仿真集成在一个进程中，需要采用接口技术实现计算信息的随时交换。机电-电磁暂态仿真采用基于戴维南/诺顿等值的混合仿真接口将对方系统等值；以机电暂态步长为单位，进行机电暂态网络和电磁暂态网络之间的正、负、零序等值电势、电压、电流等数据交换；实现了大规模复杂交直流电力系统机电暂态和电磁暂态的实时仿真，以及外接物理装置试验。

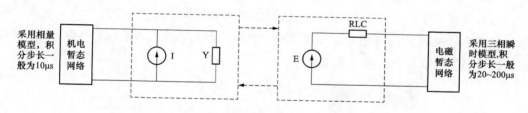

图9-16　机电暂态-电磁暂态混合仿真原理

电网仿真平台（见图9-17）含控制台、并行计算、万兆光纤通信、物理接口（模拟及数字）、功率放大器等部分，解决大电网"仿不准""仿不快"的问题，支持大电网的规划、运行研究的海量计算，电磁暂态、机电暂态部分为仿真平台提供仿真数据支持和核心软件支持。仿真平台通过对交流电网输电一次系统进行实时数字仿真，经小步长仿真接口装置与分布式光伏控制系统进行实时信号交互，达到软件和硬件结合的闭环仿真，实现对含高比例分布式光伏电网的运行仿真。

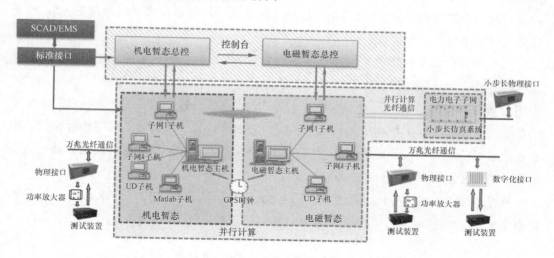

图9-17　含高比例分布式光伏的电网仿真平台架构

分布式光伏接入电网对暂态稳定影响分析如下：在分布式光伏并网系统中，受汇集线路送电功率、电气距离等因素的差异影响，进而在交流电网电压跌落过程中，各光伏发电单元出口电压受扰轨迹不尽相同，存在光伏低压保护无序动作导致脱网的风险。本节首先建立考虑非标准运行工况修正方程和控制系统参考电流动态限幅的光伏发电单元暂态模型，并建立仿真模型；揭示了长距离汇集线路呈现动态无功负荷特性的机理，并通过影响因素评估，提出改善措施。以河北南部电网高比例光伏接入为实际算例，研究断线、短路、光伏脱网等多场景下河北南部电网的暂态稳定性。

9.2.1 光伏发电单元暂态建模与仿真算法

（1）光伏发电单元的拓扑结构。光伏发电单元是规模化光伏发电系统的基础组成部分，其拓扑结构如图 9-18 所示，主要包括光伏电池阵列、电压源逆变器 VSC 及其控制系统、换相电抗器和低压箱式变压器。

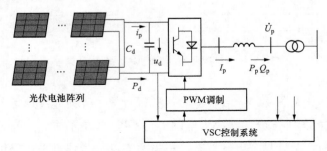

图 9-18　单极式光伏发电单元的拓扑结构

光伏电池阵列在伏打效应作用下，接收光能并输出直流电流；VSC 及其控制系统维持直流侧运行电压，实现直流功率向交流功率转换，同时控制其与交流电网交换的无功功率；换相电抗器是 VSC 与交流电网能量交换的纽带；低压箱式变压器则为 VSC 提供合适的交流电压。

（2）光伏电池 U-I 特性模型。光伏电池是光能与电能的转换装置，经串并联形成光伏电池阵列。光伏电池建模主要有两种方法。其一，以光伏器件半导体特性和电池等效电路为基础的物理建模，因为该建模方法需 PN 结系数、禁带宽度能量等难以实际测量的参数，所以在实际工程和仿真研究中，应用局限性较大；其二，依据电池外特性，拟合电压与电流关系的统计建模，该建模方法依据短路电流和开路电压等实测参数，建立电池 U-I 特性方程，适用于电力系统暂态仿真。

标准温度 T_{ref} 和标准光照强度 S_{ref} 下，根据电池的短路电流 i_{sc}、开路电压 u_{oc}、最大功率电流 i_m 和电压 u_m 4 个参数，可由式（9-63）模拟电池 U-I 特性，即

$$\begin{cases} i_p = i_{sc}\left[1 - c_1 \exp\left(\dfrac{u_d}{c_2 u_{oc}} - 1\right)\right] \\[2mm] c_1 = \left(1 - \dfrac{i_m}{i_{sc}}\right)\exp\left(-\dfrac{u_m}{c_2 u_{oc}}\right) \\[2mm] c_2 = \left(\dfrac{u_m}{u_{sc}} - 1\right)\left[\ln\left(1 - \dfrac{i_m}{i_{sc}}\right)\right]^{-1} \end{cases} \tag{9-63}$$

在标准条件下，对应 i_{sc}=8.09A、u_{oc}=44V、i_m=7.47A、u_m=34.8V 的光伏电池 U-I 和 U-P 特性如图 9-19 所示。从图 9-19 中可以看出，随着直流电压 u_d 增大，光伏电池阵列输出电流 i_p 小幅降低，光伏输出功率则单调增加；达到最大功率点之后，u_d 增大则 i_p 将快速减小，光伏输出功率则迅速降低。

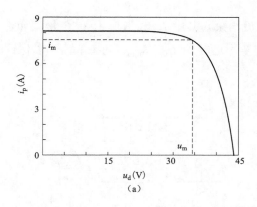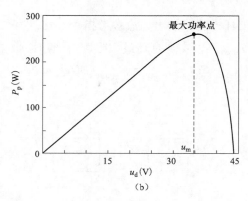

图 9-19　单光伏电池 *U-I* 与 *U-P* 特性

（a）*U-I* 特性；（b）*U-P* 特性

非标准条件下，针对实际温度 T_{act} 和光照强度 S_{act}，利用式（9-64）计算修正参数 i'_{sc}、u'_{oc}、i'_m、u'_m，并代替原参数模拟 *U-I* 特性，即

$$\begin{cases} i'_{sc}=i_{sc}S_{act}\dfrac{1+a(T_{act}-T_{ref})}{S_{ref}} \\[2mm] u'_{oc}=u_{oc}[1-c(T_{act}-T_{ref})]\ln[e+b(S_{act}-S_{ref})] \\[2mm] i'_{m}=i_{m}S_{act}\dfrac{1+a(T_{act}-T_{ref})}{S_{ref}} \\[2mm] u'_{m}=u_{m}[1-c(T_{act}-T_{ref})]\ln[e+b(S_{act}-S_{ref})] \end{cases} \tag{9-64}$$

式中：a 与 c 为温度补偿系数；b 为光强补偿系数。

（3）直流侧电容电压动态模型。由光伏电池 *U-I* 和 *U-P* 特性可知，VSC 直流侧电容电压 u_d 的动态过渡过程，将直接影响其输出电流和功率的受扰特性。此外，u_d 还将影响 PWM 控制下的逆变器出口电压 U_c，进而影响逆变器与交流电网交换的有功和无功。因此，为准确模拟光伏发电单元的受扰行为，需详细模拟 VSC 直流电压的动态特性。

依据基尔霍夫电流定律，描述 VSC 直流侧电容电压 u_d 的动态方程式为

$$\frac{\mathrm{d}u_d}{\mathrm{d}t}=\frac{1}{C_d}\left(i_p-\frac{P_p}{\eta u_d}\right) \tag{9-65}$$

式中：C_d 为直流电容容值；P_p 为 VSC 交流有功功率；η 为 VSC 功率转换效率系数。

（4）VSC 及其控制系统综合模型。光伏发电单元中，VSC 采用脉宽调制 PWM 控制，具有 2 个控制自由度，可调节出口电压的幅值与相位，控制其与交流电网交换的有功功率和无功功率。为提升 VSC 控制性能，通常采用外环与内环相结合的双环控制器结构。

为实现交直流有功自动平衡和提升太阳能利用效率，外环有功控制器以光伏电池最大运行功率点对应的直流电压为目标，实施电压控制，如图 9-20（a）所示；外环无功控制器，可采用恒功率因数控制或定电压控制两种不同模式，如 9-20（b）所示。d 轴和 q

轴外环控制器输出电流参考指令，均具有限流约束，其中 I_{pdmax} 取值为 VSC 最大允许电流 I_{pmax}，以实现有功最大限度得送出；依据实际运行的 I_{pd}，I_{pqmax} 动态取值，以保证 I_p < I_{pmax}，当 $I_{pd}=I_{pmax}$ 时，I_{pqmax} 取值为 0。

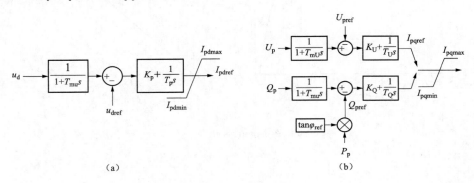

(a)　　　　　　　　　　　　(b)

图 9-20　VSC 外环控制器模型

（a）直流电压控制器模型；（b）无功或交流电压控制器模型

因为被控对象 VSC 输出有功与无功之间存在相互耦合，所以为消除有功与无功间交互影响，提升功率控制的动态响应性能，在以交流电压相量 $\dot{U}_p$ 定位 d 轴的 dq0 坐标系中，内环控制器采用如图 9-21 所示的电流前馈解耦控制。

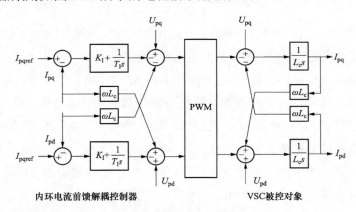

内环电流前馈解耦控制器　　　　　　　VSC 被控对象

图 9-21　VSC 模型及其内环解耦控制器

在机电暂态仿真中，可忽略 PWM 控制小于毫秒级的延时。因此，由图 9-21 可得出 VSC 及其控制系统的 d 轴和 q 轴综合仿真模型，分别如图 9-22（a）和图 9-22（b）所示。

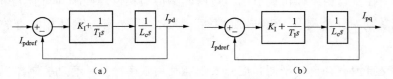

（a）　　　　　　　　　　　　（b）

图 9-22　VSC 与内环解耦控制器的综合模型

（a）d 轴综合模型；（b）q 轴综合模型

（5）光伏发电单元暂态仿真算法。在稳态潮流计算中，依据定功率因数或定电压的不同控制方式，可将光伏电站对应设置为 PQ 节点或 PV 节点。潮流收敛后，以光伏运行功率 P 作为最大功率点，以 S_{ref} 为初值，通过 U-I 特性方程及参数修正方程，迭代求解与 P 对应的光照强度 S_{act} 及直流侧运行电压初值 u_{d0}；在此基础上，初始化 VSC 控制系统各状态变量。

光伏发电单元暂态求解流程如图 9-23 所示。光伏子程序输入为交流网络求解后更新的电站母线电压，迭代计算 VSC 交流功率、光伏电池输出电流等代数方程，以及直流电压、控制系统对应的差分方程。收敛后，利用式（9-66），将 dq0 坐标系下的 VSC 输出电流 I_{pd}、I_{pq} 转换为同步旋转 xy 坐标系下电流 I_{px}、I_{py}，并输出至交流电网求解子程序，即

$$\begin{cases} I_{px} = I_{pd}\cos\delta + I_{pq}\sin\delta \\ I_{py} = I_{pd}\sin\delta - I_{pq}\cos\delta \end{cases} \tag{9-66}$$

式中：δ 为 $\dot{U}_p$ 的相位。

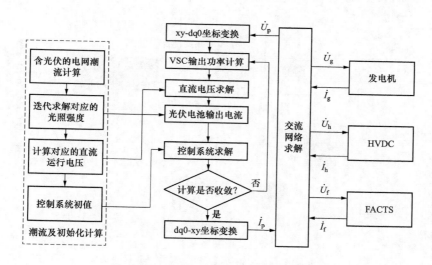

图 9-23　光伏发电单元暂态仿真算法

9.2.2　光伏发电单元及汇集支路暂态特性

（1）光伏发电单元暂态特性。由暂态仿真算法可知，受扰后光伏发电单元动态行为仅取决于交流母线电压 $\dot{U}_p$ 这一交流输入电气量。因此，在图 9-24 所示系统中，模拟汇集站母线 Bs 电压按式（9-67）做半周期跌落和回升，以考察交流电压大幅度波动过程中光伏发电单元的暂态特性，即

$$U_s(t) = U_{s0} - \Delta U_s \sin(\omega_s t) \tag{9-67}$$

式中：U_{s0}、ΔU_s、ω_s 分别设置为 1.05、0.3rad/s 和 15.7rad/s。

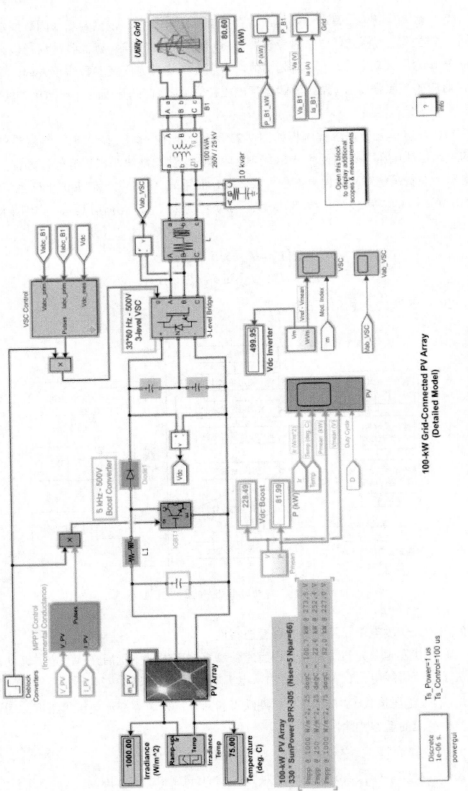

图 9-24　光伏阵列并网仿真图

设置 100kW 光伏发电单元稳态有功出力为 70%，即 70kW，VSC 采用定直流电压和定功率因数控制方式，$\cos\varphi_{ref}$ 取值为 0.99。

对应母线 Bs 电压大幅波动，光伏发电单元输出功率及内部变量受扰特性曲线如图 9-25 所示。可以看出，在交流电压跌落的 oa 段，光伏发电单元将经历以下相互交织的暂态过渡过程：

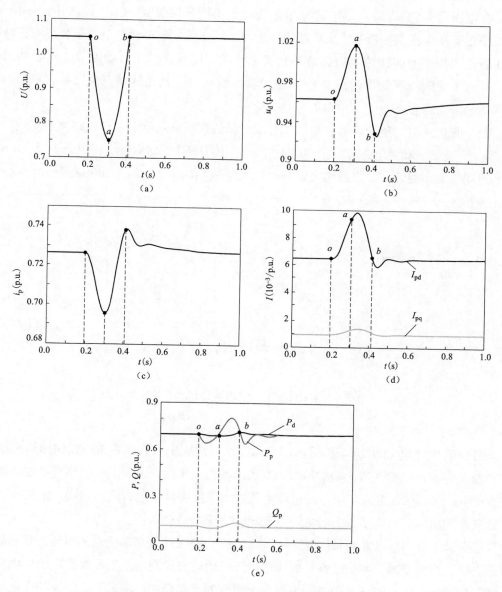

图 9-25 光伏发电单元受扰响应特性

（a）Bs 母线电压；（b）直流电压；（c）光伏输出电流；（d）VSC 交流电流；（e）光伏单元功率

1）电压跌落，VSC 有功输出受阻，P_p 减小；

2）P_p 与 P_d 间不平衡功率，将引起直流电压上升；

3）受光伏电池 $U\text{-}I$ 和 $U\text{-}P$ 特性制约，光伏电池输出电流 i_p 及光电功率 P_d 均小幅降低，有助于抑制直流电压上升；

4）直流电压偏差作用于定 ud 控制器，快速增大 VSC 交流电流以增加送出功率；

5）有功与无功解耦控制器作用下，VSC 无功受扰波动较小。

在电压回升的 *ab* 段，增大的交流电压与逐渐回降的 VSC 交流电流共同作用下，VSC 输出有功存在大于稳态输出功率的冲击峰值。光伏发电单元各电气量暂态响应特征曲线表明，控制系统快速响应调节和光伏电池功率随直流电压自动调整，两者共同作用，可有效抑制交流受扰过程中 VSC 输出功率波动，因此光伏发电单元具有较强的维持有功输出的能力。

（2）光伏发电汇集线路暂态特性。并联运行的光伏发电单元，经长距离汇集线路接入汇集站，形成光伏发电并网系统。在图 9-24 所示的系统中，对应母线 Bs 电压按式（4-67）做半周期跌落和回升，汇集线汇集站侧的 $P_g\text{-}U$ 和 $Q_g\text{-}U$ 变化轨迹如图 9-26 所示。

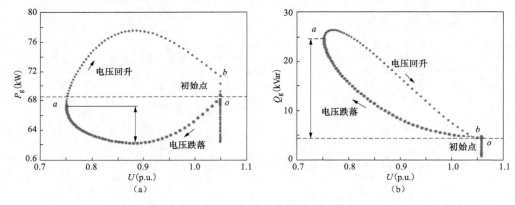

图 9-26 光伏发电汇集线路受扰功率电压轨迹

（a）$P_g\text{-}U$ 受扰轨迹；（b）$Q_g\text{-}U$ 受扰轨迹

结合图 9-25 和图 9-26 可以看出，在电压跌落过程中，光伏发电单元快速调控增加 VSC 交流电流，以实现直流功率输入与交流功率输出平衡，因此汇集线路有功波动幅度 ΔP_g 较小；然而在低电压期间，汇集线电流大幅增加将显著增大无功损耗，汇集线从汇集站吸收无功功率的增量 ΔQ_g 较大，呈现出动态无功负荷特性。

综合以上分析，以维持光伏电池功率输入和 VSC 交流功率输出动态平衡为目标的光伏发电单元控制策略，将造成系统受扰电压降低的暂态过程中，汇集线路出现低电压大电流运行状态。大电流在长距离汇集线路上产生的无功损耗，将成为制约系统电压恢复的重要因素，并成为导致光伏低压大面积脱网的重要威胁。

（3）汇集线运行功率与阻抗的影响。受光照强度和环境温度影响，光伏发电出力具有波动性；受光伏电站地理分布影响，汇集线长短也存在差异。

　　不同交流运行电压下，汇集线路送电功率水平以及线路阻抗均会影响其从交流电网吸收的无功功率。以图 9-26 所示汇集线路阻抗为基础，对应线路送端注入功率恒功率因数增长，以及按比例 λ 调节线路阻抗两种方式，Q_g 随交流电压变化的特性如图 9-27 所示。

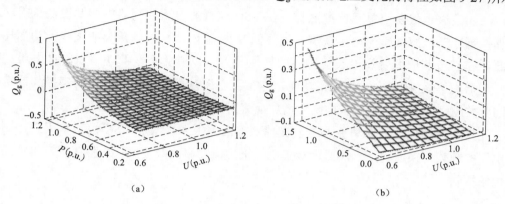

图 9-27　汇集线功率与阻抗对 Q_g 的影响

（a）汇集线功率对 Q_g 影响；（b）汇集线阻抗对 Q_g 影响

　　可以看出，光伏电站低功率运行或近电气距离并网条件下，交流电压跌落过程中 Q_g 增幅较小。随着运行功率增加或电气距离增大，Q_g 随电压跌落将呈非线性快速增长趋势。

　　（4）光伏并网系统的暂态特性。光伏并网系统的暂态功率特性，由光伏发电单元以及汇集线路功率特性共同决定，当交流电网受扰电压降低时，其特性如下：

　　1）交流电压跌落时，VSC 控制系统快速响应，调控增大输出交流电流，以实现输出功率与光伏电池注入功率平衡，维持直流电压为目标设定值。因此，光伏发电单元具有低电压大电流运行特性。

　　2）交流电压跌落期间，并联运行的各光伏发电单元输出电流均增大，进而使汇集线路电流大幅增加。由此导致的无功损耗显著增大，使汇集线从汇集站吸收无功，呈现动态无功负荷特性。

　　3）随着输送功率增大或电气距离增加，当电压降低时，汇集线路吸收的无功将呈现非线性增加趋势；近满载运行工况下，VSC交流电流增幅受限幅约束，随汇集线路功率增长，其吸收无功净增量 ΔQ_g 将有所减小，但其动态增速和峰值持续时间均有所增大。

9.2.3　提升暂态稳定性的措施

　　根据以上分析，为改善暂态无功特性，降低光伏低压脱网威胁，提高暂态稳定性，可从以下三个方面采取相应的措施。

　　（1）优化光伏并网系统结构。就近接入主网或增加串联电容补偿，减小汇集线电气距离；分散均匀接入，避免汇集线重载运行。

　　（2）增加灵活调控一次设备。通过抑制交流电流增幅或降低送电功率，减少汇集线路无功损耗。一方面，发挥 SVG 等动态无功补偿装置功能，通过提升交流电压，抑制 VSC 交流电流暂态增幅；另一方面，汇集线发电侧加装储能装置或耗能电阻，低压期间吸收光伏有功，降低汇集线送电功率。

（3）改进光伏发电单元自身控制。在 VSC 定直流电压控制器中，增设低压限功率附加控制环节，感知交流电压跌落自动降低 VSC 输出功率，以减小汇集线无功损耗。因此，在直流侧应配套增设类似撬棒的耗能装置，以避免不平衡功率引起过电压。此外，可增设 VSC 控制方式的切换功能，当交流电压跌落时，由定无功功率控制或定功率因数控制快速切换至定电压控制，增加换流器无功输出，抑制交流电压跌落。

此外，兼顾运行效率与暂态电压支撑两方面需求，可增加 VSC 恒功率因数控制与定电压控制软切换逻辑。近满载运行工况，采用恒功率因数控制；其他工况，可切换至定电压控制。

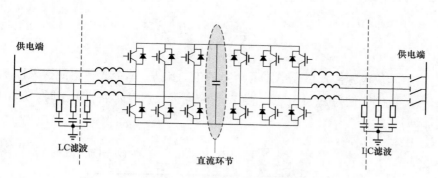

10

基于电力电子技术的电能质量综合控制装置

10.1 分布式光伏并网对配电网电能质量影响

10.1.1 谐波问题分析

谐波的来源主要是发电系统、输配电系统和负载用电系统三大部分的非线性设备，其中以用电负载为主。由于大量非线性的负载的存在，需要吸收电网中的大量无功功率来维持其正常工作，同时会使得电网中的电压和电流发生畸变，含有谐波分量。这是因为对无功功率吸收的原因，致使系统内的谐波和无功破坏越来越广泛，导致了电网电压和电流的波形发生畸变，供电质量在下降。

光伏电站产生的谐波主要来源于光伏逆变器，其电路结构原理如图 10-1 所示。由于采用电力电子技术，光伏逆变器不可避免地向电网注入谐波。光伏逆变器采用可关断电力电子器件，其电力电子器件开关频率较高，因此，光伏电站注入电网主要为较高次的谐波。

图 10-1 光伏逆变器接线图

10.1.2 电压偏差问题分析

在逆变型分布式电源接入配电网后，传统配电系统最初表现为辐射状结构，在接入后则调整为多电源结构，具体观察各线路上潮流的大小和方向，可能会出现变化，从而影响配电网各节点的电压分布。因此，分布式电源的接入位置和容量对节点电压分布的影响显著。

（1）光伏电源接入前配电网各节点的电压偏差。辐射型配电网中某条线路示意图如图 10-2 所示。该线路有 k 个节点，第 m 个节点功率为 P_m+jQ_m（$m=1$，2，$\cdots$，k），线路始端与配电网连接，电压为 U_0。在线路上，第 m 个节点所在位置电压为 U_m（$m=1$，2，$\cdots$，k），第 $m-1$ 个节点和第 m 个节点之间线路阻抗为

$$R_m + jX_m = l_m(r + jx)$$

式中：l_m 为第 $m-1$ 个节点和第 m 个节点之间的线路长度；r 为单位长度线路电阻；x 为单位长度线路电抗。

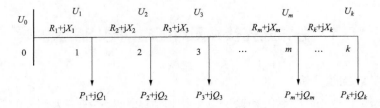

图 10-2　辐射型配电网中某条线路接线图

忽略线路损耗，第 m 个节点和与第 $m-1$ 个节点之间电压差函数具体可以表述为

$$\Delta U_m = U_m - U_{m-1} = \frac{\sum_{i=m}^{k} P_i r l_m + \sum_{i=m}^{k} Q_i x l_m}{U_{m-1}} \tag{10-1}$$

考虑到线路上各节点所带负荷消耗有功功率和无功功率存在 $\Delta U_m < 0$，即 $U_m < U_{m-1}$，线路上各节点的电压随着与初始节点距离的增大而降低。线路上第 m 个节点处的电压 U_m 用函数表示为

$$U_m = U_0 - \sum_{n=1}^{m} \frac{\sum_{i=n}^{k} P_i r l_n + \sum_{i=n}^{k} Q_i x l_n}{U_{n-1}} \tag{10-2}$$

（2）单个光伏电源接入后配电网各节点的电压偏差。单个光伏电源接入图 10-2 中的第 p 个节点，光伏容量为 $P_{PV} + jQ_{PV}$。当节点 m 位于光伏接入点 p 上游时，即 $0 < m < p$，该节点电压为

$$U_m = U_0 - \sum_{n=1}^{m} \frac{\left(\sum_{i=n}^{k} P_i - P_{PV}\right) r l_n + \left(\sum_{i=n}^{k} Q_i - Q_{PV}\right) x l_n}{U_{n-1}} \tag{10-3}$$

当光伏发出的无功功率较少时，因低压负荷的功率因数较高，且总负荷一般呈现感性，得到

$$U_m > U_0 - \sum_{n=1}^{m} \frac{\sum_{i=n}^{k} P_i r l_n + \sum_{i=n}^{k} Q_i x l_n}{U_{n-1}} \tag{10-4}$$

由式（10-3）可知，逆变型光伏电源的接入对系统各节点电压起到一定的改善作用，

且改善的幅度与用户负荷大小、线路参数、光伏发电出力多少，以及接入位置都密切相关。第 m 个节点与第 $m-1$ 个节点之间的电压差函数具体可以表述为

$$U_m - U_{m-1} = -\frac{\left(\sum_{i=m}^{k} P_i - P_{PV}\right) r l_m + \left(\sum_{i=m}^{k} Q_i - Q_{PV}\right) x l_m}{U_{m-1}}$$

（10-5）

当光伏发出的无功功率较少时，$\left(\sum_{i=m}^{k} P_i > P_{PV}\right)$，即节点 m 与后面所有节点有功功率之和超过光伏发电容量 P_{PV} 时，存在 $U_m - U_{m-1} < 0$，线路各节点电压降低；反之，当 $\left(\sum_{i=m}^{k} P_i < P_{PV}\right)$ 时，即节点 m 与后面所有节点有功功率之和低于光伏发电容量 P_{PV} 时，存在 $U_m - U_{m-1} > 0$，线路各节点电压升高。

当节点 m 位于光伏接入点 p 下游时，即 $p < m < K$，可看作从光伏并网点处电源直接给负荷供电，所以从光伏并网点到线路末端电压逐渐降低。

由以上可知，如维持线路始端电压保持不变，出现单个光伏电源接入电网后，相应的光伏出力会呈现增加态势，则光伏电源并网点 p 的电压为

$$U_P = U_0 - \sum_{n=1}^{P} \frac{\left(\sum_{i=n}^{k} P_i - P_{PV}\right) r l_n + \left(\sum_{i=n}^{k} Q_i - Q_{PV}\right) x l_n}{U_{n-1}}$$

（10-6）

从式（10-6）可知，要确保整条线路上节点的电压可以达到预期要求，需要让电源并网点电压 U_p 小于电压偏差要求的最大电压 U_{max}，只有在该约束条件基础上，才能准确界定并网光伏的最大接入容量。

（3）多个光伏电源接入后配电网各节点的电压偏差。K 个光伏电源的容量分别为 $P_{PVm} + jQ_{PVm}$（$m=1, 2, \cdots, K$），依次接入图 10-3 中的各节点。若某个节点未接光伏电源，则该节点的光伏有功功率和无功功率均为 0。图 10-3 为多个光伏电源接入线路各节点的示意图：

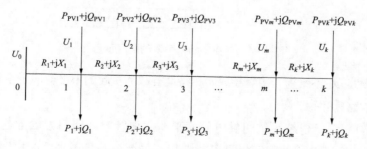

图 10-3　光伏电源接入线路各节点示意图

所有光伏电源接入后，第 m 个节点电压为

$$U_m = U_0 - \sum_{n=1}^{m} \frac{\left(\sum_{i=n}^{k} P_i - P_{PVi}\right) r l_n + \left(\sum_{i=n}^{k} Q_i - Q_{PVi}\right) x l_n}{U_{n-1}} \qquad (10\text{-}7)$$

节点 m 和 $m-1$ 点间电压差为

$$U_m - U_{m-1} = -\frac{\left(\sum_{i=m}^{k} P_i - P_{PVi}\right) r l_m + \left(\sum_{i=m}^{k} Q_i - Q_{PVi}\right) x l_m}{U_{m-1}} \qquad (10\text{-}8)$$

当忽略无功分量时，若 $\sum_{i=m}^{k} P_i > P_{PV}$，则 $U_m - U_{m-1} < 0$，即 m 点及其下游所有负荷有功功率之和超过所有光伏发电功率之和时，电压降低；若 $\sum_{i=m}^{k} P_i < P_{PV}$，则 $U_m - U_{m-1} > 0$，即 m 点及其下游所有负荷有功功率之和低于所有光伏发电功率之和时，电压升高。

10.1.3 三相不平衡问题分析

含有三相不平衡的配电网结构如图 10-4 所示，包含两类三相不平衡：故障性三相不平衡和正常性三相不平衡。

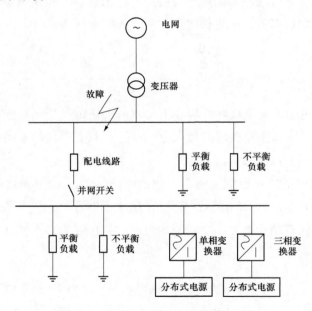

图 10-4 存在三相不平衡的配网示意图

（1）故障性三相不平衡。由单相或两相接地等故障引起的不平衡属于电网暂态事件。

（2）正常性三相不平衡。

1）供电侧：对于传统系统的供电侧不平衡主要针对线路引发的问题，但随着高比例可再生能源渗透，单相并网源极易引起三相不平衡，并且考虑到配电网与传统大型发电机间的电气距离较远，其三相平衡度受分布式可再生能源发电的影响更大。

2）用电侧：主要是负荷不对称引发的不平衡。

（3）单相功率波动引起的三相不平衡分析。目前，普通用户多以小功率新能源发电系统为主，而小功率系统多以单相为主，接有单相系统的配电如图 10-5 所示。用户接入分布式发电系统具有随机性，例如，某一相配电线路的用户介入了大量的分布式系统，而且各相负荷也存在随机性，因此各相功率存在差异，则可能存在某一相向电网输送功率而其他两相从电网吸收功率等情况，在公共并网点造成三相不平衡，如图 10-5 所示。

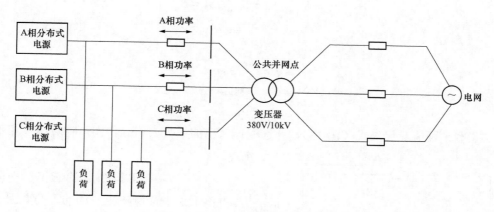

图 10-5 单相 DG 接入配电网示意图

此时可以借鉴近似公式

$$\varepsilon_U \approx \frac{\sqrt{3}I_2 U_L}{10 S_d}\%$$

（10-9）

式（10-9）中，U_L 与 S_d 受三相不平衡影响小，可认为是定值。用 I_A、I_B、I_C 分别表示各相的电流，并可以通过负荷的大小进行计算，即

$$I_x = \frac{S_x}{U_p}, x = A, B, C \qquad S_{x\max} \leqslant S_x \leqslant S_{x\min}$$

（10-10）

式中：U_p 为相电压，可认为为额定值；S_x 为相的视在功率。

负序电流的计算式为

$$\dot{I}_2 = \frac{1}{3}\dot{I}_A + \frac{1}{3}a^2 \dot{I}_B + \frac{1}{3}a\dot{I}_C$$
$$a = e^{j\frac{2}{3}\pi}$$

（10-11）

为简化计算，认为各相负荷电流的相位与电压相位相同且变化量很小，可以忽略不计，因此负序电流可以用各相电流的有效值近似表示为

$$\dot{I}_2 = \frac{1}{3}\dot{I}_A + \frac{1}{3}a\,\dot{I}_B + \frac{1}{3}a^2 \dot{I}_C$$

（10-12）

将式（10-12）代入式（10-10），得

$$\dot{I}_2 = \frac{\frac{1}{3}S_A + \frac{1}{3}aS_B + \frac{1}{3}a^2S_C}{U_P} \qquad (10\text{-}13)$$

可见，$\dot{I}_2$ 的大小受到各相功率的影响。在配电网规划时，需要考虑最严重的三相不平衡情况，也就是要计算 $\dot{I}_2$ 的最大值。在实际应用中，只需考虑 6 种使 $\dot{I}_2$ 较大的情况即可，这 6 种情况分别是

$$S_A = S_{Amin}, S_B = S_{Bmax}, S_C = S_{Amax};$$
$$S_A = S_{Amax}, S_B = S_{Bmin}, S_C = S_{Amin};$$
$$S_A = S_{Amax}, S_B = S_{Bmin}, S_C = S_{Amax};$$
$$S_A = S_{Amin}, S_B = S_{Bmax}, S_C = S_{Amin};$$
$$S_A = S_{Amax}, S_B = S_{Bmax}, S_C = S_{Amin};$$
$$S_A = S_{Amin}, S_B = S_{Bmin}, S_C = S_{Amax};$$

将此 6 种情况代入式（10-13），并选取计算出的最大 $\dot{I}_2$ 带入，即可计算出三相不平衡度。

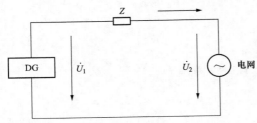

图 10-6 分布式电源并网等效电路

（4）三相功率波动引起的三相不平衡分析。并网后引发配网电压波动的重要原因是可再生能源波动。以下将对其原因进行研究与分析。分布式电源并网示意如图 10-6 所示。

式中：$\dot{U}_1$、$\dot{U}_2$、Z、$\dot{S}$ 分别为分布式发电电压、电网电压、线路阻抗，以及线路视在功率。

$$Z = R + jX \qquad (10\text{-}14)$$
$$\dot{S} = P + jQ \qquad (10\text{-}15)$$

设 $\dot{U}_2$ 的方向为水平方向，其关系如图 10-7 所示。

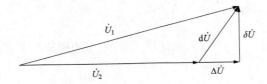

图 10-7 电力线路的电压向量图

根据基本电路理论可得

$$\dot{U}_1 = \dot{U}_2 + \left(\frac{\dot{S}}{\dot{U}_2}\right)Z \qquad (10\text{-}16)$$

$$\dot{U}_1 = \dot{U}_2 + (R+jX)\frac{P-jQ}{U_2} = \left(U_2 + \frac{PR+QX}{U_2}\right) + j\left(\frac{PR+QX}{U_2}\right) \qquad (10\text{-}17)$$

电压波动的纵分量和横分量分别为

$$\begin{cases} \Delta U = \dfrac{PR + QX}{U_2} \\[3mm] \delta U = \dfrac{PX - QR}{U_2} \end{cases}$$ （10-18）

则电压波动为

$$\mathrm{d}U = \Delta U + \mathrm{j}\delta U = \frac{PX - QR}{U_2} + \mathrm{j}\frac{PR + QX}{U_2}$$ （10-19）

含分布式可再生能源发电的配网电压较传统电网要低一些，因此传输线的特点参数有所不同，见表 10-1。

表 10-1 　　　　　　　　　　电 网 线 路 参 数

类型	$R/(\Omega \cdot \mathrm{km}^{-1})$	$X/(\Omega \cdot \mathrm{km}^{-1})$	R/X
低压	0.624	0.083	7.70
中压	0.161	0.190	0.85
高压	0.600	0.191	0.31

从表 10-1 可以看出，中、高压传输线呈现电抗特性：$X \gg R$，因此电阻 R 可以忽略不计；低压线路呈现阻性：$X = R$，因此电抗 X 可忽略不计。

$$\mathrm{d}\dot{U} = \Delta U + \mathrm{j}\delta U = \frac{PR}{U_2} + \mathrm{j}\left(\frac{-QR}{U_2}\right)$$ （10-20）

电压波动幅值为

$$\mathrm{d}U = \sqrt{\left(\frac{PR}{U_2}\right)^2 + \left(\frac{QR}{U_2}\right)^2}$$ （10-21）

由于 $P \gg Q$，可进一步简化

$$\mathrm{d}U \approx \frac{PR}{U_2}$$ （10-22）

由式（10-22）可见，分布式可再生能源发电的电压波动主要受有功影响。

$$\mathrm{d}U \approx K \cdot \mathrm{d}P$$ （10-23）

式（10-23）中，$K = R/U_2$。

10.2　电能质量综合治理装置控制措施

10.2.1　电网同步信号的获取

锁相技术在电力电子设备控制中有着广泛的应用，用以获得电网的瞬时相位信息，给出稳压指令和谐波检测运算的基准。其稳定性、精准性和快速性对有源电力滤波器的性能起着极为关键的作用。由于有源电力滤波器所处的电网环境较为恶劣，这就需要锁相能够在电网电压畸变、不平衡，以及频率相位突变时仍能够精确快速地锁定电网相位。

在众多电网锁相环技术中，同步参考坐标系锁相环（SRF-PLL）因其结构简单、易于实现，且运行可靠被广泛应用。然而，当电网处于非理想状态，电压发生畸变、不平衡时，非正序分量在 SRF-PLL 的旋转坐标系下变为不同频次周期变化的扰动，影响着锁相环对正序电压相位和频率的准确捕获，并最终影响设备的并网运行性能。

除此之外，锁相环使用了基于延时信号消除（DSC）技术的三相软件锁相环。

针对延时误差对 DSC 锁相技术的作用机制、产生机理进行系统分析。基于频域方法对 DSC 频率特性进行了分析，重点讨论了 DSC 的作用机理，以及由数字控制间隔采样等引发的延时误差的影响机理，并在定量分析的基础上给出了基于锁相精度约束的参数选型指导范围。

三相软件锁相环在波形畸变、相位突变等条件下，都具有良好的抗干扰能力，更适合应用在电磁环境恶劣的有源电力滤波器应用环境中。通过采样三相电网电压经过同步旋转坐标变换检测电网频率和相位，其动态性能和准确性大大提高，通过合理地设计软锁相的闭环调节器可以使锁相结果对电网畸变、突变、不平衡，以及直流分量等具有良好的抑制效果。

（1）基于延时信号消除的锁相技术。

1）基于 DSC 的正、负序分离和谐波消除机理分析。当非理想电网电压存在畸变、三相不平衡时，三相电压在 αβ 两相静止坐标系下可以用复数形式表示，即

$$u_{\alpha\beta} = U_p e^{j(\omega t + \varphi_n)} + U_n e^{j(-\omega t + \varphi_n)} + \sum_{k=\pm2,\pm3,\pm4\cdots}^{\pm n} U_k e^{j(k\omega t + \varphi_k)} \qquad (10\text{-}24)$$

式中：U_p，U_n，U_k 分别为基波正负序分量幅值和 k 次谐波分量的幅值；φ_p，φ_n，φ_k 分别为正、负序分量和谐波分量的初始相位角；ω 为电网基波角频率。

基于 DSC 的锁相环控制框图如图 10-8 所示，电网电压 u_{abc} 通过谐波消除和正、负序分离滤波，提取出基波正序分量 u_p，再将其作为 SRF-PLL 的输入，检测频率和相位信息，从而实现电网畸变条件下的基波正序同步。

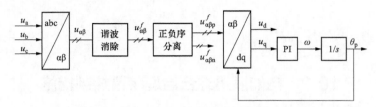

图 10-8　基于 DSC 的锁相环控制框图

针对电网电压三相不对称分量，其影响的消除有赖于基波正、负序准确分离。采用 DSC 算法的基波正、负序分离控制框图如图 10-9 所示。其中，$u_{\alpha\beta}^f$ 为 αβ 坐标系下两相不

对称电网电压，$T/4$ 为信号延时时间，$u_{\alpha\beta p}^{f}$、$u_{\alpha\beta n}^{f}$ 为 αβ 坐标系下正序和负序电压分量。

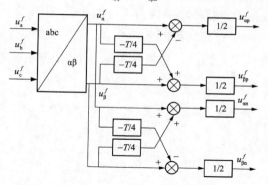

图 10-9 基于 DSC 算法的正、负序分离控制框图

此时，基波电压分量 $u_{\alpha\beta}^{f}$ 可表示成正、负序分量之和的形式，即

$$u_{\alpha\beta}^{f} = U_{p}e^{j(\omega t + \varphi_{p})} + U_{n}e^{j(-\omega t + \varphi_{n})} \tag{10-25}$$

此时，利用正弦信号的半波对称性，将原始电压信号按基波周期（T）为基准，延时 $T/4$ 后所得的电压信号可以表示为

$$u_{\alpha\beta}^{f}\left(t - \frac{T}{4}\right) = U_{p}e^{j\left[\omega\left(t - \frac{T}{4}\right) + \varphi_{p}\right]} + U_{n}e^{j\left[-\omega\left(t - \frac{T}{4}\right) + \varphi_{n}\right]} \tag{10-26}$$

结合式（10-25）与式（10-26），图 10-9 所示基于 DSC 算法的正负序分离算法可以表达为式（10-27），从而实现电压正序分量与负序分量的分离，即

$$\begin{cases} u_{\alpha\beta p}^{f}(t) = \dfrac{1}{2}\left[u_{\alpha\beta}^{f}(t) + ju_{\alpha\beta}^{f}\left(t - \dfrac{T}{4}\right)\right] \\ u_{\alpha\beta n}^{f}(t) = \dfrac{1}{2}\left[u_{\alpha\beta}^{f}(t) - ju_{\alpha\beta}^{f}\left(t - \dfrac{T}{4}\right)\right] \end{cases} \tag{10-27}$$

在 αβ 静止坐标系下，通过 DSC 算法同样可以实现对指定次谐波分量的消除，而将多个 DSC 模块级联能消除多次谐波含量。将第 k 次谐波分量在 αβ 静止坐标系下表示为

$$u_{\alpha\beta}^{k} = U_{k}e^{j(k\omega t + \varphi_{k})}, k = \pm 2, \pm 3 \cdots \tag{10-28}$$

基于 DSC 技术原理，将谐波信号延时 $1/n$ 个电网基波周期，即延时 T/n，则可得

$$u_{\alpha\beta}^{k}\left(t - \frac{T}{n}\right) = U_{k}e^{j[k\omega(t - T/n) + \varphi_{k}]} \tag{10-29}$$

若直接将式（10-28）与式（10-29）叠加，用以谐波消除，可以得到表达式

$$\begin{aligned} DSC &= \frac{1}{2}\left[u_{\alpha\beta}^{k} + u_{\alpha\beta}^{k}\left(t - \frac{T}{n}\right)\right] \\ &= \frac{1}{2}U_{k}e^{j(k\omega t + \varphi_{k})} \cdot \left(1 + e^{-j\frac{2k\pi}{n}}\right) \\ &= u_{\alpha\beta}^{k} \cdot G_{DSC} \end{aligned} \tag{10-30}$$

G_{DSC} 表示 DSC 环节的传递函数，取 $n=4$ 时，其频率响应图可以描绘如图 10-10 所示形式。可以看到其对选定的谐波幅频响应为 0，能实现相应谐波含量的消除。然而该传递函数对于基波成分（$k=1$）时幅频特性小于 1、相位不为零，意味着其对基波分量会产生作用，进而影响锁相结果。因此，直接使用这种 DSC 方案虽能消除指定谐波成分，但并不适合进行锁相场景。

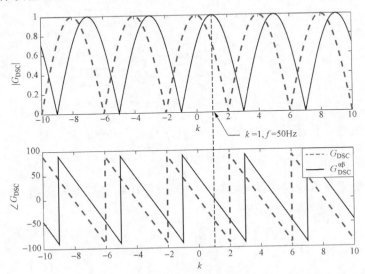

图 10-10　$n=4$ 时 GDSC 和 $G_{DSC}^{\alpha\beta}$ 对谐波阶数 k 的幅值和相位响应

为确保消除 k 次谐波分量的同时不对基波正序分量产生影响，在 T/n 延时信号分量上增加一个校正因子 $e^{j2\pi/n}$，引入 $2\pi/n$ 的相位滞后，DSC 谐波消除算法整体在频域上体现为右移一个单位，如图 10-10 所示。在 $k=1$ 时，其幅值增益为 1，相位为 0，消除了对基波正序分量的影响。联合式（10-29）和式（10-30），$\alpha\beta$ 静止坐标系下基于 DSC 的谐波消除算法可以改进成

$$
\begin{aligned}
DSC_{\alpha\beta} &= \frac{1}{2}\left[u_{\alpha\beta}^k(t) + e^{j\frac{2\pi}{n}} \cdot u_{\alpha\beta}^k\left(t - \frac{T}{n}\right) \right] \\
&= \frac{1}{2} u_{\alpha\beta}^k(t)\left(1 + e^{j\frac{2\pi}{n}} e^{-j\frac{2k\pi}{n}} \right) \\
&= \frac{1}{2} u_{\alpha\beta}^k(t)\left[1 + e^{-j\frac{2(k-1)\pi}{n}} \right] \\
&= u_{\alpha\beta}^k(t) \cdot G_{DSC}^{\alpha\beta}
\end{aligned}
\tag{10-31}
$$

从式（10-31）可以看出，只需令 $G_{DSC}^{\alpha\beta}=0$，便可以实现电网电压中 k 次谐波分量的消除。为此，只需要满足

$$
\frac{2(k-1)\pi}{n} = \pi + 2m\pi
\tag{10-32}
$$

$$n = \frac{k-1}{m+1/2}, \quad m = 0, \pm 1 \pm 2 \cdots \tag{10-33}$$

静止坐标系下，$G_{DSC}^{\alpha\beta}$ 对谐波阶数 k 的幅值和相位响应如图 10-11 所示，可以看出由于 m 选取的多样性，相同的信号延时 T/n，可以同时消除不同次谐波分量；与之对应，特定次电压谐波分量可以采用不同的延时来消除。

例如，对于电网中的 3 次谐波分量，利用上述 DSC 谐波消除算法，当 $m=0$ 时，$n=4$，对应延时 $T/4$ 即可消除相应谐波信号。同样地，对于 7 次谐波分量，当 $m=1$ 时，$n=4$。因此，取信号延时 $T/4$ 可以同时消除 3 次和 7 次谐波分量。以不常见的偶数次 4 次谐波为例，当 $m=1$ 时，$n=2$；当 $m=0$ 时，$n=6$，则将谐波分量延时 $T/2$ 和 $T/6$ 都可以实现 $\alpha\beta$ 坐标系下 6 次谐波分量的消除。

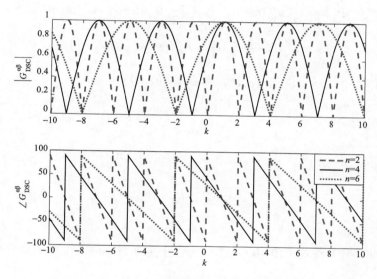

图 10-11　$G_{DSC}^{\alpha\beta}$ 对谐波阶数 k 的幅值和相位响应

2）延时误差对 DSC 算法影响分析。实际应用中，受限于数字控制系统的采样保持环节影响，DSC 信号延时环节往往无法精确实现，这在大功率、考虑成本因素的场合尤为突出。此时，信号延时无法表示为采样周期的整数倍，存在与采样周期相关的延时误差 ΔT，会对电网同步环节产生影响。

对于正、负序分离式（10-31），如果延时不再是准确的 $T/4$，而存在 ΔT 的延时误差，此时总延时时间 δ 表示为

$$\delta = \frac{T}{4} + \Delta T = \frac{N}{f_s} \tag{10-34}$$

式中：$T/4$ 为期望的 DSC 延时；f_s 为采样频率；N 为（$T/4/f_s$）的四舍五入取整（见图 10-12）。

185

分布式电源配电网运行控制技术

此时，考虑延时误差的正、负序分离算法可以表示为

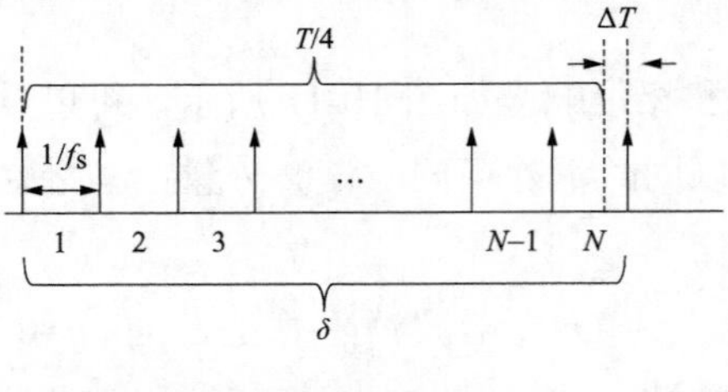

图 10-12　DSC 延时 δ 及延时误差 ΔT 表示关系示意图

$$\tilde{u}_{\alpha\beta p}^{f}(t) = u_{\alpha\beta p}^{f}(t) + \hat{u}_{\alpha\beta p}^{f}(t)$$
$$= \frac{1}{2}\left[u_{\alpha\beta}^{f}(t) + ju_{\alpha\beta}^{f}(t-\delta)\right] \quad (10\text{-}35)$$

$$\tilde{u}_{\alpha\beta n}^{f}(t) = u_{\alpha\beta n}^{f}(t) + \hat{u}_{\alpha\beta n}^{f}(t)$$
$$= \frac{1}{2}\left[u_{\alpha\beta}^{f}(t) - ju_{\alpha\beta}^{f}(t-\delta)\right] \quad (10\text{-}36)$$

式中：$\tilde{u}_{\alpha\beta}^{f}$、$u_{\alpha\beta}^{f}$、$\hat{u}_{\alpha\beta}^{f}$ 分别为基波正、负序电压分量检测值，正、负序电压分量实际值和延时误差造成的扰动量。

式（10-35）可进一步展开成正、负序电压实际值和延时误差造成扰动量之和，即

$$\tilde{u}_{\alpha\beta p}^{f}(t) = \frac{1}{2}\left[u_{\alpha\beta p}^{f}(t) + u_{\alpha\beta n}^{f}(t)\right] + j\frac{1}{2}\left[u_{\alpha\beta p}^{f}(t-\delta) + u_{\alpha\beta n}^{f}(t-\delta)\right]$$
$$= u_{\alpha\beta p}^{f}(t) - \frac{1}{2}u_{\alpha\beta p}^{f}(t)[m+jn] + \frac{1}{2}u_{\alpha\beta n}^{f}(t)[m-jn] \quad (10\text{-}37)$$

式（10-37）中，$m_1 = 1 - \cos(\omega\Delta T)$，$m_2 = \sin(\omega\Delta T)$。

又因为

$$\begin{cases} u_{\alpha\beta p}^{f}(t) = U_{p}e^{j(\omega t+\varphi_p)} = u_{\alpha p} + ju_{\beta p} \\ u_{\alpha\beta n}^{f}(t) = U_{n}e^{j(-\omega t+\varphi_n)} = u_{\alpha n} + ju_{\beta n} \end{cases} \quad (10\text{-}38)$$

$$\begin{cases} \hat{u}_{\alpha\beta p}^{f}(t) = \hat{u}_{\alpha p} + j\hat{u}_{\beta p} \\ \hat{u}_{\alpha\beta n}^{f}(t) = \hat{u}_{\alpha n} + j\hat{u}_{\beta n} \end{cases} \quad (10\text{-}39)$$

结合式（10-37）~式（10-39），$\alpha\beta$ 两相静止坐标系下电网电压正序分量的扰动表达式为

$$\begin{cases} \hat{u}_{\alpha p} = -\frac{1}{2}(u_{\alpha p}m_1 - u_{\beta p}m_2) + \frac{1}{2}(u_{\alpha n}m_1 + u_{\beta n}m_2) \\ \hat{u}_{\beta p} = -\frac{1}{2}(u_{\beta p}m_1 + u_{\alpha p}m_2) + \frac{1}{2}(-u_{\alpha n}m_2 + u_{\beta n}m_1) \end{cases} \quad (10\text{-}40)$$

同样地，根据式（10-40），可以得到静止坐标系基波负序分量的扰动表达式为

$$\begin{cases} \hat{u}_{\alpha n} = \frac{1}{2}(u_{\alpha p}m_1 - u_{\beta p}m_2) - \frac{1}{2}(u_{\alpha n}m_1 + u_{\beta n}m_2) \\ \hat{u}_{\beta n} = \frac{1}{2}(u_{\beta p}m_1 + u_{\alpha p}m_2) - \frac{1}{2}(-u_{\alpha n}m_2 + u_{\beta n}m_1) \end{cases} \quad (10\text{-}41)$$

延时误差 ΔT 对正、负序分离后的正序 α 分量产生的扰动量 $\hat{u}_{\alpha p}$。其三视图如图 10-13 所示，可以看出，对于特定延时误差 ΔT 产生的扰动在时域上呈正弦趋势变化，且扰动量大小随延时误差 ΔT 的增大而线性增加。

186

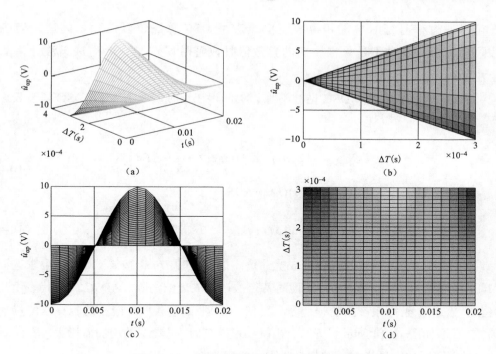

图 10-13 $\hat{u}_{\alpha p}$ 随延时误差 ΔT 变化曲线三视图

(a) 三维视图；(b) 主视图；(c) 侧视图；(d) 俯视图

当延时误差 ΔT 较大时，正、负序分离准确性会受到严重影响，因此，应以此为依据选取合适的采样频率范围，尽可能降低延时误差 ΔT 带来的影响。为保证所提取基波正序分量的准确性，应将扰动分量限制在正序电压 ±5% 以内。取基波正序电压分量 $u_{\alpha p}=u_{\beta p}=U_p$，负序电压分量 $u_{\alpha n}=u_{\beta n}=U_n$，进一步简化，得延时误差式 ΔT 限制条件为

$$\frac{\left|\hat{u}_p\right|_{max}}{\left|U_p\right|}=\frac{\sqrt{2}}{2}\cdot\sqrt{(1-\cos\omega\Delta T)}\leqslant 5\% \tag{10-42}$$

$$-\frac{\arccos 0.995}{100\pi}\leqslant\Delta T\leqslant\frac{\arccos 0.995}{100\pi} \tag{10-43}$$

结合式（10-42）和式（10-43）正、负序分离算法的信号延时 δ 的选取原则，可得采样频率 f_s 的最佳选取范围为

$$\begin{cases}-\dfrac{\arccos 0.995}{100N\pi}+\dfrac{1}{4Nf_g}\leqslant\dfrac{1}{f_s}\leqslant\dfrac{\arccos 0.995}{100N\pi}+\dfrac{1}{4Nf_g}\\[2mm] f_s\geqslant\dfrac{1}{2\left|\Delta T\right|_{max}}\end{cases} \tag{10-44}$$

式中：f_g 为电网频率；N 为正整数。

3）延时误差对谐波消除算法影响分析。由上述分析可知，谐波分量在 $\alpha\beta$ 坐标

187

系下可以通过信号延时叠加相位校正的改进型 DSC 算法予以消除。同理，当应用条件限制、信号延时不是采样周期的整数倍时，延时误差 ΔT 会造成谐波分量的不完全消除。

对于 $\alpha\beta$ 静止坐标系下 DSC 谐波消除算法，存在延时误差 ΔT 时，DSC 环节表达式变为

$$DSC_{\alpha\beta} = \frac{1}{2}\left[u_{\alpha\beta}^k(t) + e^{j\frac{2\pi}{n}} \cdot u_{\alpha\beta}^k\left(t - \frac{T}{n} - \Delta T\right)\right] \quad (10\text{-}45)$$
$$= u_{\alpha\beta}^k(t)G_{DSC}^{\alpha\beta} + \Delta DSC_{\alpha\beta}$$

$$\Delta DSC_{\alpha\beta} = \frac{1}{2}u_{\alpha\beta}^k(t) \cdot e^{j\frac{2\pi}{n}}e^{-j\frac{2k\pi}{n}}(e^{-jk\omega\Delta T} - 1) \quad (10\text{-}46)$$

式中：$\Delta DSC_{\alpha\beta}$ 表示延时误差造成扰动量；信号延时 T/n 仍按式（10-43）要求选取，以保证在特定次谐波处 $G_{DSC}^{\alpha\beta} = 0$，实现对特定次谐波成分的消除。$\Delta DSC_{\alpha\beta} \neq 0$ 代表由延时误差 ΔT 在静止坐标系产生的误差量。此时，延时误差 ΔT 对谐波消除算法的扰动量 ΔDSC 三视图如图 10-14 所示，可以看出扰动量随延时误差 ΔT 的增加而增大，在时域上随时间呈正弦变化，频率与谐波保持一致。

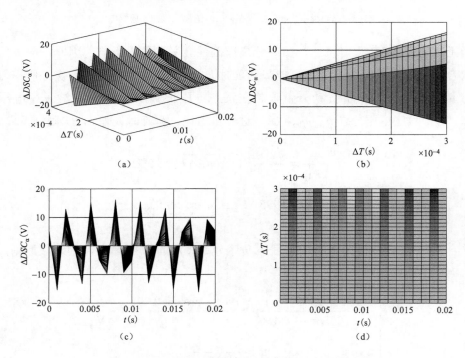

图 10-14 ΔDSC_α 随延时误差 ΔT 变化曲线三视图

（a）三维视图；（b）主视图；（c）侧视图；（d）俯视图

同样地，为将扰动限制在谐波电压幅值的 ±5% 以内，根据延时误差表达式（10-42），

可得谐波消除算法中延时误差 ΔT 限制条件为

$$\frac{\left|\Delta DSC_{\alpha\beta}\right|_{\max}}{\left|U_{\alpha\beta}^{k}\right|}=\sqrt{(1-\cos k\omega\Delta T)}\leqslant 5\% \tag{10-47}$$

式中：$U_{\alpha\beta}^{k}$ 为 k 次谐波幅值。

由此，为保证谐波消除算法的准确性，采样频率 f_{s} 的选取范围应为

$$\begin{cases} -\dfrac{\arccos 0.9975}{100kN\pi}+\dfrac{1}{4Nf_{g}}\leqslant\dfrac{1}{f_{s}}\leqslant\dfrac{\arccos 0.9975}{100kN\pi}+\dfrac{1}{4Nf_{g}} \\[3mm] f_{s}\geqslant\dfrac{1}{2\left|\Delta T\right|_{\max}} \end{cases} \tag{10-48}$$

式中：k 为谐波阶数；N 为正整数。

通过上述分析可知，延时误差 ΔT 的存在，导致即使假设条件时，也不能准确实现正、负序分离和谐波消除，不利于电网畸变条件下电网基波正序电压分量幅值、频率和相位的检测。因此，采样频率的选取应限制在一定范围内，按需减小延时误差 ΔT，从而确保电网基波正序相位检测的准确性。

（2）基于软锁相技术的电网同步信号获取。

1）基本原理。根据对称分量法可以将电网电压分解成正序、负序和零序分量，这三组分量是对称的，且由于零序分量经过 3/2 变换后为零故略去零序分量，则电网电压可分解为

$$\begin{bmatrix} u_{a} \\ u_{b} \\ u_{c} \end{bmatrix}=\begin{bmatrix} u_{p}\cos\varphi_{p} \\ u_{p}\cos\left(\varphi_{p}-\dfrac{2\pi}{3}\right) \\ u_{p}\cos\left(\varphi_{p}+\dfrac{2\pi}{3}\right) \end{bmatrix}+\begin{bmatrix} u_{n}\cos\varphi_{n} \\ u_{n}\cos\left(\varphi_{n}+\dfrac{2\pi}{3}\right) \\ u_{n}\cos\left(\varphi_{n}-\dfrac{2\pi}{3}\right) \end{bmatrix} \tag{10-49}$$

式中：u_{p}、u_{n} 分别为正序分量和负序分量幅值；φ_{p}、φ_{n} 分别为正序电压相位和负序电压相位。

对式（10-49）进行 3/2 变换，得到 αβ 静止坐标系下的电压表达式为

$$\begin{bmatrix} u_{\alpha} \\ u_{\beta} \end{bmatrix}=\frac{2}{3}\begin{bmatrix} 1 & -\dfrac{1}{2} & -\dfrac{1}{2} \\[2mm] 0 & \dfrac{\sqrt{3}}{2} & -\dfrac{\sqrt{3}}{2} \end{bmatrix}\begin{bmatrix} u_{a} \\ u_{b} \\ u_{c} \end{bmatrix}=U_{p}\begin{bmatrix} \cos\varphi_{p} \\ \sin\varphi_{p} \end{bmatrix}+U_{n}\begin{bmatrix} \cos\varphi_{n} \\ -\sin\varphi_{n} \end{bmatrix} \tag{10-50}$$

再对式（10-50）进行 dq 变换，dq 变换的相位角用锁相输出得到的相位角 φ^{*}，得到同步旋转坐标系下的 dq 电压表达式为

$$\begin{bmatrix} u_{d} \\ u_{q} \end{bmatrix}=\begin{bmatrix} \cos\varphi^{*} & \sin\varphi^{*} \\ -\sin\varphi^{*} & \cos\varphi^{*} \end{bmatrix}\begin{bmatrix} u_{\alpha} \\ u_{\beta} \end{bmatrix}=U_{p}\begin{bmatrix} \cos(\varphi_{p}-\varphi^{*}) \\ \sin(\varphi_{p}-\varphi^{*}) \end{bmatrix}+U_{n}\begin{bmatrix} \cos(\varphi_{n}+\varphi^{*}) \\ -\sin(\varphi_{n}+\varphi^{*}) \end{bmatrix} \tag{10-51}$$

当不考虑三相电网不平衡且锁相环锁相输出得到的相位与电网相位相同时，从式（10-51）可得 u_d 为一常数而 u_q 为零，故可以设计闭环的控制回路，使 u_q 为被控量。当 u_q 被控制得足够小时，即可认为相位锁定，且当 φ^* 和 φ_p 相差不大时，有

$$\sin(\varphi_\text{p} - \varphi^*) \approx \varphi_\text{p} - \varphi^* \tag{10-52}$$

因此，可以得到实现软锁相的结构框图如图 10-15 所示。在图 10-15 中，q 轴的控制指令为 0，得到的偏差经过 PI 调节器的输出定义为角频率 ω。其中 ω_0 为 100rad/s，这样能够加快控制环路稳定速度，将合成的角频率积分即可得到锁相环的输出相位 φ^*，将这个相位代入三相电网电压中的 dq 变换即可得到作为反馈的 q 轴分量实际值。由于数字软锁相有采样周期延时，其反馈上还有一延时环节。

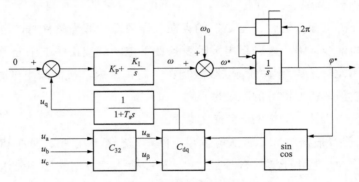

图 10-15　软锁相算法结构框图

2）锁相环调节器设计。简化图 10-15 得到软锁相等效传递函数框图如图 10-16 所示。

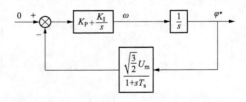

图 10-16　软锁相简化传递函数框图

其系统传递函数为

$$G_\text{pll}(s) = G(s)H(s) = \sqrt{\frac{3}{2}} U_\text{m} \frac{sKp + Ki}{s^2} \frac{1}{1 + sT_\text{s}} \tag{10-53}$$

在设计 PI 调节器参数时，需要折中地考虑系统的跟踪速度、稳定性和滤波效果。从式（10-53）可知，在三相电网电压不平衡时，q 轴含有 100Hz 的交流分量，因此设计 PI 调节器使系统的穿越频率小于 100Hz，取 60Hz。

综上所述，软锁相参数为 $K_p=0.978$、$K_i=0.1$，对应的系统开环传递函数伯德图如图 10-17 所示。

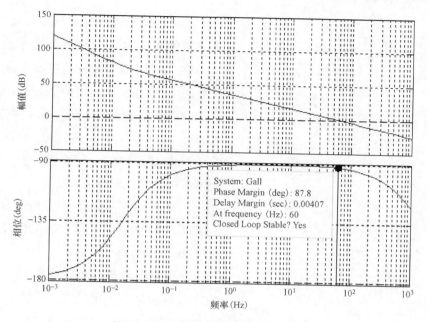

System: Gall
Phase Margin (deg): 87.8
Delay Margin (sec): 0.00407
At frequency (Hz): 60
Closed Loop Stable? Yes

图 10-17　软锁相开环传递函数伯德图

10.2.2　变流器中点电压控制

二极管钳位三电平变换器的控制涉及很多问题，其中之一就是电容不均衡的问题，由于直流侧有两个电容，此时电容中点的电压波动问题就是电容不均衡问题。中点电压平衡是二极管钳位型三电平变换器的固有问题，它会造成严重的危害：①当电容电压不平衡时，输出的三电平的输出电平不对称，产生低次谐波；②当电容电压不平衡时，会使开关管所承受的耐压不同，严重时会将开关管击穿；③当电容电压严重不平衡时，输出的三电平会向两电平退化；④电容中点电压的波动会降低电容的寿命，降低系统的可靠性。

由此可见，为使三电平变换器能够正常工作，提高性能，必须使三电平的中点电压保持恒定，在设计变换器的控制策略时应考虑到中点电压的控制并将其波动控制到最小的程度。下面分析中点电压波动的原因和中点电压控制的方法。

（1）NPC 三电平变换器中点电压波动的原因。NPC 三电平变换器的中点电压波动可以从三电平的开关矢量来分析。由第二章分析可以知道，三电平的开关矢量可以分为四类：零矢量、小矢量、中矢量和大矢量。其对应的电路连接图如图 10-18 所示。

从图 10-18 中可以看出，在零矢量的等效电路中，三相输出端口短路，中点没有电流通路，中点电流为零；在大矢量的等效电路中，三相输出端口分别与电容正极和负极相连，中点电流仍然没有通路，电流为零；在小矢量与中矢量的等效电路中，电容中点与某一相或两相输出端口相连，此时的中点电流不为零，与正负母线形成回路。引起电容 C1 和 C2 的充放电，造成中点电压的波动。

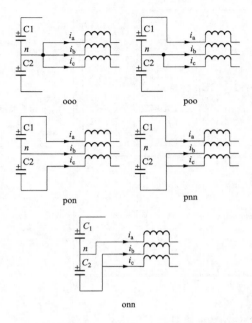

图 10-18　不同开关矢量等效电路

在图 10-18 中，定义从中点流出的方向为电流的正方向，零矢量和大矢量的中点电流为零，P 型小矢量的中点电流为 $-i_a$，N 型小矢量的中点电流为 i_a。当 $i_a > 0$ 时，P 型小矢量的中点电流小于零，导致 C1 电容放电，C2 电容充电，中点电压降低。用 N 型小矢量时的中点电流大于零，导致 C1 电容充电，C2 电容放电，中点电压上升，当 $i_a < 0$ 时，情况相反。对于中矢量 pon，中点电流为 i_b，当 $i_b > 0$ 时，中点电压上升；当 $i_b < 0$ 时，中点电压下降。

通过以上分析，可以知道中点电压波动的根本原因是不为零的中点电流，且会造成中点电压波动的仅有小矢量和中矢量。但是小矢量存在 P 型小矢量和 N 型小矢量，当相电流在一个开关周期内符号恒定时，P 型小矢量和 N 型小矢量对中点电压的影响是相反的，这样就可以根据输出相电流和中点电位的符号，通过调节 P 型小矢量和 N 型小矢量的作用时间来控制中点电位。应该注意的是，虽然中矢量也会造成中点电压的波动，但是中矢量没有冗余状态，在不改变输出电压的情况下无法通过调节中矢量来控制小矢量。

此外，由于直流侧的两个电容在工艺上无法完全相同，不同的电容容值必然会造成中点电压的不平衡，且电容容值对电容中点电压波动的范围也有影响，电容容值越大中点电压的波动就越小，电容容值越小中点电压的波动就越剧烈，从这点考虑电容的容值应该越大越好。但是，考虑到系统的成本、电容工艺和耐压等级的限制，容值也不能取得太大。

（2）NPC 三电平变换器 SVPWM 中点电压控制法。从前面的分析可以知道，三电平的空间矢量调制中的小矢量和中矢量会造成中点电压的波动，零矢量和大矢量不会对中点电压造成影响，而小矢量的两个冗余矢量对中点电压的影响是相反的，因此合理安排小矢量的冗余矢量作用时间，即可平衡中点电压。目前，基于 SVPWM 的中点电压控制法主要有：

1）开环控制，不采集中点电位和中点电流，仅通过交替选择正、负小矢量。这种方法无法补偿中矢量对中点电位的影响，仅依靠中矢量的对称性完成一个工频周期内的电压平衡，对负载的适应能力很差。

2）检测中点电位的大小。根据中点电位的漂移情况来安排正、负小矢量的作用时间，这种方法仍然属于半开环控制，输出的功率因数对这种方法的影响很大。当变换器工作在整流模式和逆变模式时，同一小矢量的影响是相反的。

3）检测中点电位的大小和中点电流的方向。这种方法根据中点电压的漂移和中点电流对漂移情况的影响来安排正、负小矢量的作用时间，理论上讲不受输出负载状况的影响，具有较强的适应能力，且能够控制中点电位的精确调整，但是需要采集中点电流，增加了硬件成本。

4）检测中点电位的大小和三相输出电流的大小。这种方法与3）类似，都考虑到了电流方向对中点电位漂移方向的影响，但是数字控制的三电平变换器三相输出电流是必须采集的，因此这种方法可以精确调整中点电位的波动且不增加系统的硬件成本。

①基于小矢量调制因子的中点电位控制。以图 10-18 所示的 poo 和 onn 这对小矢量为例，定义中点电位为 $V_{neu}=V_{C1}-V_{C2}$，可以给出如下推导步骤：

当 $i_a>0$ 且 $V_{neu}>0$ 时，poo 小矢量的中点电流为 $-i_a<0$，会使 C1 放电，C2 充电，即 V_{neu} 减小进而减小中点电位的漂移；onn 小矢量的中点电流为 $i_a>0$，会使 C2 放电，C1 充电，即 V_{neu} 增大加重中点电位的漂移。因此，此时应该增加 poo 小矢量的作用时间，减小 onn 小矢量的作用时间。

当 $i_a>0$ 且 $V_{neu}<0$ 时，poo 小矢量的中点电流为 $-i_a<0$，会使 C1 放电，C2 充电，即 V_{neu} 减小进而增大中点电位的漂移；onn 小矢量的中点电流为 $i_a>0$，会使 C2 放电，C1 充电，即 V_{neu} 增大，减轻中点电位的漂移。因此，此时应该减小 poo 小矢量的作用时间而增大 onn 小矢量的作用时间。

当 $i_a<0$ 且 $V_{neu}>0$ 时，poo 小矢量的中点电流为 $-i_a>0$，会使 C1 充电，C2 放电，即 V_{neu} 增大进而加剧中点电位的漂移；onn 小矢量的中点电流为 $i_a<0$，会使 C2 充电，C1 放电，即 V_{neu} 减小，减轻中点电位的漂移。因此，此时应该减小 poo 小矢量的作用时间而增大 onn 小矢量的作用时间。

当 $i_a<0$ 且 $V_{neu}<0$ 时，poo 小矢量的中点电流为 $-i_a>0$，会使 C1 充电，C2 放电，即 V_{neu} 增大进而减轻中点电位的漂移；onn 小矢量的中点电流为 $i_a<0$，会使 C2 充电，C1 放电，即 V_{neu} 减小，加剧中点电位的漂移。因此，此时应该增大 poo 小矢量的作用时间而减小 onn 小矢量的作用时间。

同理可以分析出在不同的输出电流符号和中点电压符号情况下，不同小矢量如何选取。

对称 7 段式矢量时序的，p 型、n 型小矢量的作用时间相等，均为 $T_a/2$。根据上文分析，明确小矢量的选取原则后，重新定义矢量脉冲时序上给 p 型小矢量的作用时间为 kT_a，n 型小矢量的作用时间为 $(1-k)T_a$，其中 $0<k<1$，这样总的小矢量作用时间不变，仍为 T_a。通过调节 k 值即可调节每个开关周期内的正、负小矢量的作用时间实现对中点电压的控制。

②对扇区的细分。在第二章所述的三电平空间矢量调制法中，每个扇区的 1 和 2 区域可以选用的首发小矢量有两个，比如扇区 Ⅰ 中，首发小矢量可以选取 ppo 或者 poo，通过本节的分析可以知道小矢量对于调节中点电压有着关键的作用，所以需要对第二章中的首发小矢量进行重新选择。如图 10-19 所示，将扇区细分为六个区域。

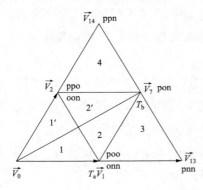

图 10-19　扇区细分示意图

将区域 1 和区域 2 以 $\vec{V_7}$ 为边界平均分为区域 1、2、1'、2'，当参考电压矢量位于 1 区或 2 区时，首发小矢量选择 $\vec{V_1}$；当参考电压矢量位于 1'区或 2'区时，首发小矢量选择 $\vec{V_2}$。这样首发小矢量总是选取与参考电压矢量最近的那个小矢量，这个小矢量相比另一个小矢量在该开关周期内的作用时间最长，因此对中点电位控制的作用也最大。这样细分后并不影响空间矢量调制的原则，扇区之间的切换仍然是平滑顺畅的。

10.2.3　变流器调制策略

二极管钳位型三电平逆变器的调制方法与传统的两电平逆变器不同，广泛使用的有载波层叠调制法、空间矢量调制法和特定谐波消去法。本书研究分析了前两种调制方法，并介绍一种新型三电平滞环控制方案。

中点箝位型的三电平并网逆变器因为每个开关管只承受一半的直流电压，所以在高压大容量场合得到了广泛的应用，并且已经推广到有源滤波器、光伏发电、电机驱动等诸多领域。同时，滞环控制因其响应速度快、鲁棒性强的特点广泛应用于逆变器的控制中，但滞环控制器的应用会导致开关频率的波动，对滤波提出了很大的挑战。对于三电平控制的并网逆变器，采用可变环宽的数字化滞环控制器能在大部分时间稳定开关频率，但在电压过零点附近仍然存在开关频率波动的现象。这主要是由于 ADC 采样频率的限制，导致电流在变化的过程中，并不能准确地捕捉到滞环控制器的边界，并且，由于电压过零点附近置滞环控制器的环宽趋近于零，开关频率的波动将进一步恶化。为了稳定开关频率从而进一步提高电能质量，提出了混合电平控制策略改进电压过零点附近的开关频率波动。在电压过零点附近，将逆变器由三电平工作状态切换为两电平工作状态从而增大了滞环比较器的环宽，稳定了滞环控制并网逆变器的开关频率，提高了并网逆变器的电能质量。

电网电压过零点意味着电网电压极性的改变，图 10-20 描述了中点箝位型的三电平并网逆变器的滞环控制原理。从图 10-20 中可以看出，输出电压完全取决于电网电压的极性；当输出电流触及滞环的上界或下界时（$B_{\text{up-3}}$，$B_{\text{low-3}}$），开关管的动作发生改变，确保输出电流 i_o 在可接受的误差范围内跟随给定电流 i_{ref}。

上述理论可以用式（10-54）与式（10-55）表示，即

$$\begin{cases} v_o = +v_{dc} & i_o(t) \leqslant B_{low-3} \\ v_o = 0 & i_o(t) \geqslant B_{up-3} \end{cases} \quad v_g \geqslant 0 \qquad (10\text{-}54)$$

$$\begin{cases} v_o = -v_{dc} & i_o(t) \geqslant B_{up-3} \\ v_o = 0 & i_o(t) \leqslant B_{low-3} \end{cases} \quad v_g \leqslant 0 \qquad (10\text{-}55)$$

从图 10-20 中可以看出，误差边界 B_{up-3} 和 B_{low-3} 在滞环控制中起着至关重要的作用，误差范围、开关频率和占空比都与之有关。定义三电平滞环控制逆变器的环宽如式（10-56）所示，由此进一步推导开关频率为

$$B_{w-3} = B_{up-3} - B_{low-3} \qquad (10\text{-}56)$$

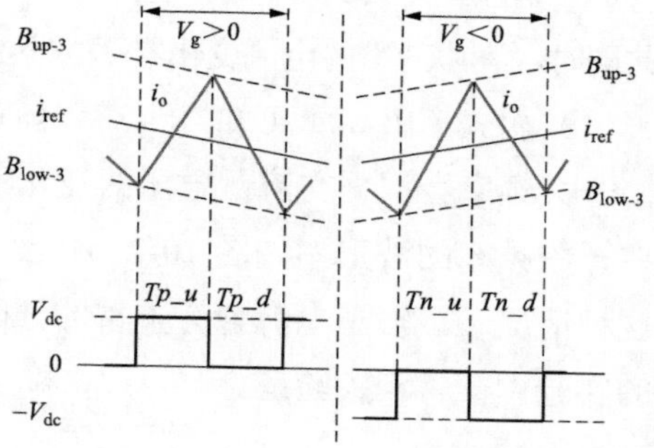

为了简化推导过程，假设滤波电容的电压 V_C 等于电网电压（因为通常网侧电感

图 10-20 三电平状态下并网逆变器的滞环控制原理

L_g 都很小，可以忽略），当开关频率 f_s 远高于电网电压频率时，根据式（10-56）中的几何关系，可以得出

$$\begin{cases} \dfrac{B_{w-3}}{T_{p\_u}} = \dfrac{v_{dc} - v_g(t)}{L} \\ -\dfrac{B_{w-3}}{T_{p\_d}} = \dfrac{0 - v_g(t)}{L} \end{cases} \quad v_g \geqslant 0 \qquad (10\text{-}57)$$

$$\begin{cases} \dfrac{B_{w-3}}{T_{n\_u}} = \dfrac{0 - v_g(t)}{L} \\ -\dfrac{B_{w-3}}{T_{n\_d}} = \dfrac{-v_{dc} - v_g(t)}{L} \end{cases} \quad v_g \leqslant 0 \qquad (10\text{-}58)$$

式中：$v_g(t)$ 为实时的电网电压；T_{p_u} 和 T_{p_d} 分别为当电网电压极性为正时的电流上升与下降时间；T_{n_u} 和 T_{n_d} 分别为当电网电压极性为负时的电流上升与下降时间。

将逆变器输电压 $v_o = \pm v_{dc}$ 定义为"动作状态"，将逆变器输出电压 $v_o = 0$ 定义为"零状态"，式（10-57）和式（10-58）可以统一表示为

$$\begin{cases} S_A(t) = \dfrac{B_{w-3}}{T_A} = \dfrac{v_{dc} - |v_g(t)|}{L} \\ S_Z(t) = \dfrac{B_{w-3}}{T_Z} = \dfrac{|v_g(t)|}{L} \end{cases} \qquad (10\text{-}59)$$

式中：S 为电流在相应开关状态下的斜率；下标 A 为"动作状态"，Z 为"零状态"，因此 T_A 包含 T_{p_u} 和 T_{n_d}，T_Z 包含 T_{p_d} 和 T_{n_u}。

可以推导出开关频率式（10-60），即

$$f_s = \frac{1}{T_A + T_Z} = \frac{|v_g(t)|(v_{dc} - |v_g(t)|)}{B_{w-3}Lv_{dc}} \tag{10-60}$$

从式（10-59）和式（10-60）中可以得到三电平滞环控制的一些重要特征，具体内容如下所述。

（1）由式（10-59）可知，"动作状态"的电流变化斜率 S_A 在电压过零时达到最大值；而与此同时，"零状态"的电流变化斜率 S_Z 达到最小值（趋近零），说明电流变化速度非常缓慢。

（2）由式（10-60）可知，当滞环环宽一定时，由于直流侧电压与交流侧电感保持恒定，开关频率会根据交流侧电压的变化而变化。

开关频率的波形图如图 10-21 所示，在电网电压过零点附近，开关频率趋近于零。在这种情况下，输出电流含有丰富的低阶谐波，难以滤除，导致电网电流明显失真，之后的实验中会有相关验证。

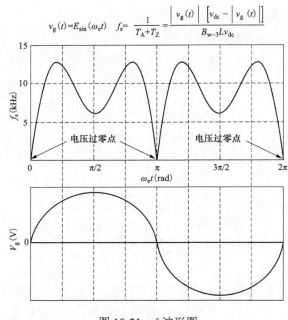

图 10-21　f_s 波形图

变环宽滞环控制可以达到稳定开关频率的作用，在三电平运行状态下，可以得到变环宽控制策略中环宽的表达式为

$$B_{w-3}(t) = \frac{|v_g(t)|[v_{dc} - |v_g(t)|]}{f_s^* Lv_{dc}} \tag{10-61}$$

式中：f_s^* 为期望的开关频率；$B_{w-3}(t)$ 为实时变化的环宽。

三电平运行状态下的可变环宽波形图如图 10-22 所示。在大部分区域内，开关频率都是稳定的，然而，B_{w-3} 在电压过零点附近趋近于零，这也是变环宽滞环控制三电平逆变器的特性。在电压过零点附近，因为 S_A 很大，所以输出电流在采样间隔时间内容易过冲至滞环环宽以外，下一个采样到达时，开关状态将发生改变。这时，由于 S_z 很小，输出电流需要很长的时间才能回到滞环环宽以内，如图 10-22 所示，开关频率出现了明显得减小。

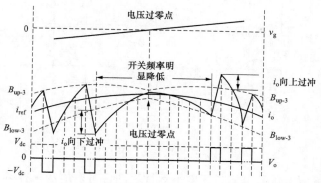

图 10-22 变环宽滞环控制逆变器的局限性

图 10-23 描述了中点箝位型的三电平并网逆变器工作在两电平状态时在电压过零点附近的滞环控制原理。将逆变器输电压 $v_o=v_{dc}$ 定义为"动作状态"，将逆变器输出电压 $v_o=0$ 定义为"零状态"，则可得到电流变化的斜率计算式为

$$\begin{cases} S_u(t) = \dfrac{B_{w-2}}{T_u} = \dfrac{v_{dc} - v_g(t)}{L} \\ S_d(t) = \dfrac{B_{w-2}}{T_d} = \dfrac{v_{dc} + v_g(t)}{L} \end{cases} \tag{10-62}$$

式中：$B_{w-2}=B_{up-2}-B_{low-2}$；下标 u 和 d 分别为电流的上升和下降。

显然，在两电平的工作状态下，不需要检测电网电压的极性，并且在电网电压过零点附近可以实现几乎 50% 的占空比，这都是在三电平运行状态下不具备的优势。

同理，在两电平运行状态下，为了稳定开关频率，可以推导出两电平运行状态下变环宽控制的表达式为

$$B_{w-2}(t) = \frac{v_{dc}^2 - v_g(t)^2}{2f_s^* L v_{dc}} \tag{10-63}$$

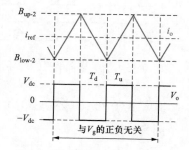

图 10-23 两电平状态下并网逆变器的滞环控制原理

在两电平工作状态下，可变环宽的波形图与三电平工作状态下可变环宽的波形图如图 10-24 所示。当电网电压趋近于零时，B_{w-2} 达到最大值，而由式（10-63）可得 B_{w-3} 此时趋近于零。

综上所述，变环宽控制可以在逆变器的大部分运行区域内稳定开关频率，但由于在三电平运行状态下，电压过零点附近的环宽趋近于零，会导致开关频率有明显得减小；但在两电平运行状态下，却有着不同于三电平的特性，此时，在电压过零点附近，环宽

分布式电源配电网运行控制技术

达到了最大值。基于这一特点，提出了基于混合电平的变环宽滞环控制策略。

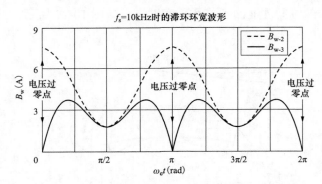

图 10-24　两电平与三电平工作状态下可变环宽的波形图

　　由之前的分析可得，两电平与三电平运行相结合可以解决采样频率有限与环宽趋近于之间的矛盾。这种基于混合电平的滞环控制器大部分时间工作在三电平状态，在电网电压趋近于零时切换至两电平状态增加环宽，其示意图如图 10-25 所示。在两电平运行状态下，虽然输出电流的纹波会变大，但是稳定的开关频率就保证了更高质量的网侧滤波电流，所以这种改进的控制策略是有意义的。

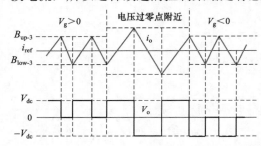

图 10-25　基于混合电平的滞环控制示意图

　　在基于混合电平的滞环控制策略中，电平切换点的选取同样重要，为了确保采样点能够捕捉到滞环的边界，采样频率必须满足在每个开关状态中至少采样一次，即

$$B_{AD}(t) \leqslant B_w(t) \qquad (10\text{-}64)$$

　　在（10-64）中，$B_w(t)$ 是实时的环宽；$B_{AD}(t)$ 是在一次采样间隔内，电流的变化量。当每次采样正好发生在电流触及滞环边界时，式（10-64）不等式中的等号成立。在选取电平切换点的过程中，主要考虑以下两个因素：

　　1）采样频率尽可能低。通过式（10-64）可以看出，采样频率尽可能低就需要变环宽控制中滞环的环宽尽可能地大，因此，电平切换点的选取不能过于靠近电压过零点，此时环宽很窄，过低的采样频率会引起开关频率的波动，过高的采样频率不容易实现（见图 10-25）。

　　2）两电平运行状态尽可能短。同时，从图 10-25 中可以看出，两电平运行状态中滞环环宽要明显大于三电平运行状态，因此电流纹波会有明显得增大，两电平逆变器的性能并不如三电平逆变器。因此，电平切换点应该靠近电压过零点以缩短两电平运行状态的时间。在电压过零点附近切换为两电平运行状态可以增大环宽。

　　根据上文所述，电平切换点的选取如图 10-26 所示。除了电压过零点附近，在三电

198

平运行状态下，S 点的环宽最窄，基于 S 点做一条等值线，该线与 B_{w-3}（t）的交点即作为电平切换点。将 $\omega_e t = \pi/2$ 代入式（10-63）中可以求得逆变器此时在三电平运行状态下的环宽，再将该环宽代入式（10-62）可以求得此时的交流电压幅值为

$$|v_g(t)| = k_{3-\text{lowest}} v_{dc} = \left(1 - \frac{E}{v_{dc}}\right) v_{dc} \qquad (10\text{-}65)$$

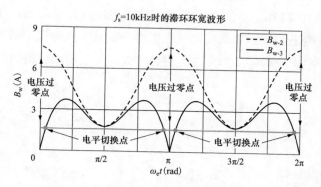

图 10-26　电平切换点的选取

从式（10-65）可以看出，只需实时监测网侧电网电压的幅值就可以得到电平切换点，如图 10-26 所示。

为了验证滞环控制器的有效性，搭建了实验样机进行相关的验证，样机采用中点箝位型的三电平并网逆变器。

该样机由 FPGA（Altera Cyclon Ⅲ系列）进行控制，具有计算速度快、较强的并行处理和逻辑处理的能力。通过该 FPGA，可以很好地实现所提出的基于混合电平的变环宽滞环控制器。通过向电网注入给定的基波电流，来测试所提控制器的性能，测试结果如图 10-27 所示。

图 10-27　中点箝位型的三电平并网逆变器实验台

图 10-28 为固定环宽的三电平滞环控制器波形图。从图 10-28（a）中可以看出，在

固定环宽的滞环控制策略中,开关频率的波动比较明显,在电网电压过零点附近的开关频率很低,将波形放大之后,可以清楚地看到该现象,如图 10-28(c)和图 10-28(d)所示。同时,可以明显地看到,由于低次谐波难以滤除导致的并网电流畸变,在电网电压过零点附近有明显的加剧。

为了表现两电平控制的优势,采用基于混合电平的固定环宽滞环控制策略的输出电压和电流波形如图 10-29 所示。可以看出,在电网电压过零点附近,开关频率并不会出现跌落,与基于三电平的控制方案相比,在电网电压过零点附近,滞环控制的环宽明显增大,在电流波形中表现为电流的文波会明显增大,与之前的分析吻合。

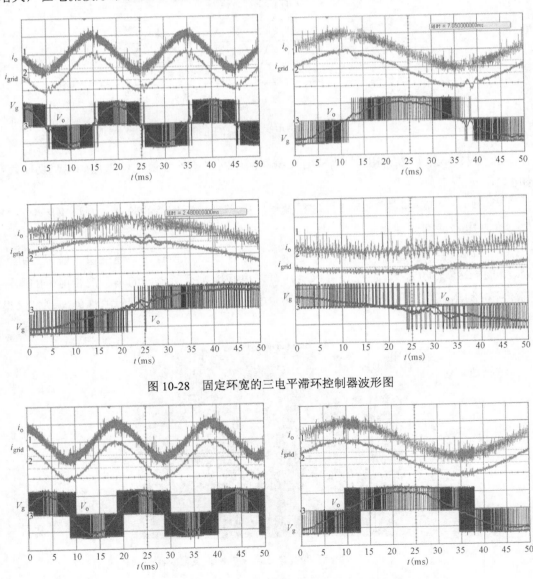

图 10-28   固定环宽的三电平滞环控制器波形图

图 10-29   基于混合电平的固定环宽滞环控制器波形图(一)

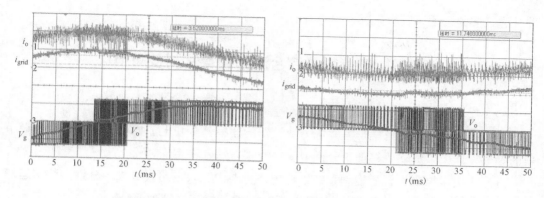

图 10-29 基于混合电平的固定环宽滞环控制器波形图（二）

因此，采用两电平控制策略可以使得电网电压过零点附近的开关频率不会出现明显的跌落，但是与基于三电平的滞环控制策略相比，已然有比较明显的劣势，主要体现在电流波形的纹波会明显增加。为了进一步改善并网电流质量，采用了本书提出的控制策略（见图 10-30），即并网逆变器在大部分区域内运行在三电平状态，在电网电压过零点附近切换为两电平运行状态。从图 10-30 中可以看出，在这种情况下，可以实现稳定的开关频率和较好的并网电流。为了解更多细节，图 10-30（b）给出了电网电压过零点附近电平切换时的放大波形图，可以看出滞环控制器的环宽有明显的增大，并且开关频率没有出现明显的波动。

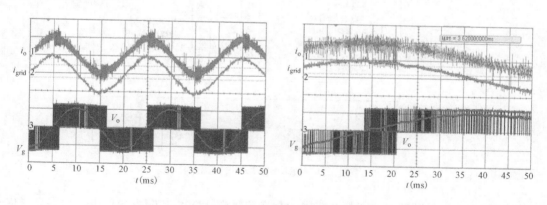

图 10-30 基于混合电平的变环宽滞环控制器波形图

对于中点箝位型的三电平并网逆变器，传统的可变环宽滞环控制方案不足以稳定开关频率，特别是电网电压过零点附近，由于滞环控制的环宽趋近于零，会导致开关频率 f_s 变化更加明显。

为了解决这些问题，提出了基于混合电平的改进型变环宽控制策略，用于稳定开关频率，并且解决电网电压过零点附近 f_s 变化明显的问题。它在电网电压过零附近由三电平控制方式切换为两电平控制方式，以扩大滞环控制的环宽，达到稳定开关频率的效果，并且通过实验证明了其有效性及可行性。

10.3　电能质量综合治理装置试制及应用

10.3.1　控制系统软硬件设计

前面已经完成了对三电平有源电力滤波器的建模分析和电流内环、电压外环 PI 调节器的参数设计，下面需要将理论分析得到的控制方法数字实现。

（1）全数字控制平台。控制系统硬件电路主要由三块电路板构成，分别为数字运算板、逻辑控制板和 IGBT 驱动板。下面对数字运算板进行详细说明。

1）数字运算板。数字运算板主要由 DSP、CPLD、AD、模拟信号调理电路，以及数字 IO 信号隔离电路构成。数字信号处理器 DSP 选用 TI 公司的 TMS320F2812 芯片，该芯片为定点型 32 位 DSP 芯片，工作频率高达 150MHz，片内有 128K×16 位的 Flash 存储器，具有外部存储器接口，可用高级语言 C/C++编程，片内 18K×16 位的 SARAM 以及功能强大的丰富外设功能，在工业控制领域有广泛的应用。

CPLD 选用 Altera 公司的 MAXII 系列 EPM1270T144I5，该芯片具有 1270 个逻辑单元，一个配置 flash 存储区，具体的控制数字控制处理分工如图 10-31 所示。

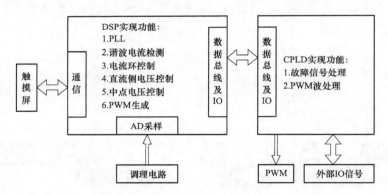

图 10-31　数字控制板功能示意图

从图 10-31 可以看出，在整个装置的数字控制中，DSP 起着主导作用，主要完成电网电压的软锁相、谐波电流检测算法、输出电流的数字控制、直流侧电压和中点电压平衡的数字控制、生成驱动 IGBT 的 PWM 波，以及和触摸屏的通信工作；CPLD 起着辅助作用，主要利用其快速性和硬件特征来处理需要快速反应的信号，如故障信号、PWM 信号。

数字运算板上还有 3 个片外 AD 芯片，其型号为 AD7658，该 AD 芯片为 12 位，具有 6 路独立转换通道、真正的双极性转换、转换范围可变和并行数据传输功能，并且数据吞吐速率高达 250kSPS。

2）模拟输入量的调理。任何经过外部传感器转换到数字控制板上的模拟信号在进行 AD 采样之前必须得进行采样调理，将不期望的高频干扰滤除。使用一个二阶低通滤波器对模拟信号进行采样调理，低通滤波器的调理电路如图 10-32 所示。

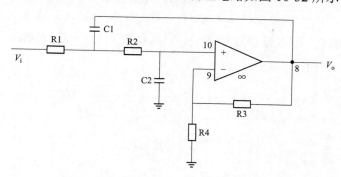

图 10-32 低通滤波器的信号调理电路

对于图 10-32 所示的低通滤波器，其传递函数为

$$G(s)=\frac{V_\mathrm{o}(s)}{V_\mathrm{i}(s)}=\frac{G_0\omega_\mathrm{n}^2}{s^2+\xi\omega_\mathrm{n}s+\omega_\mathrm{n}^2} \tag{10-66}$$

其中，零频增益为

$$G_0=1+\frac{R_3}{R_4} \tag{10-67}$$

自然角频率为

$$\omega_\mathrm{n}=\sqrt{\frac{1}{R_1R_2C_1C_2}} \tag{10-68}$$

阻尼系数为

$$\xi=\sqrt{\frac{R_2C_2}{R_1C_1}}+\sqrt{\frac{R_1C_2}{R_2C_1}}-(G_0-1)\sqrt{\frac{R_1C_1}{R_2C_2}} \tag{10-69}$$

为了简化设计，取 $R_1=R_2=R$、$C_1=C_2=C$，故可得

$$\begin{cases}\omega_\mathrm{n}=\dfrac{1}{RC}\\ \xi=3-G_0\end{cases} \tag{10-70}$$

由于需要采样的外部模拟信号有三相电网电压，两个直流侧电容电压，三个输出电流，三个负载电流等。在对这些模拟信号调理时，需要分别设计低通滤波器的截止频率，如输出电流和负载电流中需要的最高次含量为 25 倍的基波频率，故设计电流调理电路时的低通滤波器的截止频率不得小于 25 倍的基波频率；而三相电网电压有用含量仅为基波频率分量，高次分量都需要抑制，故设计电网电压调理电路时的低通截止频率略大于基波频率即可。

在这里仅给出输出电流调理电路的设计过程，电流信号低通滤波器的截止频率应该大于 25 倍基波频率（1.25kHz），并且应该小于开关频率（10kHz）。虽然截止频率越小对高频干扰的抑制效果更好，但是过低的截止频率会对低频信号造成较大的相移，故截止频率需要折中考虑。取截止频率为 8kHz，则 $1/2\pi RC=8kHz$，取常见贴片电容容值为 2nF，得到 $R\geqslant 10k\Omega$，取低频增益 $G_0=1.2$，可选择 $R_3=2k\Omega$，$R_4=10k\Omega$。该低通滤波器的伯德图如图 10-33 所示。

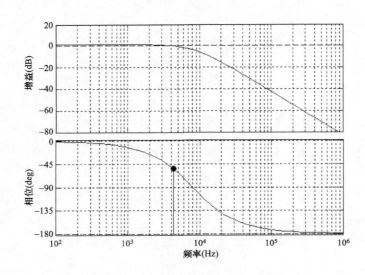

图 10-33   调理电路低通滤波器伯德图

该滤波器对 25 倍基波频率信号的增益为 1.45dB（1.18 倍），相位延迟为 16.1°，对基波频率信号的增益为 1.58dB（1.2 倍），相位延迟为 0.65°。

其他模拟信号的低通滤波器设计方法与电流的相同。

（2）DSP 与 CPLD 控制软件设计。前面已经提到 DSP 和 CPLD 的分工，下面对软件设计做一简要说明。

1）DSP 控制软件设计。在控制系统中，DSP 承担了主要的控制算法，其程序用 C 语言编写，程序主要分为三大块，即主程序中的 While 循环、定时中断和通信中断。

在主程序的 While 循环中，主要控制装置的运行流程、检测 CPLD 传输过来的故障信号和控制面板上的启动按钮，其程序流程框图如图 10-34 所示。

中断处理程序主要为控制算法的实现，由于开关频率为 10kHz，中断周期为 100μs，每个定时中断发生时，程序先控制 3 个 AD 芯片对需要的外部模拟信号进行一次采样，然后对采样得到的数字量进行一次数字调理，根据调理得到的数字量先进行电网电压的软锁相得到电网相位，再对负载电流进行谐波检测运算算出 APF 的谐波电流指令，运算直流测电压外环，算出稳压电流指令与谐波电流指令合并为 APF 总电流指令再运算电流内环得到调制波，最后根据中点电压的漂移算出叠加在调制波上的零序分量，最终生成 PWM 信号。其对应的程序流程图如图 10-35 所示。

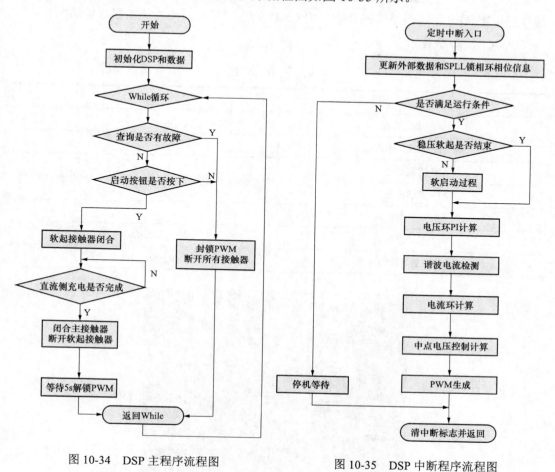

图 10-34 DSP 主程序流程图   图 10-35 DSP 中断程序流程图

2）CPLD 软件设计。CPLD 主要负责控制系统的逻辑处理，先将外部的逻辑信号进行分析整合然后传输给 DSP。因为 CPLD 的延时非常小，所以 CPLD 还完负责系统的保护，它将外部故障信号整合控制接触器，PWM 封锁等保护信号，DSP 产生的 PWM 也通过 CPLD 自由分配给相应的 IGBT 驱动板。

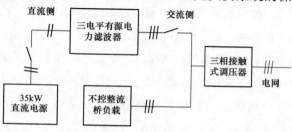

图 10-36 实验平台连线示意图

10.3.2 结果及分析验证

（1）实验条件及实验平台。在仿真的基础上制作了一台三电平有源电力滤波器的样机并搭建了实验平台，如图 10-36 所示。

其中，直流侧通过空开连接一个 35kW 的 Chroma 直流电源，其最大输出直流侧电压为 1000V，最大输出电流为 35A，这样在实验时可以方便地给三电平 APF 的直流侧提供直流电源进行逆变实验。在交流侧，三相接触式调压器的输入端接 380V 电网，输出端接三电平 APF 与不控整流桥负载，图 10-37 为三电平有源电力滤波器样机的照片。

其中，实验参数如表 10-2 所示。

表 10-2 实 验 平 台 参 数

类别	参数
APF 输出电感	0.2mH 100A
APF 直流侧电容	19800μF
APF 直流侧电压	100V
APF 交流侧电压	50V
不控整流桥电流	17A
不控整流桥电阻	2.5Ω
不控整流桥直流侧电感	0.5mH，100A

图 10-37 三电平有源电力滤波器样机照片

（2）三电平 APF 稳压实验结果及分析。通过操作人机交互界面触摸屏的控制选项可以改变三电平 APF 的工作模式，在本实验中将 APF 工作模式改为稳压模式，这样 APF 即工作在可控整流器状态下，仅维持直流侧电压的恒定，不输出谐波电流。图 10-38 为 APF 稳压实验波形，其中四个波形从上到下依次为 V_{dc}、I_{LA}、I_{LB} 和 I_{LC}。

从图 10-38（a）中可以看出，APF 直流侧电压稳定在 320V，三相电感电流有效值为 5.44、5.58A 和 6.26A，这是由于 APF 在工作时存在损耗，需要一定的有功电流来补偿直流侧能量的损失。从图 10-38（b）中可以看出，APF 的输出线电压有 5 个电平，更加逼近正弦波。图 10-39 为将 APF 调整为谐波源模式时输出不同性质电流时的实验波形。

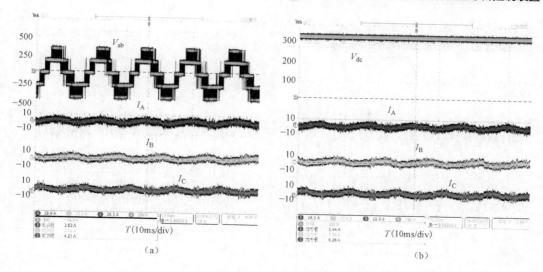

图 10-38　三电平 APF 稳压实验波形

（a）APF 直流侧电压和电感电流波形；（b）APF 输出线电压和电感电流波形

从图 10-39 的输出电流波形和直流侧电压波形可以看出，不论 APF 作为谐波源输出哪种波形，直流侧电压一直保持稳定在 320V，这样可以证明设计的电压环的有效性和正确性。

（3）三电平 APF 中点电压控制实验结果及分析。实验装置使用的中点电压控制法为基于零序的电压控制法，其实验结果波形如图 10-40 所示。

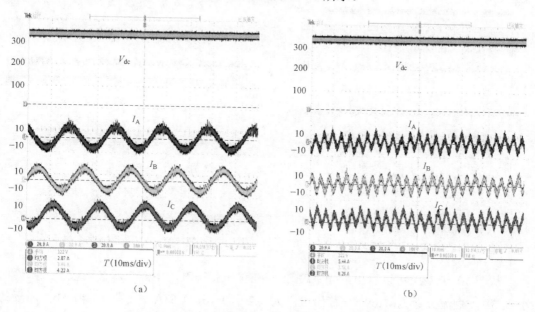

图 10-39　谐波源模式时不同性质电流实验波形（一）

（a）APF 输出无功功率实验波形；（b）APF 输出 5 次谐波实验波形

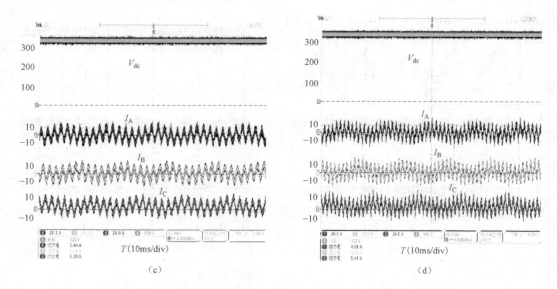

（c）　　　　　　　　　　　　　　　（d）

图 10-39　谐波源模式时不同性质电流实验波形（二）

（c）APF 输出 7 次谐波实验波形；（d）APF 输出 11 次谐波实验波形

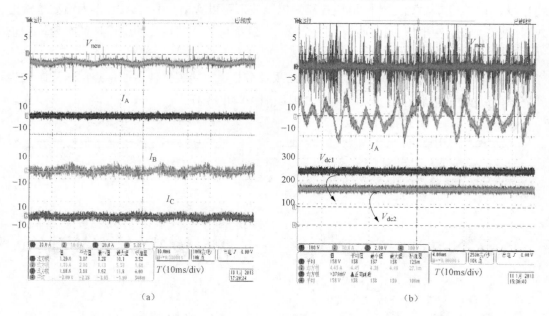

（a）　　　　　　　　　　　　　　　（b）

图 10-40　APF 不同工作状态下的中点电压波形

（a）稳压工作时中点电压和电流波形；（b）输出谐波电流时的中点电压电流波形

　　从图 10-40（a）可以看出，当 APF 工作在稳压状态时的中点电压波动较小且峰峰值小于 5V，直流分量为−2.09V，稳压电流为 1.29、1.16、1.68A。在图 10-40（b）所示的波形中，APF 输出 5、7、11 次谐波电流，两个直流侧电压有效值均为 158V，中点电压的峰峰值小于 3V，直流分量为−0.5V，谐波电流为 4.45A。

可以看出，当 APF 输出谐波电流时的中点电压控制效果优于单稳压工作模式时的中点电压控制效果。这是因为所使用的零序注入中点电压控制法中需要判断三相电感电流的方向，而在稳压模式时电感电流的峰值较小（2.5A），输出谐波电流时的电流峰值较大（12.2A）。由于采样电路的设计是按额定功率电流来设计的且任何电路都存在参数不一致性、高频噪声、传感器温度漂移、随机干扰等因素的影响，对三相电感电流的采样必然存在一定的误差，如当电感电流过小时，误差的比例会显著增大。这就会导致 DSP程序对三相电感电流方向判断时的错误率大大提高，而三相电感电流方向是决定零序分量符号的关键参考，会给三相调制波叠加了错误的零序分量，最终就会导致中点电压控制效果变差甚至导致中点电压失控，引起装置保护。而对于输出谐波电流来说，由于APF 输出电流有效值变大且谐波电流的在一个工频周期内的幅度变化较大，这样程序对三相电流方向的判断的错误率大为减小，给三相调制波叠加正确的零序分量，实现对中点电压所期望的控制效果。

由于 APF 是否输出补偿电流是由负载决定的，当 APF 所补偿的系统空载运行时，APF 就会工作在稳压状态。为了解决稳压电流过小导致中点电压控制效果变差的问题，可以给 APF 的电流指令上叠加一个合适的无功电流指令常量。这个无功电流指令不能太大，否则会占用 APF 的容量，降低系统的功率因数，如果太小又起不到提高电流方向判断准确性的效果，因此这一参数需要根据实际系统通过实验确定。在图 10-40（a）的稳压波形中，叠加的该无功指令常量的峰值为 4A。

（4）三电平 APF 补偿效果及分析。当调压器输出侧同时连接不控整流桥负载时，可以验证三电平 APF 对谐波负载的补偿效果。图 10-41 为三电平 APF 补偿不控整流桥负载时的实验结果波形和用功率分析仪对负载电流、谐波电流、电网电流进行 THD 分析的实验结果。

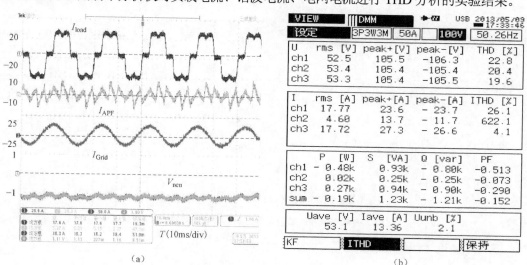

（a）   （b）

图 10-41 三电平 APF 的补偿效果实验结果

（a）APF 补偿电流和中点电压波形；（b）APF 补偿实验功率分析仪数据

在图 10-41（a）中，四个波形从上向下依次为负载电流波形、三电平 APF 输出电流波形、补偿后的电网电流波形和中点电压波形。可以看出，经过补偿后的电网电流波形与负载电流相比波形改善较为明显，中点电压的有效值为 1.1V，中点电压波动较小。在图 10-41（b）中，功率分析仪的电流探头 ch1 采样负载电流，电流探头 ch2 采样 APF 输出电流，探头 ch3 采样电网电流。从功率分析仪的结果可以看出，负载电流 THD 为 26.1%，有效值为 17.77A，而 APF 输出的补偿电流有效值为 4.6A，经过补偿，电网电流的 THD 降到 4.1%，补偿率为 84.3%，达到设计要求。如图 10-42 所示为不控整流桥负载突变时的补偿波形。从波形图 10-42（a）中可以看出，当突加负载时，APF 的输出立即有了反应，当经过一个工频周期后 APF 的输出达到稳态值，即电网电流的 THD 经过一个周期时间逐渐减小到稳定值。在图 10-42（b）中，当负载突减到零时，APF 的输出立即有了响应并逐渐减小，经过一个工频周期后 APF 的输出谐波电流也减小到零。因为 APF 输出的谐波电流并不是立即减小到零，所以当负载突减时会出现一个周期的过补现象，电网电流在该周期的谐波的含量主要为 APF 的过补偿谐波电流。在负载突变时，中点电压发生了明显波动，这是因为 APF 的输出电流增大，造成中线电流的增大，但是中点电压的波动仍然较小（峰值小于 2V），且中点电位在突加负载的瞬时没有出现较大的扰动，证明了中点电压控制法的正确性和有效性。

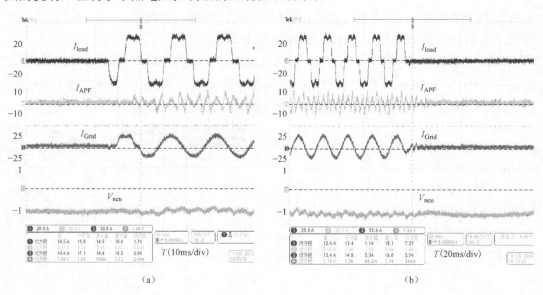

（a）　　　　　　　　　　　　（b）

图 10-42　负载突变时的补偿效果波形

（a）负载突增补偿实验波形；（b）负载突减实验波形